Historisches Reenactment

Medien der Geschichte

—
Herausgegeben von
Thorsten Logge, Andreas Körber und Thomas Weber

Band 4

Historisches Reenactment

Disziplinäre Perspektiven
auf ein dynamisches Forschungsfeld

Herausgegeben von
Sabine Stach und Juliane Tomann

DE GRUYTER
OLDENBOURG

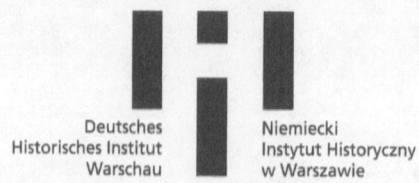

Deutsches Historisches Institut Warschau

Niemiecki Instytut Historyczny w Warszawie

IMRE KERTÉSZ KOLLEG JENA
Europas Osten im 20. Jahrhundert.
Historische Erfahrungen im Vergleich

ISBN 978-3-11-127103-3
e-ISBN (PDF) 978-3-11-073443-0
e-ISBN (EPUB) 978-3-11-073446-1
ISSN 2569-7625

Library of Congress Control Number: 2021937383

Bibliografische Information der Deutschen Nationalbibliothek
Die Deutsche Nationalbibliothek verzeichnet diese Publikation in der Deutschen Nationalbibliografie; detaillierte bibliografische Daten sind im Internet über http://dnb.dnb.de abrufbar.

© 2023 Walter de Gruyter GmbH, Berlin/Boston
Dieser Band ist text- und seitenidentisch mit der 2021 erschienenen gebundenen Ausgabe.
Coverabbildung: © Juliane Tomann
Druck und Bindung: CPI books GmbH, Leck

www.degruyter.com

Inhalt

Juliane Tomann
Einleitung —— **1**

Ulrike Jureit
Gefühlte Geschichte
        Die Schlacht um Großgörschen am 2. Mai 1813 als simuliertes
        Geschichtserlebnis —— **27**

Kamila Baraniecka-Olszewska
Der Bezug zur Vergangenheit
        Authentizität im historischen Reenactment aus anthropologischer
        Perspektive —— **53**

Juliane Tomann
Nur Männer spielen Krieg?
        Frauen im *Revolutionary War*-Reenactment in den USA —— **75**

Andreas Körber (unter Mitarbeit von Anna Bleer, Annika Kopisch, Dennis
Ledderer und Otto Sehlmann)
Didaktische Perspektiven auf Reenactment als Geschichtssorte —— **97**

Nico Nolden
Digitales Spielen als Reenactment
        Kollaboratives historisches Handeln durch Verkörperung in digitalen
        Räumen —— **131**

Mirko Uhlig und Torsten Kathke
Baumholder 1985 – das „erste deutsche Reenactment"
        Zur Formierungsphase von *Civil War*-Nachstellungen in der
        Bundesrepublik Deutschland —— **155**

Steffi de Jong
Vor Gettysburg
        Attitüden, lebende Bilder und Künstlerfeste als performative Praktiken
        der Vergangenheitsdarstellung im 19. Jahrhundert —— **181**

Sabine Stach
Zeit-Reisen?
　　Ein Ausblick aus tourismustheoretischer Perspektive —— 209

Biografien —— 233

Juliane Tomann
Einleitung

Reenactment ist ein schillernder Begriff mit disparaten Verwendungsweisen. Mit ihm verbindet sich ein breites Set an Praktiken, Strategien und Techniken, die alle auf das Nachspielen, Wiederholen, Rekonstruieren oder Reaktualisieren vergangener Ereignisse abzielen, auf diese verweisen oder sie zitieren.[1] Der Begriff findet sich folglich in ganz unterschiedlichen institutionellen Konstellationen und (medialen) Formaten. Er inspiriert als Ansatz zur Generierung von Wissen akademische und außerakademische Diskussionszusammenhänge, fasziniert als Ereignis Teilnehmer*innen und Zuschauer*innen gleichermaßen – und bietet nicht zuletzt auch Anlass zu Kritik und Distanzierung. Die Anfänge des gegenwärtigen Reenactment-Booms liegen in der Freizeitkultur und lassen sich in etwa auf die 1960er Jahre datieren. Zu dieser Zeit wurde in den USA begonnen, die Schlachten des Bürgerkriegs zum 100jährigen Jubiläum der Ereignisse in publikumswirksamer Weise an den Originalschauplätzen nachzuspielen.[2] Inzwischen hat sich das Begriffsverständnis erheblich erweitert und Reenactment steht längst nicht mehr nur für Aktivitäten von Hobby-Historiker*innen auf Schlachtfeldern. Als „Strategie der Wissens(re)produktion"[3] wird Reenactment in manchen Disziplinen als Teil des wissenschaftlichen Erkenntnisprozesses verstanden und als analytischer Begriff genutzt. Der Terminus umfasst jedoch gleichzeitig auch künstlerisch-ästhetische Praktiken bzw. konzeptionelle Zugänge im Theater[4], der Performance-Kunst[5], der Musik, dem Tanz[6] und in audiovisuellen

---

[1] Dieser Beitrag folgt in Teilen meinem Eintrag zu Living History bei Docupedia-Zeitgeschichte. Tomann, Juliane: Living History. Version: 1.0. docupedia.de/zg/Tomann_living_history_v1_de_2020 (22.12.2020). Die Herausgeberinnen danken Stefanie Samida für die anregende Diskussion über den Titel des Buches.
[2] Zur Genese des *Civil War*-Reenactment siehe Hochbruck, Wolfgang: Geschichtstheater. Formen der „Living History". Eine Typologie. Bielefeld 2013 (Historische Lebenswelten in populären Wissenskulturen 10); Jureit, Ulrike: Magie des Authentischen. Das Nachleben von Krieg und Gewalt im Reenactment. Göttingen 2020 (Wert der Vergangenheit). Dabei ist zu bedenken, dass die Praktiken des Nachspielens und Reaktualisierens von Vergangenheit kein ausschließlich postmodernes Phänomen sind. Zur Historisierung von Reenactment-Praktiken siehe auch Steffi de Jongs Beitrag in diesem Band.
[3] Dreschke, Anja; Ilham Huynh; Raphaela Knipp; David Sittler: Einleitung. In: Reenactments. Medienpraktiken zwischen Wiederholung und kreativer Aneignung. Hrsg. von Anja Dreschke, Ilham Huynh, Raphaela Knipp u. David Sittler. Bielefeld 2016 (Locating media 8). S. 9–24, 10.
[4] Einen Überblick bietet Heeg, Günther; Micha Braun; Lars Krüger u. Helmut Schäfer (Hrsg.): Reenacting History. Theater & Geschichte. Berlin 2014 (Theater der Zeit 109).

Medien, etwa in Filmen oder TV-Formaten.⁷ Reenactments sind ferner Bestandteil der Arbeit in Museen sowie touristischer Angebote und Praktiken. Elemente des Nachspielens vergangener Ereignisse finden sich während einer kostümierten Vorführung alter Handwerkstechniken ebenso wie bei einer Stadtführung in historischen Gewändern oder in Form spielerischer (Selbst)Erfahrungen in Escape-Rooms.⁸ Das Spiel mit den Zeitebenen ist jedoch nicht begrenzt auf die Anverwandlung der Vergangenheit in der Gegenwart. Gewissermaßen in Umkehrung – oder auch als Weiterentwicklung – des Begriffs Reenactment spekuliert neuerlich das Preenactment im Rahmen künstlerischer Performances und anderer Theaterpraktiken anhand erfundener hypothetischer Szenarien über „possible futures". Ziel des Preenactments sei es „to experiment with fictitious time(s) and space(s) in order to gain insight into the present."⁹

---

5 Roselt, Jens u. Ulf Otto (Hrsg.): Theater als Zeitmaschine. Zur performativen Praxis des Reenactments. Theater- und kulturwissenschaftliche Perspektiven. Bielefeld 2012 (Theater 45).

6 Die Bedeutung von Reenactment im Bereich Tanz dokumentiert das *Oxford Handbook of Dance and Reenactment*, das im Jahr 2018 erschienen ist. Die Beträge des Handbuches reichen jedoch weit über den Gegenstandsbereich des Tanzes hinaus und berühren grundlegende Fragen der Charakteristik von Reenactments wie etwa die Unterscheidung zwischen Reenactment und Rekonstruktionen oder die Frage nach der Beziehung zwischen dem Körper und dem Archiv als Modi der Produktion bzw. Bewahrung von Wissen. Franko, Mark (Hrsg.): The Oxford Handbook of Dance and Reenactment. New York 2018.

7 Eine Überblicksdarstellung zur Entwicklung des Begriffes in den verschiedenen Bereichen von Kunst, Medien und als soziale Praxis findet sich bei Otto, Ulf: History of the Field. In: The Routledge Handbook of Reenactment Studies. Key Terms in the Field. Hrsg. von Vanessa Agnew, Jonathan Lamb u. Juliane Tomann. London 2020. S. 111–114.

8 Carnegie, Elizabeth u. Scott Maccabe: Re-enactment Events and Tourism. Meaning, Authenticity and Identity. In: Current Issues in Tourism 11 (2008). S. 349–368; zu Reenactment und Living History in Museen siehe Magelssen, Scott: Living History Museums. Undoing History through Performance. Lanham 2007.

9 Oberkrome, Friederike u. Verena Straub: Performing in Between Times. An Introduction. In: Performance zwischen den Zeiten. Reenactments und Preenactments in Kunst und Wissenschaft. Hrsg. von Friederike Oberkrome, Adam Czirak, Sophie Nikoleit, Friederike Oberkrome, Verena Straub, Robert Walter-Jochum u. Michael Wetzels. Bielefeld 2019 (Theater 117). S. 9–22, 9. Die Autorinnen verweisen aber auch auf die Verbindungen zwischen Re- und Preenactment: „just as forms of reenactment always contain a prospective dimension, Preenactment scenarios require and include a retrospective dimension." (S. 10). Ein bekanntes Beispiel für ein Preenactment ist Milo Raus *General Assembly*, das vom 5. bis 7. November 2017 an der Berliner Schaubühne durchgeführt wurde. Im Anschluss daran wurde in Anlehnung an den Sturm auf den Winterpalast ein *Sturm auf den Reichstag* inszeniert, was die Verknüpfung von Teilen des Pre- und Reenactment verdeutlicht. Siehe dazu Walter-Jochum, Robert: Performance als Politik. Milo Raus (P)reenactments General Assembly und Sturm auf den Reichstag. affective-societies.de/2018/sfb-1171/performance-als-politik-milo-raus-preenactments-general-assembly-und-sturm-auf-den-reichstag/ (22.12.2020).

Entsprechend dieser Vielfalt an Phänomenen wird auch in der wissenschaftlichen Auseinandersetzung die Breite des Gegenstandes betont, etwa wenn Reenactment als „umbrella" oder „Suchbegriff" beschrieben wird, „dessen analytische Potentiale, rhetorische Implikationen und theoretische Konsequenzen es noch auszumessen gilt".[10] Wie die versuchte Vergegenwärtigung des Vergangenen ins Werk gesetzt wird, unterscheidet sich oft erheblich und zieht differenzierte Fragen nach den Akteur*innen, ihren (Erkenntnis)Interessen, den Objekten bzw. (Hilfs)Mitteln der Umsetzung, den (medialen) Formaten sowie dem Ergebnis nach sich, die abhängig von Kontext und Konstellation jeweils neu gestellt werden müssen. Die Charakteristika von Reenactments im Bereich von Kunst und Performance sind wissenschaftlich bereits ausführlich untersucht worden.[11] Historisches Reenactment als Teil der Geschichts- und Populärkultur ist hingegen ein verhältnismäßig neuer Untersuchungsgegenstand.[12] Hier setzt dieser Band an. Er widmet

---

10 Otto, History (wie Anm. 7), S. 111; Otto, Ulf: Reenactment. In: Metzler Lexikon Theatertheorie. Hrsg. von Erika Fischer-Lichte, Doris Kolesch u. Matthias Warstat. Stuttgart 2014. S. 287–290, 288.
11 Siehe dazu etwa Lütticken, Sven (Hrsg.): Life, Once More. Forms of Reenactment in Contemporary Art. Rotterdam 2005; Arns, Inke u. Gabriele Horn: History Will Repeat Itself. Strategies of Re-enactment in Contemporary (Media) Art and Performance. Frankfurt am Main 2007.
12 Einblicke in den Stand der Theoriediskussion zu historischem Reenactment auf Deutsch (allerdings mit einem Fokus auf die eng verwandte Living History) gibt Samida, Stefanie: Per Pedes in die Germania magna oder Zurück in die Vergangenheit? Kulturwissenschaftliche Annäherung an eine performative Praktik. In: Doing History. Performative Praktiken in der Geschichtskultur. Hrsg. von Sarah Willner, Georg Koch u. Stefanie Samida. Münster 2016 (Edition Historische Kulturwissenschaften 1). S. 45–62; siehe weiterhin die Einführung des Bandes: Samida, Stefanie; Sarah Willner u. Georg Koch: Doing History – Geschichte als Praxis. Programmatische Annäherungen. In: Doing History. Performative Praktiken in der Geschichtskultur. Hrsg. von Sarah Willner, Georg Koch u. Stefanie Samida. Münster 2016 (Edition Historische Kulturwissenschaften 1). S. 1–25; Pleitner, Berit: Erlebnis- und erfahrungsorientierte Zugänge zur Geschichte. Living History und Reenactment. In: Geschichte und Öffentlichkeit. Orte – Medien – Institutionen. Hrsg. von Sabine Horn u. Michael Sauer. Göttingen 2009 (UTB). S. 40–51; Groschwitz, Helmuth: Authentizität, Unterhaltung, Sicherheit. Zum Umgang mit Geschichte in Living History und Reenactment. In: Bayerisches Jahrbuch für Volkskunde (2010). S. 141–155; Kotte, Eugen: Reenactment – Grenzen und Möglichkeiten „gefühlter" Geschichte. In: Zugänge zur Public History. Formate – Orte – Inszenierungsformen. Hrsg. von Frauke Geyken u. Michael Sauer. Frankfurt am Main 2019. S. 120–140. Kürzlich auch Jureit, Magie (wie Anm. 2). Im englischsprachigen Raum gibt es eine Vielzahl von theoretischen Einführungen und fallbezogenen Studien zu historischem Reenactment. Einschlägig sind etwa Agnew, Vanessa: Introduction. What Is Reenactment? In: Criticism 46 (2004). S. 327–339; Daugbjerg, Mads; Rivka Syd Eisner u. Britta Timm Knudsen (Hrsg.): Re-Enacting the Past. Heritage, materiality and performance. London 2015 (International Journal of Heritage Studies); McCalman, Iain u. Paul A. Pickering: Historical reenactment. From realism to the affective turn. Basingstoke 2010 (Reenactment History). Übersichtsdarstellungen zur US-amerikanischen Reenactment-Szene sind unter anderem zu finden bei Thompson, Jenny: War Games. Inside the World of Twentieth-Century War Reenactors.

sich dezidiert der Form des historischen Reenactment als Freizeitaktivität mit do-it-yourself-Charakter, das jenseits akademischer Diskurse und abseits institutionalisierter und in hohem Maße kuratierter historischer Narrationen stattfindet, wie sie etwa in Museen oder Gedenkstätten anzutreffen sind. Historisches Reenactment ist insofern Ausdruck spätmoderner Formen des Umganges mit Geschichte und der Aneignung von Vergangenheit, der stark individualisierte Tendenzen aufweist. Das Nachspielen historischer Ereignisse transformiert Geschichte im historischen Reenactment nicht nur in ein sinnlich-emotionales Erlebnis; Geschichte wird auch verstärkt zu einer Plattform menschlicher Selbstdefinition.[13]

Historisches Reenactment als Bestandteil der Geschichts- und Populärkultur[14] umfasst das Nachspielen vergangener Ereignisse, das von Reenactor*innen in Vereinen und anderen Zusammenschlüssen organisiert und durchgeführt wird. Bevor von dieser spezifischen Art des Reenactment ausführlicher die Rede sein wird, soll zu Beginn ein Überblick die Vielfalt der Kontexte genauer aufzeigen, in denen Reenactment entweder als analytischer Begriff verwendet oder in einer der oben erwähnten Formen praktiziert wird. Diese Verortung ist kein Selbstzweck. Sie hilft vielmehr, die Konturen dessen zu schärfen, was unter historischem Reenactment verstanden wird, und soll aufzeigen, wie dieses mit ähnlichen Praktiken verbunden ist und wo Unterschiede bestehen.

Reenactment – Karriere eines Begriffes

Es ist nicht leicht, trennscharf zwischen Reenactment als Praxis des Zitierens, Aktualisierens und Nachspielens von Vergangenheit sowie Reenactment als analytischem Zugriff zu unterscheiden.[15] Schauen wir zunächst auf die

---

Washington 2004; Horwitz, Tony: Confederates in the Attic. Dispatches from the Unfinished Civil War. New York 1998.
13 Reckwitz, Andreas: Die Gesellschaft der Singularitäten. Zum Strukturwandel der Moderne. Berlin 2018.
14 Rüsen, Jörn: Was ist Geschichtskultur? Überlegungen zu einer neuen Art, über Geschichte nachzudenken. In: Historische Faszination. Geschichtskultur heute. Hrsg. von Jörn Rüsen, Theo Grütter u. Klaus Füßmann. Köln 1994. S. 3–26. Zur Definition von Populärkultur siehe Maase, Kaspar: Populärkultur. In: Kulturtheoretisch argumentieren. Hrsg. von Timo Heimerdinger u. Markus Tauschek. Münster, 2020. S. 380–408.
15 Häufig ist in der Literatur von Praxis und Praktik in Bezug auf Reenactments die Rede, ohne dass eine genaue Unterscheidung vorgenommen wird. Praxis und Praktik bezeichnen den Vollzug von Tätigkeiten, wobei Praktik eine spezifische Tätigkeit darstellt, während Praxis „die Bündelung von Aktivitätstypen zu einer umfassenderen Tätigkeit" (Barbara Sieferle) bzw. einen „Komplex aus regelmäßigen Verhaltensakten und praktischem Verstehen" (Andreas Reckwitz in Sieferle)

Wissenschaften und somit auf den Bereich, in dem Reenactment in einem stärker analytischen Kontext genutzt wird. Als wissenschaftliche Methode hat Reenactment etwa in der Experimentellen Archäologie eine lange Tradition. Archäolog*innen nutzen das performative Imitieren vergangener Handlungen, um anhand ständiger kritischer Reflexion argumentativ gesicherte Schlussfolgerungen über vergangene Bedingungen treffen zu können. Dafür führen sie Experimente durch, die einen grundsätzlich wissenschaftlichen Charakter und Anspruch haben. Diese dienen dem Zugewinn von Wissen, werden dokumentiert und sollten unter ähnlichen Bedingungen wiederholbar sein.[16] Das Repertoire ist umfangreich und reicht vom Nachbau steinzeitlicher Backöfen bis zum Anlegen von Erdwällen zur Beobachtung ihrer Zustandsveränderung über einen bestimmten Zeitraum.[17] Einer der neuesten Trends in der Wissenschaft, der mit dem Reenactment-Begriff in Verbindung steht, ist die Forensische Architektur. Dabei geht es um die genaue Beschreibung und technische Reproduktion spezifischer Räume oder Gebäude anhand von dreidimensionalen Modellen und technischen Zeichnungen, die einen bestimmten Zeitpunkt in der Vergangenheit rekonstruieren. Forensische Architektur ist somit eine „investigative Praxis", die die „Erstellung und Aufarbeitung von architektonischen Beweisen und deren Präsentation in juristischen und politischen Foren" umfasst.[18] Imagination hat in diesem Verfahren keinen Platz, kommt es doch auf das empirisch Nachweisbare an. Eingesetzt wird Forensische Architektur etwa in der Beweisführung bei der Aufklärung von Verbrechen, die von staatlichen Stellen oder anderen Akteur*innen vertuscht werden sollen.[19] Die Reenactment-Praktiken der Rekonstruktion

---

bezeichnet. Es wird daher im Folgenden überwiegend von Praxis (Mehrzahl Praktiken) die Rede sein und nur an ausgewählten Stellen von Praktik. Sieferle, Barbara: Praxis. In: Kulturtheoretisch argumentieren. Hrsg. von Timo Heimerdinger u. Markus Tauschek. Münster 2020. S. 408–433.
16 Schöbel, Gunter: Experimental Archaeology. In: The Routledge Handbook of Reenactment Studies. Key Terms in the Field. Hrsg. von Vanessa Agnew, Jonathan Lamb u. Juliane Tomann. London 2020. S. 67–74.
17 Weitere anschauliche Beispiele sind zu finden bei Sénécheau, Miriam u. Stefanie Samida: Living History als Gegenstand historischen Lernens. Begriffe – Problemfelder – Materialien. Stuttgart 2015 (Geschichte und Public History). S. 39.
18 Weizman, Eyal: Forensische Architektur. Gewalt an der Grenze der Nachweisbarkeit. In: figurationen 2 (2018). S. 143–161. Weizman verweist darauf, dass der Begriff Forensic Architecture auch eine Agentur bezeichnet, die er im Jahr 2010 mitgegründet hat. Diese betreibt unabhängige Forschung oder untersucht „im Auftrag von internationalen Strafverfolgern sowie Umwelt- und Menschenrechtsorganisationen staatliche und wirtschaftliche Gewalt, besonders jene, die im Bezug zur gebauten Umwelt steht". S. 143.
19 Zur Entwicklung des Begriffes Forensische Architektur und zu seiner gegenwärtigen Bedeutung siehe Gallanti, Fabrizio: Forensic Architecture. In: The Routledge Handbook of Reenactment

architektonischer Umgebungen von Delikten werden somit gegen das Vergessen und für ihr Sichtbarmachen eingesetzt.[20]

In der Geschichtstheorie ist der Begriff Reenactment vom britischen Philosophen und Archäologen Robin G. Collingwood in den 1930er Jahren in Bezug auf die Erkenntnismöglichkeiten historischer Forschung diskutiert worden. Collingwood ging davon aus, dass Historiker*innen in der Lage seien müssten, sich in die zu untersuchenden historischen Akteur*innen hineinzuversetzen und somit gewissermaßen in ihre Lebens- und Gefühlswelt einzutauchen: „Historical knowledge is the re-enactment in the historian's mind of the thought whose history he is studying."[21] Konkret gehe es darum, die Gedanken einer historischen Person während der Produktion einer Quelle, mit der der Historiker arbeitet, nachzuvollziehen. Collingwoods geschichtstheoretischer Ansatz zielte jedoch nicht darauf ab, die historische Distanz zwischen Gegenwart und Vergangenheit zu eliminieren, um die private Gefühlswelt von Akteur*innen zu erkunden. Ein solch naiver Ansatz empathischen Nachfühlens stand Collingwood fern. Er hatte vielmehr die Erkenntnisfähigkeit historischer Forschung im Blick und verstand Reenactment als analytischen und kritischen Ansatz zur Erforschung und begründeten Darstellung vergangener Ereignisse.[22] Dennoch wurde er für seine Konzentration auf die intrinsischen Prozesse kritisiert.[23]

Anders gestaltet sich die Verwendung des Begriffes Reenactment im Bereich performativer Kunst. Seit den 1990er und 2000er Jahren wird hier nicht mehr nur von einem Trend zum Reenactment, sondern geradezu von einem Boom gesprochen. Diese Entwicklung verstehen Theoretiker*innen jedoch nicht als neues Phänomen. Sie betten sie vielmehr in die andauernde Auseinandersetzung um Fragen nach Original und Kopie und die spannungsvolle Beziehung zwischen „liveness" und medialer Vermittlung ein.[24] Unterschieden werden die

---

Studies. Key Terms in the Field. Hrsg. von Vanessa Agnew, Jonathan Lamb u. Juliane Tomann. London 2020. S. 79–83.

20 Dazu auch Sosnowska, Dorota: Crime Scene. Reconstruction in the Works of Forensic Architecture and Robert Kuśmirowski. In: Reenactment Case Studies. Global Perspectives on Experiential History. Hrsg. von Vanessa Agnew, Sabine Stach u. Juliane Tomann (im Druck).

21 Collingwood, Robin G.: An Autobiography. London 1939. S. 112.

22 Retz, Tyson: Why Re-enactment is not Empathy, Once and for All. In: Journal of the Philosophy of History 11 (2017). S. 306–323.

23 Cook, Alexander: The Use and Abuse of Historical Reenactment. Thoughts on Recent Trends in Public History. In: Criticism 46 (2004). S. 487–496, 491 f.; Wolf-Gazo, Ernest: Zur Geschichtsphilosophie R. G. Collingwoods. In: Philosophisches Jahrbuch 93 (1986). S. 354–365.

24 Benzaquen-Gautier, Stéphanie: Art. In: The Routledge Handbook of Reenactment Studies. Key Terms in the Field. Hrsg. von Vanessa Agnew, Jonathan Lamb u. Juliane Tomann. London 2020.

Performances häufig zwischen Reenactments künstlerischer und historischer Ereignisse. In die erste Kategorie fällt etwa Marina Abramovićs Projekt *Seven Easy Pieces* aus dem Jahr 2005, bei dem die Künstlerin an sieben aufeinanderfolgenden Abenden im New Yorker Guggenheim Museum Klassiker der Performance Art wiederaufführte. Derartige Reenactments interessieren sich vorrangig für den Charakter von Performances an sich, der in der Einmaligkeit der Aufführungssituation besteht, und weniger für die Vergangenheit, in der sie aufgeführt wurden. Mit ihrer Wiederaufführung stellte Abramović diese Einmaligkeit sowie das Ephemere als Grundmerkmal von Performances infrage, unter anderem, indem sie den Aspekt ihrer Dokumentation ins Spiel brachte. Die Unwiederholbarkeit der Performance, die sich durch absolute Präsenz auszeichnet, sowie das zentrale Charakteristikum des Verschwindens wurde damit hinterfragbar.

Eine Vielzahl von künstlerischen Performances ist hingegen deutlich am historischen Sachverhalt orientiert und überführt das historische Ereignis in ein ästhetisches, was die Arbeiten der polnischen Künstler Rafał Betlejewski oder Artur Żmijewski verdeutlichen. In seinem Stück *80064* aus dem Jahr 2004 überzeugte Żmijewski einen Holocaustüberlebenden, sich seine auf dem Arm eintätowierte Nummer aus dem Konzentrationslager wieder auffrischen zu lassen und filmte den Vorgang. Betlejewski wiederum erinnerte mit seinem Projekt *Verbrennen einer Scheune* aus dem Jahr 2010 an das Massaker im ostpolnischen Jedwabne 1941 und thematisierte das hochkontroverse Thema der polnischen Mittäterschaft am Holocaust. Obwohl die Aktion nicht am Originalschauplatz stattfand, war sie äußerst spektakulär: Betlejewski zündete vor Publikum eine mit Benzin übergossene Scheune von innen an und rettete sich aus der bereits brennenden Scheune. Nicht das mimetische Nachahmen der Vergangenheit steht bei derartigen Performances im Vordergrund, sondern die Verringerung des „Sicherheitsabstandes" zwischen abstraktem (geschichtlichen) Wissen und der plastischen Vergegenwärtigung bzw. Aktualisierung historischen Geschehens. In dem von Betlejewski gewählten Beispiel stand außerdem die Provokation im Zentrum des kreativen Aktes. Es verweist somit auf ein weiteres Charakteristikum künstlerischer Reenactments, die schließlich immer auch danach fragen, *wie* (traumatische) Ereignisse aus der Vergangenheit noch Jahrzehnte später ein Publikum erreichen können.

Eng an diese Fragestellungen angelehnt ist das Verständnis von Reenactment als Medienpraxis, das jedoch andere Akzente setzt. Haptisch gestützte Rekonstruktionen sind immer auch medial vermittelt, was die Frage aufwirft, wie die

---

S. 16–20; Engelke, Heike: Geschichte wiederholen. Strategien des Reenactment in der Gegenwartskunst – Omer Fast, Andrea Geyer und Rod Dickinson. Bielefeld 2017 (Image 118).

Beziehung zwischen der Wirklichkeit und ihrem medial vermittelten Abbild verfasst ist. Eng damit verbunden ist die Einsicht, dass auch jedes Ereignis in der vergangenen Wirklichkeit bereits „vielfach medialisiert war".[25] In einem medienwissenschaftlichen Verständnis von Reenactment stehen demnach Aspekte der eigensinnigen Aneignung und kreativen Umdeutung, aber auch der „Überraschungen und Verzerrungen"[26] im dynamischen Prozess der medialen Vermittlung im Fokus. Die Nähe zur Verwendung von Reenactment als künstlerische Praxis wird deutlich, folgen wir der Medientheoretikerin Maria Muhle, die einen klaren Unterschied zwischen „klassischen Reenactment[s]" und medialen Formaten sieht. Während erstere auf ästhetische Immersion ausgelegt seien, die Akteur*innen und Zuschauer*innen das Erleben einer „non-mediated reality" ermögliche und zu einer Identifizierung mit dem historischen Spektakel beitragen solle, würden die zeitgenössischen medial-künstlerischen Angebote eine ideologiekritische Haltung und einen reflektierten Standpunkt befördern.[27] Diese dichotome Unterscheidung zwischen künstlerisch-kritischen und affirmativ-populären Reenactment-Praktiken wird zunehmend kritisch betrachtet.[28]

Eine genaue Definition von historischem Reenactment wird zusätzlich durch die Koexistenz des Begriffes Living History erschwert. Beschäftigen sich Forscher*innen mit Living History oder Reenactment-Phänomenen, ist zu beobachten, dass sie in Ermangelung einer schlüssigen und allgemein akzeptierten Abgrenzung beide Begriffe häufig synonym verwenden.[29] In der Praxis scheint sich hingegen Living History als Bezeichnung für das meist in museale Kontexte eingebettete Nachspielen von Alltagswelten und Handwerkspraktiken etabliert zu haben. Reenactment wiederum steht stärker in Verbindung mit dem Bereich des Militärischen und bezieht sich auf das Nachspielen konkreter historischer Ereignisse wie einer Schlacht, einer Belagerung oder eines Aufstandes, das (meist mit männlichen Reenactors) möglichst am Originalschauplatz stattfindet. Teilweise wird zur Unterscheidung zwischen Living History und Reenactment herangezogen, ob die Darstellung vor Publikum stattfindet bzw. ob die Zuschauer*innen als

---

25 Dreschke/Huynh/Knipp/Sittler, Einleitung (wie Anm. 3), S. 14.
26 Dreschke/Huynh/Knipp/Sittler, Einleitung (wie Anm. 3), S. 10.
27 Muhle, Maria: Mediality. In: The Routledge Handbook of Reenactment Studies. Key Terms in the Field. Hrsg. von Vanessa Agnew, Jonathan Lamb u. Juliane Tomann. London 2020. S. 133–138, 134.
28 Engelke, Geschichte (wie Anm. 24), S. 1–28.
29 Pleitner, Berit: Living History. In: Geschichte in Wissenschaft und Unterricht 62 (2011). S. 220–233, 220.

entscheidender Bestandteil in die Inszenierung mit einbezogen sind.[30] Oftmals ergänzen sich beide Formen jedoch und die Übergänge zwischen Formaten mit und ohne Publikum sind fließend. Das trifft auch auf die thematische Eingrenzung von Reenactments auf den Bereich des Militärischen zu. So kann das Schlachtengeschehen etwa von Marketender*innen begleitet werden, die mit ihrem Spiel die Aufmerksamkeit auf die vergangene Realität am Rande der Schlachtfelder und abseits des Kampfgeschehens lenken. Während die Schlacht überwiegend von Männern geschlagen wird, sind die Randgebiete des Geschehens häufig die Domänen der Frauen.

Die Abgrenzungsschwierigkeiten zwischen den Begriffen Living History und Reenactment sind nicht neu. Nachspüren kann man dem terminologisch schwierigen Verhältnis mit einem Blick in die Begriffsgeschichte. Einer der ersten Versuche, die vielgestaltigen Phänomene des Nachspielens von Vergangenheit zu ordnen, stammt von dem US-Amerikaner Jay Anderson aus dem Jahr 1984, der selbst im Bereich Living History aktiv war und gleichzeitig an der Western Kentucky University in den Bereichen Folklore and Museum Studies lehrte. In seinem Buch *Time Machines. The World of Living History* setzte er Living History als übergeordneten Begriff fest, der die drei Unterbereiche „research, interpretation and play"[31] umfasste. Sein Definitionsversuch war sehr weitreichend und so ordnete Anderson in den ersten Bereich die oben erwähnte Experimentelle Archäologie; im Bereich „interpretation" wird Living History verstanden als eine Art Verlebendigung der Objekte in der „toten" Welt der Museen durch kostümierte und speziell zu diesem Zweck ausgebildete Personen, die im Rahmen eines didaktischen Konzepts agieren. Living History hat hier bereits das geschichtsdidaktische Moment der Präsentation von Wissen. Unter „play" verortete Anderson schließlich die Laien, die Geschichte in ihrer Freizeit als Hobby nachspielen. Anderson bezeichnete diese Personengruppe, die sich für eine aktive Aneignung und Auseinandersetzung mit Vergangenheit und Geschichte einsetzten, noch als „history buffs". Diese identifizierten sich mit „particular, real, or compositive individuals of the past or the future and ‚fabricate' impressions of them".[32] Heute werden sie mehrheitlich als Reenactor*innen bezeichnet, die sich in Vereinen und losen Gruppen organisieren. Sah

---

30 Samida, Per Pedes (wie Anm. 12), S. 50f. Samida verweist hier auf die Theaterwissenschaftlerin Erika Fischer-Lichte, die die „leibliche Ko-Präsenz von Akteuren und Zuschauern" als zentrales Kriterium des prozesshaften Charakters einer Aufführung ansieht, in deren Rahmen Bedeutung entsteht. Auch Berit Pleitner hat die Zuschauernähe als Merkmal der Living History hervorgehoben. Pleitner, Erlebnis- und erfahrungsorientierte Zugänge (wie Anm. 12), S. 40–47.
31 Anderson, Jay: Living History. Simulating Everyday Life in Living Museums. In: American Quarterly 34 (1982). S. 290–306, 291.
32 Anderson, Jay: Time Machines. The World of Living History. Nashville 1984. S. 12.

Anderson den Terminus Living History noch als Oberbegriff an, lässt sich inzwischen ein deutlicher Trend zum Reenactment als Zentralbegriff ausmachen, während Living History als Nachstellung vergangener Lebenswelten – sei es als *first*, *second* oder *third person interpretation* – vor allem in Freiluftmuseen zu finden ist.[33]

Seit Andersons erstem Definitionsversuch haben sich die Möglichkeiten des Nachspielens, Imitierens und Rekonstruierens vergangener Ereignisse deutlich erweitert. Als kulturelle und soziale Praxis steht etwa das Live Action Role Playing (LARP) dem Reenactment nahe. Beim LARP entstehen durch Rollenspiele Phantasiewelten, die zwar historische Anmutungen erkennen lassen (können), aber nicht zwingend an der Vergangenheit orientiert sind. Den LARP-Conventions liegt außerdem ein Vermittlungsanspruch fern. Das LARP folgt einer vorher festgesetzten Rahmenhandlung: Im Sinne einer Spiellogik stellen sich die Teilnehmer*innen spezifischen Herausforderungen und überwinden diese. Ein Publikum ist dafür in der Regel nicht vorgesehen. Die LARPer*innen bleiben am liebsten unter sich und tauchen in die Welt des fantasievollen und fiktionalen Rollenspiels ein. Die LARP-Szene ist durchaus differenziert und die Grenzen zwischen den Formen verschwinden zunehmend im *Reenlarpment*, das sich aus Anteilen des Reenactment und des LARP zusammensetzt. Es unterscheidet sich von konventionellen LARPs durch die historische Verortung der Spielhandlung, die sich auf eine konkrete historische Epoche bei gleichzeitiger Minimierung der Fiktions- und Fantasieanteile bezieht.

Gegenwärtig findet das Nachspielen von oder in historischen Umgebungen häufig nicht mehr nur analog, sondern zunehmend im Digitalen statt. Die Bandbreite an digitalen Spielen, für die historische Ereignisse die Vorlage zur Entwicklung der Spielumgebung bilden, ist groß und wächst beständig. Ähnlich dem analogen Spiel mit der Vergangenheit kann das digitale Spielen in den medialisierten historischen Umgebungen zu einer Erfahrung der Vergangenheit beitragen, obwohl die Spieler*innen Verhaltensweisen und Einstellungen der Spielfiguren nicht unmittelbar, sondern in einer digital vermittelten Welt nachvollziehen.

Das Spektrum der gegenwärtigen Reenactment-Phänomene decken diese einführenden Beobachtungen längst nicht ab. Sie verdeutlichen jedoch, dass unter dem Begriff Reenactment sowohl erkenntnistheoretische Fragen in Bezug auf das Verhältnis von Gegenwart, Vergangenheit und Zukunft diskutiert als auch eine Fülle von Praktiken, Strategien und Techniken der Vergegenwärtigung von

---

33 Auch Wolfgang Hochbruck geht davon aus, dass Living History als übergeordneter Begriff besteht. Gleichzeitig verweist er jedoch auf die oxymoronische Qualität des Begriffes und die erkenntnistheoretischen Schwierigkeiten, die sich mit der Annahme einer „lebendigen Geschichte" verbinden. Hochbruck, Geschichtstheater (wie Anm. 2), S. 11–18.

Vergangenheit aus disparaten wissenschaftlichen, künstlerischen und sozialen Feldern gefasst werden.

Die Beiträge dieses Bandes konzentrieren sich auf historisches Reenactment als geschichts- und populärkulturelles Phänomen, das eine spezifische Art des Umganges mit Vergangenheit darstellt, und betrachten es aus unterschiedlichen disziplinären Perspektiven. Deutlich wird dabei, wie Reenactor*innen sich die vergangenen Wirklichkeiten auf spezifische Weise aneignen, sie öffentlich darstellen und Geschichtsbilder vermitteln. Darüber hinaus geht aus den Beiträgen hervor, dass Reenactor*innen im performativen Zusammenspiel mit Objekten und dem Publikum oder aber in digitalen Spielumgebungen Bedeutung und Wissen über die Vergangenheit (ko-)produzieren. Wissensproduktion wird hier als kulturelle Praxis verstanden, die als komplexer Aushandlungsprozess zwischen verschiedenen Akteur*innen abläuft, wobei es darauf ankommt, die dem Prozess zugrunde liegenden Konstruktionsprinzipien zu ergründen.[34] Diesen Annahmen folgend soll es bei der Betrachtung von historischem Reenactment weniger darum gehen, die bereits vielfach thematisierte Annahme einer Eventisierung als grundlegendes Muster der gegenwärtigen Geschichtskultur weiter auszubauen – wenngleich diese Dimension nicht gänzlich aus dem Blick geraten darf.[35] Vielmehr soll Reenactment als performative Praxis charakterisiert werden, die über kognitive Prozesse der Geschichtsbefassung hinausweist und auf körperlich-sinnliches Erleben im Rahmen von inszenierten Vergangenheitsbezügen fokussiert.[36] Im Anschluss an Überlegungen aus der Theaterwissenschaft und den Performance Studies wird davon ausgegangen, dass sowohl der Aspekt der Körperlichkeit als auch des Theatralen im Sinne von Aufführungen und Inszenierungen auf den prozessualen und schöpferischen Charakter der Entstehung von

---

34 Zur anthropology of knowledge siehe Barth, Fredrik: Anthropology of knowledge. In: Current Anthropology 43 (2002). S. 1–11; sowie weiterführend Fenske, Michaela: Abenteuer Geschichte. Zeitreisen in der Spätmoderne. Reisefieber Richtung Vergangenheit. In: History Sells! Angewandte Geschichte als Wissenschaft und Markt. Hrsg. von Wolfgang Hardtwig u. Alexander Schug. Stuttgart 2009. S. 79–90, 85.
35 Schönemann, Bernd: Die Geschichtskultur der Erlebnisgesellschaft. In: Sozialwissenschaftliche Informationen 30 (2001). S. 135–141; Schönemann, Bernd: Geschichte als Wiederholungsstruktur? In: Geschichte, Politik und ihre Didaktik 34 (2006). S. 182–191.
36 Auf den Zusammenhang von Emotion und Kognition sowie die Rolle und Bedeutung des Körpers bei der Auseinandersetzung mit und Aneignung von Vergangenheit verweisen auch Brauer, Juliane u. Martin Lücke: Zur Einführung. In: Emotionen, Geschichte und historisches Lernen. Geschichtsdidaktische und geschichtskulturelle Perspektiven. Hrsg. von Juliane Brauer u. Martin Lücke. Göttingen 2013. S. 11–27.

(historischer) Bedeutung verweisen.³⁷ Als Aufführungen oder Inszenierungen bringen Reenactments somit Bedeutung hervor, indem das eigene (Körper-)Erleben über die Sinnbildungen hinausweist, die auf schriftlichen Überlieferungen und Speichermedien basieren.

Historisches Reenactment als performative Praxis – einige Grundzüge

Die ungebrochene Anziehungskraft historischen Reenactments hat vielfältige Gründe. Zu den prominentesten aus der Perspektive der Akteur*innen gehört das Versprechen von Unmittelbarkeit und Präsenz, also die Aussicht auf das aktive Eintauchen in vergangene Welten und Zeiten, für deren Reanimierung und Perfektionierung in der Gegenwart viel Zeit, Energie und finanzielle Mittel aufgewendet werden. Ob die anschließende Inszenierung und die damit verbundene Imagination der Vergangenheit tatsächlich zur gewünschten subjektiv empfundenen Überlappung zeitlicher Strukturen des Damals und Heute führt und sich das Geschehen für die Reenactor*innen „echt" und authentisch anfühlt, sei für den Moment zurückgestellt. Deutlich wird jedoch, dass die Vergangenheit im Reenactment als Erlebniswelt imaginiert wird, die von den Akteur*innen als solche erfahren werden kann und ihnen dabei neue Handlungsräume eröffnet, die jenseits des eigenen Alltags liegen. Emotionen und Affekte spielen beim Einfühlen in die Vergangenheit eine zentrale Rolle, wobei sich Reenactor*innen kaum aus ihrer Gebundenheit an die Gegenwart lösen können und ihr emotionales Empfinden ein vorrangig gegenwärtiges bleibt – trotz des Nachspielens von Handlungen und Umständen, die in der Vergangenheit so existiert haben könnten. Geschichte wird im Reenactment zum (emotionalen) Erlebnis sowie zur (Selbst)Erfahrung; dem Körper als zentrale Instanz kommt daher eine hohe Aufmerksamkeit zu. Reenactment kann somit verstanden werden als „a body-based discourse in which the past is reanimated through physical and psychological experience".³⁸ Demnach drückt der Körper nicht nur Bedeutung aus, sondern bringt diese im Prozess des Erlebens und Verkörperns hervor.³⁹ Dieses

---

37 Zur Einführung in die Begriffe Performanz, Performance und Performativität siehe Wirth, Uwe (Hrsg.): Performanz. Zwischen Sprachphilosophie und Kulturwissenschaften. Frankfurt am Main 2002.
38 Agnew, Introduction (wie Anm. 12), S. 329.
39 Fischer-Lichte, Erika: Theatralität als kulturelles Modell. In: Theatralität als Modell in den Kulturwissenschaften. Hrsg. von Erika Fischer-Lichte u. Christian Horn. Tübingen 2004 (Theatralität 6). S. 7–26.

embodiment beschreibt die multisensorische Wahrnehmung und körperliche Erfahrung, die den Körper als exploratives Werkzeug nutzt,[40] um etwas für sich und andere über die Vergangenheit erfahrbar zu machen. Eine gefühlte Verbindung mit der Vergangenheit, bei der die gespielte historische Figur mit dem eigenen Selbst verschmilzt, kann Rückwirkungen auf die Akteur*innen haben: „In such moments, the performativity of reenactment evokes a poignant but transitory affective response in the reenactor."[41] Diese „performativen Momente" sind allerdings zeitlich auf das jeweilige Geschehen im Reenactment beschränkt und die ihnen innewohnende transformative Kraft somit begrenzt. Werden Reenactments jedoch über einen längeren Zeitraum und als regelmäßig betriebene Praxis verstanden, die gegenwärtige Körper mit Materialien, Bewegungen und Verhaltensweisen vergangener Körper vereint, können sie größere epistemologische und ontologische Bedeutung erlangen.[42]

Fragen des *embodiment* bzw. des körperlichen Einfühlens in die Vergangenheit als erfahrungsgestützte Ansätze der Wissensproduktion bergen epistemologische Schwierigkeiten und werfen die prinzipielle Frage auf, inwiefern Erkenntnis durch körperliches Erleben möglich ist. Die angestrebte Immersion in die Vergangenheit kann sich für die Teilnehmer*innen so echt anfühlen, dass das auf eigener Erfahrung basierende Wissen für wahr gehalten wird. Unberücksichtigt bleibt dann jedoch, dass diese personalisierten und emotionalisierten Erfahrungen keiner argumentativ aufgebauten historischen Narration folgen, wie sie im akademischen Fachdiskurs entsteht. Dennoch wird diesem Wissen über die Vergangenheit von den Akteur*innen aufgrund der Authentizität der Erfahrung größtmögliche Objektivität zugeschrieben. Vor allem in Extremsituationen, die psychische und physische Herausforderungen darstellen, schreiben sich Erfahrungen auch körperlich ein: „it is to these wounds and scars that reenactors testify. [...] (S)uch experiences can only be validated, not disputed."[43] Solche Einsichten über die Vergangenheit entziehen sich demnach einer diskursorientierten und intersubjektiven Validierung und können daher kaum Anspruch auf Allgemeingültigkeit erheben.

---

40 Dreschke, Reenactment (wie Anm. 3), S. 18; Kalshoven, Petra Tjitske: Epistemologies of Rehearsal. Crow Indianist Reflections on Reenactment as Research Practice. In: Reenactments. Medienpraktiken zwischen Wiederholung und kreativer Aneignung. Hrsg. von Anja Dreschke, Ilham Huynh, Raphaela Knipp u. David Sittler. Bielefeld 2016 (Locating media 8). S. 193–213.
41 Johnson, Katherine: Performance and Performativity. In: The Routledge Handbook of Reenactment Studies. Key Terms in the Field. Hrsg. von Vanessa Agnew, Jonathan Lamb u. Juliane Tomann. London 2020. S. 169–173.
42 Johnson, Performance (wie Anm. 41).
43 Agnew, Introduction (wie Anm. 12), S. 329.

Hinzu kommt, dass die leibliche Vergegenwärtigung von Vergangenheit im Reenactment aufgrund der scheinbaren Distanzverringerung und Unmittelbarkeit ein „so ist es tatsächlich gewesen" nahelegt. So gesehen ist Geschichte im Reenactment nicht eine von vielen möglichen Interpretationen der Vergangenheit, sondern ihre verkörperte Wiederkehr. Die Differenz zwischen (irreversibel vergangener) Vergangenheit und der an gegenwärtigen Fragen und Orientierungsbedürfnissen ausgerichteten, narrativ strukturierten Repräsentation als Geschichte wird hier aufgelöst.[44] Reenactment privilegiert folglich subjektiv-überzeugende Geschichten, was den Vorwurf nach sich zieht, dass der Konstruktcharakter bzw. die Konstruktionsbedingungen, die zur Entstehung des historischen Erlebens beitragen, kaum offengelegt werden. Kritiker*innen argumentieren daher, dass im Fahrwasser der auf individualisierter Erfahrung zum Erlebnis geformten Geschichte im Reenactment auch verklärte, oberflächliche oder politisch fragwürdige Versionen der Vergangenheit ein weites Publikum erreichen, während sich Ansätze multiperspektivischen oder kritischen Erzählens nur schwer entfalten können. Solche (erkenntnis)theoretischen und kritischen Einwände sollen hier nicht entkräftet, können jedoch durch eine Perspektivverschiebung neu gewichtet werden. Hebt man etwa in einer ethnologischen Sichtweise den prozessualen Charakter von Reenactment als performative Praxis hervor, treten die „kreativ-produktive[n] Prozesse der Reaktualisierung, Transformation, Umdeutung oder Neuschöpfung" deutlicher hervor und machen Elemente der „Aneignung, Produktion und Zirkulation von (historischem) Wissen" klarer erkennbar.[45]

Während kritische Stimmen im Reenactment spekulative Imaginationen und pseudohistorische Vorstellungen von Vergangenheit am Werk sehen, berufen sich Reenactor*innen auf die Authentizität der von ihnen nachempfundenen Vergangenheit, deren Darstellung auch das Publikum oft anspricht und überzeugt.[46]

---

44 Hochbruck, Geschichtstheater (wie Anm. 2), S. 6.
45 Dreschke, Anja: Etwas Altes, etwas Neues, etwas Geliehenes ... Zum Erfinden von Ritualen im Historischen Reenactment. In: Doing History. Performative Praktiken in der Geschichtskultur. Hrsg. von Sarah Willner, Georg Koch u. Stefanie Samida. Münster 2016 (Edition Historische Kulturwissenschaften 1). S. 173–193, 176.
46 Jerome de Groot fasst seine Erfahrung in der Diskussion mit Historiker*innen sehr zugespitzt zusammen: „Discuss re-enactment with academic historians and you will invariably raise laughter and some mockery. To paraphrase an adage, the re-enactor knows the price of everything in the past but understands the value and significance of nothing." De Groot, Jerome: Review Essay. Affect and Empathy. Re-enactment and Performance as/in History. In: Rethinking History 15 (2011). S. 587–599, 588; eine kritische Diskussion von Reenactment ist auch zu finden bei Gautschi, Peter: „Reenactment" – ein gefährlicher Spaß? In: Public History Weekly 4 (2016). public-history-weekly.degruyter.com/4–2016–30/reenactment-dangerous-fun/ (22.12.2020).

Authentizität gilt daher unter Reenactor*innen als zentrales Qualitätsmerkmal, das als Anspruch an die Verkörperung der eigenen Rolle als auch an andere formuliert wird. Authentizität wird demnach im Reenactment nicht nur im Sinne einer Eigenschaft auf der Objektebene hergestellt, sondern auch in einem subjektbezogenen Modus. Während sich Reenactor*innen auf der Ebene der Objekte durch eine möglichst detailgetreue Darstellung an die Vergangenheit annähern, liegt die subjektbezogene Authentizität vor allem im Nachempfinden. Es geht einerseits darum zu zeigen, „wie es war", andererseits darum, wie sich die Vergangenheit angefühlt haben könnte, um somit die zeiträumliche Distanz zwischen Vergangenheit und Gegenwart zu schließen. Doch was als authentisch gilt, wird nicht allein unter den Reenactor*innen verhandelt und hergestellt. Ebenso müssen die Zuschauer*innen mit ihren Erwartungen an das historische Schauspiel als Faktor einbezogen werden. Auch wenn das Publikum nicht selbst erlebt, wie es sich angefühlt haben könnte auf dem Schlachtfeld zu stehen, sind die Geschichtsbilder und die sich daran anschließenden Erwartungen an das Dargebotene Teil des Prozesses, in dem Authentizität auf unterschiedlichen Ebenen hergestellt wird.

Was unter Authentizität zu verstehen ist, beschäftigt die ethnologische Forschung vor allem in Bezug auf Tourismus bzw. touristische Praktiken seit vielen Jahren intensiv. Die Vorstellungen von Authentizität haben sich folglich immer wieder gewandelt und reichen bis hin zur Annahme eines spätmodernen Simulakrums im Sinne Jean Baudrillards, in dem sich die Beziehung zwischen Original und Kopie gänzlich aufgelöst habe.[47] Ohne diese Diskussionen hier detailliert verfolgen zu können, gilt es festzuhalten, dass der Begriff und die mit ihm verbundenen Prozesse der Authentifizierung, Authentisierung und Autorisierung semantisch schwer zu fassen sind – und das nicht nur innerhalb von Reenactment-Praktiken. Der Verweis auf die Rolle des Publikums ist aber nicht nur für das Verständnis von Authentizität wichtig. Er unterstreicht gleichzeitig einen weiteren Aspekt von Reenactment als performative Praxis: Auch wenn das körperliche Erleben für viele Reenactor*innen als wesentliche Motivation anzusehen ist und

---

[47] Zur Einführung siehe Agnew, Vanessa u. Juliane Tomann: Authenticity. In: The Routledge Handbook of Reenactment Studies. Key Terms in the Field. Hrsg. von Vanessa Agnew, Jonathan Lamb u. Juliane Tomann. London 2020. S. 20–24; Groschwitz, Authentizität, (wie Anm. 12); Pirker, Eva; Mark Rüdiger; Christa Klein; Thorsten Leiendecker; Carolyn Oesterle; Miriam Sénécheau u. Michiko Uike-Bormann: Echte Geschichte: Authentizitätsfiktionen in populären Geschichtskulturen. Bielefeld 2010 (Historische Lebenswelten in populären Wissenskulturen/History in Popular Cultures); Saupe, Achim: Historische Authentizität. Individuen und Gesellschaften auf der Suche nach dem Selbst – ein Forschungsbericht. hsozkult.geschichte.hu-berlin.de/forum/2017-08-001 (22.12.2020).

somit ihr Tun bestimmt, entfaltet sich das Geschehen am Ort eines Reenactments meist als Prozess im Zusammenspiel zwischen Zuschauer*innen und Akteur*innen und konstituiert sich nicht allein im Rollenspiel der Reenactor*innen. Im Sinne einer Aufführung ist die „Ko-Präsenz von Akteuren und Zuschauern", die sich „für eine bestimmte Zeit an einem bestimmten Ort treffen, um dort eine Situation gemeinsam miteinander zu erleben"[48], ein entscheidender Aspekt. Damit wird nicht nur der prozessuale Charakter von Reenactments hervorgehoben, sondern auch die Tatsache, dass die Bedeutung des Geschehens in Abhängigkeit davon entsteht, wie sich Publikum und Reenactor*innen gegenseitig wahrnehmen, miteinander interagieren bzw. wechselseitig aufeinander reagieren. Der Philosoph Jörg Volbers fasst diesen Umstand prägnant: „In diesem Sinne sind auch die Zuschauer, die diese Erfahrung mit vollziehen, an der Produktion der Bedeutung beteiligt."[49]

Der Diskurs um Authentizität – insbesondere auf der Objektebene – rückt ferner einen weiteren zentralen Aspekt von Reenactments in den Blick. Die materielle Kultur – also Dinge, Objekte oder Artefakte – konstituiert historisches Reenactment in hohem Maße und hat einen wichtigen Anteil am Gelingen der Verknüpfung von Vergangenheit und Gegenwart.[50] Die Ausstattung hat für Reenactor*innen einen zentralen Stellenwert, seien es Originale oder Nachbildungen, die sie beim Eintauchen in die nachempfundene vergangene Wirklichkeit begleiten bzw. ihnen dieses ermöglichen. Neben Werkzeugen und Alltagsgegenständen im Camp sowie den Waffen während der Gefechtsnachstellung ist es vor allem die Kleidung, die für Reenactor*innen selbst sowie das Publikum den „Zeitsprung" in die Vergangenheit markiert. Die Dingwelt des Reenactments verleiht den Akteur*innen zudem Autorität, um ihrer Version der Geschichte Wirkmächtigkeit zu verschaffen – sei es gegenüber anderen Reenactor*innen oder dem Publikum. Dabei verwenden Reenactor*innen häufig keine Originale – etwa aus Angst, diese abzunutzen –, sondern Repliken von Waffen oder anderen Ausrüstungsgegenständen, die sich jedoch möglichst echt anfühlen und auch als solche erkennbar sein müssen. Es ist also einerseits die Funktionalität der Dinge, die Akteur*innen teilweise selbst in Anlehnung an historische Vorlagen herstellen, die im Reenactment zählt. Andererseits kann man den Stellenwert der

---

48 Samida, Per Pedes (wie Anm. 12), S. 48.
49 Volbers, Jörg: Performative Kultur. Eine Einführung. Wiesbaden 2014. S. 30.
50 Einen Überblick zum Thema materielle Kultur bietet Poehls, Kerstin: Materialität. In: Kulturtheoretisch argumentieren. Hrsg. von Timo Heimerdinger u. Markus Tauschek. Münster 2020. S. 294–323.

Dingwelt im Reenactment auch mit Cornelius Holtorfs Begriff „pastness" fassen.[51] Dieser verweist auf den Umstand, dass weder Alter noch Echtheit von Dingen eine zentrale Bedeutung haben, sondern deren Wahrnehmung, die einen Eindruck von Vergangenheit verströmt und diese „heraufbeschwört".[52] Dennoch schreibt die physische Präsenz von Dingen den Akteur*innen Glaubwürdigkeit und Erklärungskraft zu, die es kritisch zu betrachten gilt. Um die Bedeutung und den Stellenwert der Dinge für das Funktionieren von Reenactments zu verstehen, bieten sich Anleihen bei verschiedenen theoretischen Zugängen an, etwa der Akteur-Netzwerk-Theorie (Bruno Latour), der More-than-Representational-Theory (Hayden Lorimer) oder dem Ansatz der kulturellen Biographie von Dingen (Igor Kopytoff).[53] Diese Theorien betonen, dass Dinge über die Ebene der Repräsentationen oder Symbolisierung hinausweisen; sie haben Effekte und Konsequenzen bzw. *agency* und die Dingwelt hat maßgeblichen Einfluss auf den Zugang des Menschen zur Wirklichkeit.[54]

Charakteristisch für historisches Reenactment ist ferner der Zusammenhang mit Ritualen. Werden Rituale nicht nur als „religiöse oder spirituelle Kollektivhandlungen und -vorstellungen"[55], sondern als kulturelle Praxis verstanden, die aus kreativen und produktiven sozialen Interaktionen bestehen und in verschiedenen Kontexten (sozial, politisch oder religiös) Bedeutungen erneuern, weisen sie deutliche Überschneidungen mit Reenactments auf. Victor Turners Betonung einer liminalen Phase in Ritualen, die in einer Art Zwischenzustand soziale Ordnungen außer Kraft setzt, um sie anschließend zu restabilisieren, scheint in Bezug auf Reenactments besonders anschlussfähig.[56] Die Ethnologin Anja Dreschke

---

51 Holtorf, Cornelius: On Pastness. A Reconsideration of Materiality in Archaeological Object Authenticity. In: Anthropological Quarterly 86 (2013). S. 427–443.
52 Samida, Stefanie: Inszenierte Authentizität. Zum Umgang mit Vergangenheit im Kontext der Living History. In: Authentizität. Artefakt und Versprechen in der Archäologie. Hrsg. von Martin Fitzenreiter. London 2014 (Internetbeiträge zur Ägyptologie und Sudanarchäologie 15). S. 139–150. www2.rz.hu-berlin.de/nilus/net-publications/ibaes15/publikation/ibaes15_samida.pdf (12.02.2021).
53 Daugbjerg, Mads: „As real as it gets". Vicarious Experience and the Power of Things in Historical Reenactment. In: Doing History. Performative Praktiken in der Geschichtskultur. Hrsg. von Sarah Willner, Georg Koch u. Stefanie Samida. Münster 2016 (Edition Historische Kulturwissenschaften 1). S. 151–173; Samida, Stefanie: Material Culture. In: The Routledge Handbook of Reenactment Studies. Key Terms in the Field. Hrsg. von Vanessa Agnew, Jonathan Lamb u. Juliane Tomann. London 2020. S. 130–132.
54 Daugbjerg, „As real as it gets" (wie Anm. 53).
55 Uhlig, Mirko: Ritual. In: Kulturtheoretisch argumentieren. Hrsg. von Timo Heimerdinger u. Markus Tauschek. Münster 2020. S. 433–466, 440.
56 Dreschke, Anja: Ritual. In: The Routledge Handbook of Reenactment Studies. Key Terms in the Field. Hrsg. von Vanessa Agnew, Jonathan Lamb u. Juliane Tomann. London 2020. S. 202–206; Fischer-Lichte, Erika: Die Wiederholung als Ereignis. Reenactment als Aneignung von Geschichte.

argumentiert, dass liminale Phasen nicht nur während des Karnevals oder Faschings zu beobachten sind, sondern auch im historischen Reenactment: Die Akteur*innen erschaffen vorübergehend eine Welt, die sich von ihrem Alltag deutlich unterscheidet und nehmen in Verkleidung historische Rollen an.[57] Liminale Phasen haben nach Turner gleichzeitig das Potenzial zu individueller oder kollektiver Transformation, bei der neue soziale Wirklichkeiten geschaffen werden können. Die dialektische Struktur von Ritualen korrespondiere mit dem dualen Charakter von Reenactments, „which is characterized by both renewal and an affirmation of what already is".[58] Da historisches Reenactment als Freizeitbeschäftigung auf Freiwilligkeit beruht, könne es im Sinne Turners auch als liminoides Phänomen betrachtet werden. Zwar laufen Reenactments weniger standardisiert ab als klassische Rituale, weisen aber dennoch als Praktiken der Identitäts-, Gemeinschafts- und historischen Sinnbildung sowie durch ihre Fokussierung auf Körperlichkeit viele Gemeinsamkeiten auf.

Es ist deutlich geworden, dass historisches Reenactment als performative Praxis aus vielfältigen theoretischen Blickwinkeln betrachtet werden kann, die sich häufig nicht eindeutig voneinander abgrenzen lassen. Will man das Phänomen verstehen und untersuchen, sollte der Fokus innerhalb dieser theoretischen Rahmungen immer auch auf die Akteur*innen gerichtet werden. Denn die konkrete Ausgestaltung von historischen Reenactments hängt neben ihrer Eingebundenheit in größere geschichtskulturelle – und somit auch politische und kommerzielle Kontexte – maßgeblich von den Motivationslagen, Zielsetzungen, Kenntnissen und Fertigkeiten der Akteur*innen ab. Die Motivationen der Reenactor*innen sind breit gefächert, gründen aber vorrangig im Interesse an den vergangenen Ereignissen selbst. Daraus kann sich das Bedürfnis entwickeln, mehr über diese Vergangenheit erfahren zu wollen, was häufig verbunden ist mit dem Wunsch, der Lokal- oder Alltagsgeschichte nachzugehen und diese Erkenntnisse an ein Publikum zu vermitteln. Ausschlaggebend kann aber auch das Bedürfnis einer temporären Flucht aus der eigenen gegenwartsgebundenen Existenz sein, das den Wunschvorstellungen von anderen projektierten Lebenswelten folgt und das Erschaffen einer historischen Rolle nach sich zieht. Im Rollenspiel eröffnen sich den Akteur*innen Handlungsräume, die Selbst- und

---

In: Theater als Zeitmaschine. Zur performativen Praxis des Reenactments. Theater- und kulturwissenschaftliche Perspektiven. Hrsg. von Jens Roselt u. Ulf Otto. Bielefeld 2012 (Theater 45). S. 13–53; Samida, Per Pedes (wie Anm. 12).
57 Dreschke, Ritual (wie Anm. 56).
58 Dreschke, Ritual (wie Anm. 56).

Grenzerfahrungen abseits des Alltages der Gegenwart ermöglichen.⁵⁹ Auch politische Beweggründe müssen in Betracht gezogen werden, die sich mit der Vorstellung verbinden, historische Ereignisse in der Gegenwart re-interpretieren und mit neuem Sinn versehen zu können. Reenactor*innen können im kultursoziologischen Sinne als Szene und ihre Aktivitäten als Hobby oder Freizeitgestaltung verstanden werden. Das Spiel mit der Vergangenheit ist jedoch mehr als nur ein Freizeitspaß – und durchaus ernst, was die Beschreibung von Reenactment als *serious leisure* veranschaulicht.⁶⁰

Die Konzeption des Bandes

Die wissenschaftliche Beschäftigung mit historischem Reenactment hat ihren Schwerpunkt bislang im angloamerikanischen Raum, wenngleich Forschungsergebnisse aus diesem Bereich zunehmend auch auf Deutsch vorliegen.⁶¹ Die gegenwärtige Aufmerksamkeit für das Phänomen in der deutschsprachigen Debatte nimmt der Band zum Anlass, um unterschiedliche Forschungsansätze und disziplinäre Perspektiven auf historisches Reenactment zu präsentieren. Als vielgestaltige performative Praxis, die in der Gegenwart verankert ist und die Vergangenheit als Referenzpunkt hat, ist historisches Reenactment für zahlreiche Disziplinen ein interessanter Forschungsgegenstand. Diese wiederum tragen jeweils eigene Fragestellungen, Theoriekonzepte und Begriffe an das Phänomen heran, die in den Beiträgen im Mittelpunkt stehen. Der Band widmet sich daher den in einzelnen Disziplinen oder Forschungsfeldern verorteten Zugangsweisen zu historischem Reenactment und will bewusst keiner Perspektive den Vorrang einräumen. Die Sichtweise von Historiker*innen, die mit ihrem Interesse an der Rekonstruktion vergangenen Geschehens anderes Material und andere Quellen zur Erforschung von Reenactments heranziehen, findet die gleiche Beachtung wie die stärker an der Gegenwartspraxis und den Akteur*innenperspektiven ausgerichteten, ethnologischen Zugänge. Die Beiträge verbleiben dabei nicht auf der Ebene des Theoretischen. Die jeweils zentralen Begriffe und Kategorien zur Erforschung von Reenactments werden von den Beiträger*innen anhand von empirischem Material aus eigenen Forschungen eingeführt oder anhand konkreter

---

59 Adriansen, Robbert-Jan: Play. In: The Routledge Handbook of Reenactment Studies. Key Terms in the Field. Hrsg. von Vanessa Agnew, Jonathan Lamb u. Juliane Tomann. London 2020. S. 178–183.
60 Hunt, Stephen J.: Acting the Part. „Living history" as a Serious Leisure Pursuit. In: Leisure Studies 23 (2004). S. 387–403.
61 Siehe die Angaben in Anm. 12.

Fallbeispiele durchgespielt. Der Bezug zur Empirie fällt in den Aufsätzen unterschiedlich intensiv aus. Während einige Beiträger*innen stark entlang ihres empirischen Materials argumentieren, stellen andere die in ihren Disziplinen verorteten Fragestellungen zum Thema Reenactment in den Vordergrund. In der Zusammenschau entsteht ein Überblick über aktuelle Ansätze, mit denen historisches Reenactment untersucht werden kann. Das Anliegen unserer Zusammenstellung ist es auch, anhand der Erkenntnisse aus den Beiträgen dem Potenzial einer disziplinübergreifenden Debatte nachzugehen. Denn neben den Spezifika der disziplinären Blickwinkel zeigt der Überblick deutliche Überlappungen, die für eine zukünftige, stärker interdisziplinär geprägte Auseinandersetzung mit Reenactments fruchtbar gemacht werden können.

Mit Erfahrung und Erlebnis hebt die Historikerin Ulrike Jureit zwei Schlüsselbegriffe hervor, anhand derer sie der Frage nachgeht, wie historisches Erleben im Reenactment als Form handlungsbezogener Geschichtsaneignung zustande kommt und was es ausmacht. Sie veranschaulicht ihre Überlegungen mit einer Gefechtsnachstellung – der Schlacht von Großgörschen aus den Napoleonischen Kriegen, die sich am 4. Mai 2013 zum 200. Mal jährte. Jureit reflektiert in ihrem Beitrag außerdem, welche gesellschaftliche Bedeutung historischem Reenactment als simulierte Re-Inszenierung vergangener Ereignisse zukommt, deren Themen sich in erster Linie auf Krieg und Gewalt beziehen, und fragt, ob Krieg zu einem „Sehnsuchtsort" im Reenactment werden kann.

Kamila Baraniecka-Olszewska wendet sich in ihrem Beitrag einem weiteren zentralen Begriff zu und beleuchtet verschiedene Facetten von Authentizität in Theorie und Praxis. Sie vertieft nicht nur die weiter oben eingeführte Debatte um die verschiedenen Bedeutungen des Terminus sowie die unterschiedlichen Zugangsweisen von Historiker*innen, Anthropolog*innen und Performancetheoretiker*innen. Anhand ethnographischen Materials aus Untersuchungen von Reenactments des Zweiten Weltkriegs in Polen beschreibt sie weitergehend, wie Reenactor*innen Authentizität verstehen und vor allem, wie sie diese in der Praxis herstellen. Sie plädiert für einen anthropologischen Zugriff auf das Thema Authentizität, nutzt mit Bezug auf die körperlichen Praktiken der Reenactor*innen aber auch Ansätze aus den Performance Studies.

Reenactments gelten gemeinhin als Männerdomäne. Auch die Forschung konzentriert sich bislang vorrangig auf die Frage, wie bestimmte Männlichkeitsbilder im Reenactment (re)produziert werden. Wie hingegen weibliche Reenactorinnen die überwiegend männlich geprägte Welt des Reenactment wahrnehmen und welche Strategien sie im Umgang damit entwickelt haben, greife ich in meinem Beitrag auf. Der Text geht auf die Motivationen und Erfahrungen von vier weiblichen Akteurinnen des US-amerikanischen *Revolutionary War*-Reenactment ein und erörtert die Frage, wie Geschlechterrollen im Alternieren zwischen Jetztzeit und gespielter Vergangenheit perpetuiert oder infrage gestellt, festgeschrieben oder aufgebrochen werden.

Welche Potenziale Reenactment für historische Lernprozesse sowohl im schulischen als auch im außerschulischen Bereich bereithält, erörtern Andreas Körber und seine Ko-Autor*innen aus geschichtsdidaktischer Perspektive. Reenactment ist geprägt von Aspekten der Unmittelbarkeit und Anschaulichkeit, die den stärker an Kognition und Sprache orientierten Methoden historischen Lernens im Geschichtsunterricht gegenüberstehen. Die Autor*innen problematisieren diese Eingängigkeit, die leicht zu einer unkritischen Rezeption führen kann, wenn Deutungsabsichten und zugrunde liegende Entscheidungen nicht transparent gemacht werden. Der Beitrag diskutiert ferner die geschichtsdidaktischen Potenziale von Reenactment und fragt danach, wie es Lernenden einen Einblick in Formen des Umgangs mit Vergangenheit ermöglichen und sie zu kritischem und selbstständigem historischen Denken befähigen kann.

Nico Noldens Beitrag widmet sich dem Aspekt des Spielens – jedoch nicht dem Rollenspiel auf den nachgestellten Schlachtfeldern, sondern dem Spielen im digitalen Raum. Historische Ereignisse dienen digitalen Spielen oft nicht nur als Hintergrund, sondern bestimmen und beeinflussen ihre Inhalte sowie die darin spielenden Charaktere maßgeblich. In lebensweltlich plausibel dargestellten Spielumgebungen handeln Spielende in Online-Rollenspielen – hier verkörpert durch ihre Spielfigur – häufig unter Rahmenbedingungen, die von historischen Informationen bestimmt werden. Ähnlich dem analogen Reenactment birgt das Agieren in historisch anmutenden Umgebungen das Versprechen von historischen Erfahrungen. Der Beitrag greift die Parallelen zwischen individuellen historischen Inszenierungen, die die Spielenden in Ko-Autor*innenschaft mit Entwickler*innen sowie anderen Spielenden erschaffen, und analogen historischen Reenactments auf und diskutiert die Möglichkeiten für Spielende, mit historischen Wissensangeboten in digitalen Spielen zu interagieren.

Die beiden anschließenden Beiträge dienen der Historisierung des Phänomens Reenactment. Mirko Uhlig und Torsten Kathke führen uns zu den Anfängen der Reenactment-Szene in Westdeutschland und stellen anhand ethnographischer Quellen zwei Akteure vor, die das erste (west)deutsche Reenactment auf einem Truppenübungsplatz in der rheinland-pfälzischen Stadt Baumholder im Jahr 1985 maßgeblich mitgestaltet haben. Vor dem Hintergrund der Annahme, dass Reenactment durch seinen spezifischen Bezug zur National- und/oder Regional- bzw. Lokalgeschichte kulturelle Selbstbilder sicht- und interpretierbar macht, fragen die Autoren nach den Beweggründen für die Protagonisten, sich in den 1980er Jahren mit dem Amerikanischen Bürgerkrieg zu beschäftigen – einem Ereignis, das vordergründig keine Berührungspunkte mit ihrer eigenen Geschichte bzw. Lebensgeschichte aufweist.

Häufig wird in der Literatur diskutiert, inwiefern Reenactments Charakterzüge eines postmodernen Phänomens tragen und eine singuläre Erscheinung des späten 20. und frühen 21. Jahrhunderts darstellen. Diese Annahme hinterfragt Steffi de Jong, indem sie auf Vorläuferformen gegenwärtiger Reenactments verweist. De Jong analysiert anhand von „Attitüden", „lebenden Bildern" und Künstlerfesten, inwiefern im 19. Jahrhundert bereits von performativen und immersiven Praktiken der Vergangenheitsaneignung und -repräsentation gesprochen werden kann. Die Untersuchung zeigt, dass sich der Wunsch nach einer möglichst authentischen Darstellung sowie das Bestreben, vergangene Persönlichkeiten und Praktiken performativ zu verlebendigen, bis ins 19. Jahrhundert zurückverfolgen lässt.

Sabine Stachs abschließender Beitrag bereichert den Band um eine weitere Perspektive, denn sie blickt aus tourismustheoretischer Sicht auf das Phänomen historisches Reenactment. Touristische Praktiken und Reenactments haben viele Überschneidungspunkte und gehen im Alltag fließend ineinander über. Außerdem sind zentrale Begriffe wie Authentizität und Performativität, über die in ethnologischer und soziologischer Perspektive in der Tourismusforschung schon länger diskutiert wird, auch für Untersuchungen zu historischem Reenactment grundlegend. Stachs Exkurs verdeutlicht diesen Zusammenhang und diskutiert ferner die oben angesprochene Rolle des Publikums.

Literaturverzeichnis

Adriansen, Robbert-Jan: Play. In: The Routledge Handbook of Reenactment Studies. Key Terms in the Field. Hrsg. von Vanessa Agnew, Jonathan Lamb u. Juliane Tomann. London 2020. S. 178–183.
Agnew, Vanessa u. Juliane Tomann: Authenticity. In: The Routledge Handbook of Reenactment Studies. Key Terms in the Field. Hrsg. von Vanessa Agnew, Jonathan Lamb u. Juliane Tomann. London 2020. S. 20–24.
Agnew, Vanessa, Jonathan Lamb u. Juliane Tomann (Hrsg.): The Routledge Handbook of Reenactment Studies. Key Terms in the Field. London 2020.
Agnew, Vanessa: Introduction. What Is Reenactment? In: Criticism 46 (2004). S. 327–339.
Anderson, Jay: Time Machines. The World of Living History. Nashville 1984.
Anderson, Jay: Living History. Simulating Everyday Life in Living Museums. In: American Quarterly 34 (1982). S. 290–306.
Arns, Inke u. Gabriele Horn: History Will Repeat Itself. Strategies of Re-enactment in Contemporary (Media) Art and Performance. Frankfurt am Main 2007.
Barth, Fredrik: Anthropology of knowledge. In: Current Anthropology 43 (2002). S. 1–11.
Benzaquen-Gautier, Stéphanie: Art. In: The Routledge Handbook of Reenactment Studies. Key Terms in the Field. Hrsg. von Vanessa Agnew, Jonathan Lamb u. Juliane Tomann. London 2020. S. 16–20.

Brauer, Juliane u. Martin Lücke: Zur Einführung. In: Emotionen, Geschichte und historisches Lernen. Geschichtsdidaktische und geschichtskulturelle Perspektiven. Hrsg. von Juliane Brauer u. Martin Lücke. Göttingen 2013. S. 11–27.

Carnegie, Elizabeth u. Scott Maccabe: Re-enactment Events and Tourism. Meaning, Authenticity and Identity. In: Current Issues in Tourism 11 (2008). S. 349–368.

Collingwood, Robin G.: An Autobiography. London 1939.

Cook, Alexander: The Use and Abuse of Historical Reenactment. Thoughts on Recent Trends in Public History. In: Criticism 46 (2004). S. 487–496.

Daugbjerg, Mads: „As real as it gets". Vicarious Experience and the Power of Things in Historical Reenactment. In: Doing History. Performative Praktiken in der Geschichtskultur. Hrsg. von Sarah Willner, Georg Koch u. Stefanie Samida. Münster 2016 (Edition Historische Kulturwissenschaften 1). S. 151–173.

Daugbjerg, Mads; Rivka Syd Eisner u. Britta Timm Knudsen (Hrsg.): Re-Enacting the Past. Heritage, materiality and performance. London 2015 (International journal of heritage studies).

De Groot, Jerome: Review Essay. Affect and Empathy. Re-enactment and Performance as/in History. In: Rethinking History 15 (2011). S. 587–599.

Dreschke, Anja: Ritual. In: The Routledge Handbook of Reenactment Studies. Key Terms in the Field. Hrsg. von Vanessa Agnew, Jonathan Lamb u. Juliane Tomann. London 2020. S. 202–206.

Dreschke, Anja; Ilham Huynh; Raphaela Knipp; David Sittler: Einleitung. In: Reenactments. Medienpraktiken zwischen Wiederholung und kreativer Aneignung. Hrsg. von Anja Dreschke, Ilham Huynh, Raphaela Knipp u. David Sittler. Bielefeld 2016 (Locating media 8). S. 9–24.

Dreschke, Anja: Etwas Altes, etwas Neues, etwas Geliehenes … Zum Erfinden von Ritualen im Historischen Reenactment. In. Doing History. Performative Praktiken in der Geschichtskultur. Hrsg. von Sarah Willner, Georg Koch u. Stefanie Samida. Münster 2016 (Edition Historische Kulturwissenschaften 1). S. 173–193.

Engelke, Heike: Geschichte wiederholen. Strategien des Reenactment in der Gegenwartskunst – Omer Fast, Andrea Geyer und Rod Dickinson. Bielefeld 2017 (Image 118).

Fenske, Michaela: Abenteuer Geschichte. Zeitreisen in der Spätmoderne. Reisefieber Richtung Vergangenheit. In: History Sells! Angewandte Geschichte als Wissenschaft und Markt. Hrsg. von Wolfgang Hardtwig u. Alexander Schug. Stuttgart 2009. S. 79–90.

Fischer-Lichte, Erika: Die Wiederholung als Ereignis. Reenactment als Aneignung von Geschichte. In: Theater als Zeitmaschine. Zur performativen Praxis des Reenactments. Theater- und kulturwissenschaftliche Perspektiven. Hrsg. von Jens Roselt u. Ulf Otto. Bielefeld 2012 (Theater 45). S. 13–53.

Fischer-Lichte, Erika: Theatralität als kulturelles Modell. In: Theatralität als Modell in den Kulturwissenschaften. Hrsg. von Erika Fischer-Lichte u. Christian Horn. Tübingen 2004 (Theatralität 6). S. 7–26.

Franko, Mark (Hrsg.): The Oxford Handbook of Dance and Reenactment. New York 2018.

Gallanti, Fabrizio: Forensic Architecture. In: The Routledge Handbook of Reenactment Studies. Key Terms in the Field. Hrsg. von Vanessa Agnew, Jonathan Lamb u. Juliane Tomann. London 2020. S. 79–83.

Gautschi, Peter: „Reenactment" – ein gefährlicher Spaß? In: Public History Weekly 4 (2016). public-history-weekly.degruyter.com/4 – 2016 – 30/reenactment-dangerous-fun/ (22.12.2020).

Groschwitz, Helmuth: Authentizität, Unterhaltung, Sicherheit. Zum Umgang mit Geschichte in Living History und Reenactment. In: Bayerisches Jahrbuch für Volkskunde (2010). S. 141 – 155.

Heeg, Günther; Micha Braun; Lars Krüger u. Helmut Schäfer (Hrsg.): Reenacting History. Theater & Geschichte. Berlin 2014 (Theater der Zeit 109).

Hochbruck, Wolfgang: Geschichtstheater. Formen der „Living History". Eine Typologie. Bielefeld 2013 (Historische Lebenswelten in populären Wissenskulturen 10).

Holtorf, Cornelius: On Pastness. A Reconsideration of Materiality in Archaeological Object Authenticity. In: Anthropological Quarterly 86 (2013). S. 427 – 443.

Horwitz, Tony: Confederates in the Attic. Dispatches from the Unfinished Civil War. New York 1998.

Hunt, Stephen J.: Acting the Part. „Living history" as a Serious Leisure Pursuit. In: Leisure Studies 23 (2004). S. 387 – 403.

Johnson, Katherine: Performance and Performativity. In: The Routledge Handbook of Reenactment Studies. Key Terms in the Field. Hrsg. von Vanessa Agnew, Jonathan Lamb u. Juliane Tomann. London 2020. S. 169 – 173.

Jureit, Ulrike: Magie des Authentischen. Das Nachleben von Krieg und Gewalt im Reenactment. Göttingen 2020 (Wert der Vergangenheit).

Kalshoven, Petra Tjitske: Epistemologies of Rehearsal. Crow Indianist Reflections on Reenactment as Research Practice. In: Reenactments. Medienpraktiken zwischen Wiederholung und kreativer Aneignung. Hrsg. von Anja Dreschke, Ilham Huynh, Raphaela Knipp u. David Sittler. Bielefeld 2016 (Locating media 8). S. 193 – 213.

Kotte, Eugen: Reenactment – Grenzen und Möglichkeiten „gefühlter" Geschichte. In: Zugänge zur Public History. Formate – Orte – Inszenierungsformen. Hrsg. von Frauke Geyken u. Michael Sauer. Frankfurt am Main 2019. S. 120 – 140.

Lütticken, Sven (Hrsg.): Life, Once More. Forms of Reenactment in Contemporary Art. Rotterdam 2005.

Maase, Kaspar: Populärkultur. In: Kulturtheoretisch argumentieren. Hrsg. von Timo Heimerdinger u. Markus Tauschek. Münster 2020. S. 380 – 408.

McCalman, Iain u. Paul A. Pickering: Historical reenactment. From realism to the affective turn. Basingstoke 2010 (Reenactment history).

Muhle, Maria: Mediality. In: The Routledge Handbook of Reenactment Studies. Key Terms in the Field. Hrsg. von Vanessa Agnew, Jonathan Lamb u. Juliane Tomann. London 2020. S. 133 – 138.

Oberkrome, Friederike u. Verena Straub: Performing in Between Times. An Introduction. In: Performance zwischen den Zeiten. Reenactments und Preenactments in Kunst und Wissenschaft. Hrsg. von Friederike Oberkrome, Adam Czirak, Sophie Nikoleit, Friederike Oberkrome, Verena Straub, Robert Walter-Jochum, Michael Wetzels. Bielefeld 2019 (Theater 117). S. 9 – 22.

Otto, Ulf: History of the Field. In: The Routledge Handbook of Reenactment Studies. Key Terms in the Field. Hrsg. von Vanessa Agnew, Jonathan Lamb u. Juliane Tomann. London 2020. S. 111 – 114.

Otto, Ulf: Reenactment. In: Metzler Lexikon Theatertheorie. Hrsg. von Erika Fischer-Lichte, Doris Kolesch u. Matthias Warstat. Stuttgart 2014. S. 287–290.

Pirker, Eva; Mark Rüdiger; Christa Klein; Thorsten Leiendecker; Carolyn Oesterle; Miriam Sénécheau u. Michiko Uike-Bormann: Echte Geschichte: Authentizitätsfiktionen in populären Geschichtskulturen. Bielefeld 2010 (Historische Lebenswelten in populären Wissenskulturen/History in Popular Cultures).

Pleitner, Berit: Living History. In: Geschichte in Wissenschaft und Unterricht 62 (2011). S. 220–233.

Pleitner, Berit: Erlebnis- und erfahrungsorientierte Zugänge zur Geschichte. Living History und Reenactment. In: Geschichte und Öffentlichkeit. Orte – Medien – Institutionen. Hrsg. von Sabine Horn u. Michael Sauer. Göttingen 2009 (UTB). S. 40–51.

Poehls, Kerstin: Materialität. In: Kulturtheoretisch argumentieren. Hrsg. von Timo Heimerdinger u. Markus Tauschek. Münster 2020. S. 294–323.

Reckwitz, Andreas: Die Gesellschaft der Singularitäten. Zum Strukturwandel der Moderne. Berlin 2018.

Retz, Tyson: Why Re-enactment is not Empathy, Once and for All. In: Journal of the Philosophy of History 11 (2017). S. 306–323.

Roselt, Jens u. Ulf Otto (Hrsg.): Theater als Zeitmaschine. Zur performativen Praxis des Reenactments. Theater- und kulturwissenschaftliche Perspektiven. Bielefeld 2012 (Theater 45).

Rüsen, Jörn: Was ist Geschichtskultur? Überlegungen zu einer neuen Art, über Geschichte nachzudenken. In: Historische Faszination. Geschichtskultur heute. Hrsg. von Jörn Rüsen, Theo Grütter u. Klaus Füßmann. Köln 1994. S. 3–26.

Samida, Stefanie: Material Culture. In: The Routledge Handbook of Reenactment Studies. Key Terms in the Field. Hrsg. von Vanessa Agnew, Jonathan Lamb u. Juliane Tomann. London 2020. S. 130–132.

Samida, Stefanie; Sarah Willner u. Georg Koch: Doing History – Geschichte als Praxis. Programmatische Annäherungen. In: Doing History. Performative Praktiken in der Geschichtskultur. Hrsg. von Sarah Willner, Georg Koch u. Stefanie Samida. Münster 2016 (Edition Historische Kulturwissenschaften 1). S. 1–25.

Samida, Stefanie: Per Pedes in die Germania magna oder Zurück in die Vergangenheit? Kulturwissenschaftliche Annäherung an eine performative Praktik. In: Doing History. Performative Praktiken in der Geschichtskultur. Hrsg. von Sarah Willner, Georg Koch u. Stefanie Samida. Münster 2016 (Edition Historische Kulturwissenschaften 1). S. 45–62.

Samida, Stefanie: Inszenierte Authentizität. Zum Umgang mit Vergangenheit im Kontext der Living History. In: Authentizität. Artefakt und Versprechen in der Archäologie. Hrsg. von Martin Fitzenreiter. London 2014 (Internetbeiträge zur Ägyptologie und Sudanarchäologie 15). S. 139–150. www2.rz.hu-berlin.de/nilus/net-publications/ibaes15/publikation/ibaes15_samida.pdf (12.02.2021).

Saupe, Achim: Historische Authentizität. Individuen und Gesellschaften auf der Suche nach dem Selbst – ein Forschungsbericht. hsozkult.geschichte.hu-berlin.de/forum/2017–08–001 (22.12.2020).

Schöbel, Gunter: Experimental Archaeology. In: The Routledge Handbook of Reenactment Studies. Key Terms in the Field. Hrsg. von Vanessa Agnew, Jonathan Lamb u. Juliane Tomann. London 2020. S. 67–74.

Schönemann, Bernd: Geschichte als Wiederholungsstruktur? In: Geschichte, Politik und ihre Didaktik 34 (2006). S. 182–191.

Schönemann, Bernd: Die Geschichtskultur der Erlebnisgesellschaft. In: Sozialwissenschaftliche Informationen 30 (2001). S. 135–141.

Sénécheau, Miriam u. Stefanie Samida: Living History als Gegenstand historischen Lernens. Begriffe – Problemfelder – Materialien. Stuttgart 2015 (Geschichte und Public History).

Sieferle, Barbara: Praxis. In: Kulturtheoretisch argumentieren. Hrsg. von Timo Heimerdinger u. Markus Tauschek. Münster 2020. S. 408–433.

Sosnowska, Dorota: Crime Scene. Reconstruction in the Works of Forensic Architecture and Robert Kuśmirowski. In: Reenactment Case Studies. Global Perspectives on Experiential History. Hrsg. von Vanessa Agnew, Sabine Stach u. Juliane Tomann (im Druck).

Thompson, Jenny: War Games. Inside the World of Twentieth-Century War Reenactors. Washington 2004.

Tomann, Juliane: Living History. Version: 1.0. docupedia.de/zg/Tomann_living_history_v1_de_2020 (22.12.2020).

Uhlig, Mirko: Ritual. In: Kulturtheoretisch argumentieren. Hrsg. von Timo Heimerdinger u. Markus Tauschek. Münster 2020. S. 433–466.

Volbers, Jörg: Performative Kultur. Eine Einführung. Wiesbaden 2014.

Walter-Jochum, Robert: Performance als Politik. Milo Raus (P)reenactments General Assembly und Sturm auf den Reichstag. affective-societies.de/2018/sfb-1171/performance-als-politik-milo-raus-preenactments-general-assembly-und-sturm-auf-den-reichstag/ (22.12.2020).

Weizman, Eyal: Forensische Architektur. Gewalt an der Grenze der Nachweisbarkeit. In: figurationen 2 (2018). S. 143–161.

Wirth, Uwe (Hrsg.): Performanz. Zwischen Sprachphilosophie und Kulturwissenschaften. Frankfurt am Main 2002.

Wolf-Gazo, Ernest: Zur Geschichtsphilosophie R. G. Collingwoods. In: Philosophisches Jahrbuch 93 (1986). S. 354–365.

Ulrike Jureit
Gefühlte Geschichte

Die Schlacht um Großgörschen am 2. Mai 1813 als simuliertes Geschichtserlebnis

Der Angriff kam völlig überraschend.[1] Als französische Truppen am 1. Mai 1813 über Erfurt und Naumburg das zum Königreich Sachsen gehörende Dorf Lützen (etwa dreißig Kilometer südwestlich von Leipzig gelegen) erreichten, war die Gefechtslage aufgrund der lückenhaften Aufklärung unklar. Napoleon vermutete die preußisch-russischen Truppen in der Nähe Leipzigs und zog mit seinen Hauptstreitkräften bereits am nächsten Tag weiter – eine Fehleinschätzung, wie sich bald herausstellen sollte. Dreißig Geschütze der preußischen Artillerie eröffneten das Feuer auf die in Großgörschen biwakierenden Franzosen. Das III. Armeekorps unter Marschall Michel Ney, dem auch badische und hessische Infanterie-Regimenter des Rheinbundes angehörten und das mit insgesamt 45.000 Mann im Dörferviereck Groß- und Kleingörschen, Rahna und Kaja zurückgeblieben war, leistete erbitterte Gegenwehr. Es begann ein heftiger Kampf Mann gegen Mann. Alsbald stand Großgörschen in Flammen. Gegen 14.30 Uhr erreichte Napoleon mit seiner Garde das Schlachtfeld. Im Laufe des Nachmittags trafen immer mehr Bataillone ein und die dadurch gestärkte kaiserlich-französische Armee konnte nach intensiven Gefechten in die Offensive gehen. Mehrmals wechselten in den Dörfern die Besatzungen. Erst am Abend gelang es schließlich den nun insgesamt 145.000 Soldaten der napoleonischen Armee, die für beide Seiten verlustreiche Schlacht für sich zu entscheiden. Zar Alexander I. und König Friedrich Wilhelm III. von Preußen wiesen den geordneten Rückzug in Richtung Altenburg an und bilanzierten die Verluste. Schätzungsweise 10.000 bis 15.000 ihrer Soldaten waren tot oder verwundet, unter ihnen der im Gefecht gefallene Prinz Leopold von Hessen-Homburg sowie der Chef des Generalstabes, Generalleutnant Gerhard von Scharnhorst, der wenige Wochen später an der erlittenen Schussverletzung in Prag verstarb. Die Verluste der gegnerischen Seite stellten sich als noch verheerender dar. Mit 20.000 bis 30.000 Toten und Verwundeten gehörte die Schlacht bei Großgörschen zu den hart erkämpften Siegen Napoleons.[2]

---

[1] Eine längere Fassung dieses Beitrages sowie weitere Fallstudien zum Wieder-Aufführen von Krieg und Gewalt finden sich in Jureit, Ulrike: Magie des Authentischen. Das Nachleben von Krieg und Gewalt im Reenactment, Göttingen 2020 (Wert der Vergangenheit).
[2] Zur Schlacht bei Großgörschen vgl. Delbrück, Hans: Das Leben des Feldmarschalls Grafen Neidhardt von Gneisenau. Bd. 1. 4. Aufl. Berlin 1921. S. 293–301; Schmidt, Dorothea (Hrsg.):

Durchschnittlich dreißig bis vierzig Kilogramm wog das Marschgepäck eines in den Freiheitskriegen kämpfenden Infanteriesoldaten. Neben der je nach Regimentszugehörigkeit variierenden Uniform über kratziger Unterwäsche war es vor allem die mehrere Kilogramm schwere Muskete, die jeden Marsch beschwerlich machte. Hinzu kamen in der Regel eine Decke, sämtliche Munition sowie Proviant und Wasser für drei Tage. Glücklicherweise sind am 4. Mai 2013 die Wege vom Biwak zum Schlachtfeld kurz. Die mehr als 2.000 Darsteller der „historischen Traditionsgruppen" müssen nicht wie die Soldaten der Frühjahrsschlacht im Jahr 1813 stunden- oder gar tagelang durch das offene Gelände marschieren. Die 200. Jahrfeier der Schlacht um Großgörschen ist zweifellos ein herausragendes Ereignis: Noch nie haben so viele Aktive an den im Rahmen der Jahresfeiern organisierten Gefechtsnachstellungen teilgenommen, die Vielzahl der aus zahlreichen Ländern angereisten Darsteller übertrifft alle Erwartungen. Der Veranstalter, das 1993 gegründete Scharnhorst-Komitee, hat sich seit Monaten intensiv auf das Spektakel vorbereitet, zumal Gefechte dieser Größenordnung damals wie heute zunächst einmal logistische Herausforderungen sind. Neben dem zentralen Gefechtsfeld unweit des Scharnhorst-Denkmals wurden weitere Möglichkeiten zum Biwakieren geschaffen. In der gesamten Umgebung haben französische, belgische, russische, österreichische, deutsche und tschechische Darsteller ihre Zelte aufgeschlagen oder übernachten in Scheunen und Heuschobern. Die Region beherbergt in diesen Tagen zweieinhalb Mal so viele Gäste wie sie Einwohner*innen hat, und dass die Veranstaltung militärisch straff organisiert ist, kann angesichts des historischen Bezugsereignisses nicht verwundern.

Reenactments erfreuen sich mittlerweile nicht nur in Deutschland, sondern weltweit einer rasant wachsenden Popularität. Dabei handelt es sich um eine gegenwarts- und akteursbezogene Form der Geschichtsaneignung, die sich im Spannungsfeld zwischen Ritual und Spiel konstituiert und die auf die individuelle wie kollektive Vergegenwärtigung historischer Handlungsabläufe als emotionales Erlebnis zielt. Reenactor*innen wollen sich durch authentisierte Kontexte und detailgetreue Ausstattungen der historischen Erfahrung szenisch und körperlich annähern. Sie folgen dabei zwar einem gewissen Drehbuch, der Ablauf ist aber keineswegs fest definiert. Dadurch ergeben sich unweigerlich gewisse Gestaltungsspielräume und Handlungsoptionen, so dass nach Aussagen von

---

Erinnerungen aus dem Leben des Generalfeldmarschalls Hermann von Boyen. Bd. II: 1811–1813. Berlin 1990. S. 568–589; Bücker, Hartmut u. Dieter Härtig: Das Gefecht bei Rippach am 1. Mai 1813, die Schlacht bei Großgörschen am 2. Mai 1813 und der Überfall auf das Lützow'sche Freikorps bei Kitzen am 17. Juni 1813. Schwäbisch Hall 2004; Bauer, Frank: Großgörschen 2. Mai 1813. Festigung des preußisch-russischen Bündnisses im Frühjahrsfeldzug. Potsdam 2005.

Mitwirkenden im „Eifer des Gefechtes" tatsächlich der Eindruck zu entstehen scheint, Handelnde in einem historisch-gegenwärtigen Geschehen zu sein.³

Reenactment als Geschichtsaneignung verspricht ein körperlich wie emotional erfahrbares Erlebnis mit Vergangenheitsbezug. Woraus aber besteht nun genau dieses „historische" Erlebnis? Der Beitrag versucht diese Frage in vier Schritten zu beantworten: Zunächst wird am Beispiel der Gefechtsnachstellung am 4. Mai 2013 in Großgörschen Organisation, Ablauf und Inszenierung eines Reenactments exemplarisch nachgezeichnet, bevor dann Erlebnis und Erfahrung als Schlüsselbegriffe für die Analyse handlungsorientierter Geschichtsaneignungen eingehender reflektiert werden. Ein kurzer exemplarischer Vergleich zu anderen erlebnisorientierten Formen der Geschichtsaneignung dient anschließend dazu, Reenactments erinnerungskulturell einzuordnen. Dabei stehen historische Feste, sogenannte *tableaux vivants* wie auch die vor allem in England populären *pageants* im Mittelpunkt der Betrachtung. Während historische Festspiele und lebende Bilder darauf zielen, Vergangenheit als gedeutete Geschichte in die jeweilige Gegenwart zu transferieren, organisieren Reenactments simulierte Zeitsprünge – zumindest ist das ihr dezidiertes Versprechen, das es anhand zeitgenössischer Schilderungen des historisch Geschehenen kritisch zu reflektieren gilt. Am Ende stehen einige Überlegungen zur gesellschaftlichen Bedeutung simulierter Geschichtsaneignungen, vor allem zu denjenigen Formen, in denen Krieg offenbar zu einer Art Sehnsuchtsort wird.

---

3 Die Beschreibung solcher *magic moments*, in denen sich Reenactor*innen in der dargestellten Vergangenheit glauben, findet man in sehr vielen Erlebnisberichten, vgl. z. B. Schroeder, Charlie: Man of War. My adventures in the world of historical reenactment. New York 2012. Zu Reenactment generell vgl. die einführende Studie von Hochbruck, Wolfgang: Geschichtstheater. Formen der „Living History". Eine Typologie. Bielefeld 2013 (Historische Lebenswelten in populären Wissenskulturen 10); Hardtwig, Wolfgang u. Alexander Schug (Hrsg.): History Sells! Angewandte Geschichte als Wissenschaft und Markt. Stuttgart 2009; Roselt, Jens u. Ulf Otto (Hrsg.): Theater als Zeitmaschine. Zur performativen Praxis des Reenactments. Theater- und kulturwissenschaftliche Perspektiven. Bielefeld 2012 (Theater 45); Heeg, Günther; Micha Braun; Lars Krüger u. Helmut Schäfer (Hrsg.): Reenacting History. Theater & Geschichte. Berlin 2014 (Theater der Zeit 109); Dreschke, Anja; Ilham Huynh; Raphaela Knipp; David Sittler (Hrsg.): Reenactments. Medienpraktiken zwischen Wiederholung und kreativer Aneignung Bielefeld 2016. (Locating media 8).

Der taktische Körper

Das europäische Kriegswesen befand sich um 1800 im Umbruch.[4] Wie vieles in dieser Zeit kamen auch die militärischen Erneuerungen aus Frankreich. Napoleon setzte im Gefecht vor allem auf tief gestaffelte Kolonnen, deren vordere Linien von hinten immer wieder aufgefüllt wurden, um die Feuerkraft durchgängig aufrecht zu halten. Zudem kam dem Nahkampf mit aufgepflanztem Bajonett eine wachsende Bedeutung zu. Das auf französischer Seite praktizierte Tiraillieren, also das Kämpfen in aufgelöster Ordnung, galt um die Jahrhundertwende als revolutionäres Element, war allerdings unter den Militärs auch nicht unumstritten. Man glaubte noch nicht so recht an den selbständig agierenden Einzelkämpfer. Es entwickelte sich eine Kampftechnik, die insgesamt von mehr Beweglichkeit und dem koordinierteren Zusammenwirken der verschiedenen Waffengattungen geprägt war. In der Konsequenz bedeutete dies, dass ein gewisser Teil der Soldaten fortan zu Schützen ausgebildet wurde, während die Soldaten der beiden vorderen Linien eine derartige Spezialisierung vorerst nicht erfuhren. Gezielte Schüsse wurden von ihnen ohnehin nicht erwartet (und waren auch mit den damals üblichen Waffen kaum möglich). Der taktische Körper[5] operierte vielmehr als eine Einheit, deren Kampftechnik darin bestand, in der richtigen Distanz zum Gegner auf Kommando ein ungezieltes Salvenfeuer abzugeben und auf diese Weise den

---

[4] Einschlägig hierzu Delbrück, Hans: Geschichte der Kriegskunst. Teil 2: Die Neuzeit. Vom Kriegswesen der Renaissance bis zu Napoleon. Berlin 1920 (Neuausgabe Hamburg 2008); ebenso lesenswert Walter, Dierk: Preußische Heeresreformen 1807–1870. Militärische Innovationen und der Mythos der „Roonschen Reform". Paderborn 2003 (Krieg in der Geschichte 16); allgemein zu den Freiheitskriegen siehe Klein, Tim (Hrsg.): Die Befreiung 1813 – 1814 – 1815. Urkunden, Berichte, Briefe. München 1913; Kleßmann, Eckart (Hrsg.): Die Befreiungskriege in Augenzeugenberichten. München 1973. S. 56–76; Müsebeck, Ernst: Gold gab ich für Eisen. Deutschlands Schmach und Erhebung in zeitgenössischen Dokumenten, Briefen, Tagebüchern aus den Jahren 1806–1815. Berlin 1913; Rochlitz, Friedrich: Tage der Gefahr. Ein Tagebuch der Leipziger Schlacht (1813). Leipzig 1988; Graf, Gerhard (Hrsg.): Die Völkerschlacht bei Leipzig in zeitgenössischen Berichten. Leipzig 1988; aus archäologischer Sicht Bachmann, Gerhard H.; Mechthild Klamm u. Andreas Stahl: Exkursion zu den Schlachtfeldern. Lützen, Roßbach, Auerstedt und Großgörschen. In: Kleine Hefte zur Archäologie in Sachsen-Anhalt 8 (2011). S. 43–54.

[5] Zu diesem Begriff vgl. Delbrück, Geschichte der Kriegskunst (wie Anm. 4), S. 535 ff. Zu Strategie und Taktik vgl. auch Müller, Hans-Peter u. Jürgen Wittlinger: Napoleon gegen Europa. Geschichte der Befreiungskriege in Zinnfiguren, 2. Aufl. Neu-Ulm 2015; Clark, Christopher: Preußen. Aufstieg und Niedergang 1600–1947. Bonn 2007; Koselleck, Reinhart: Preußen zwischen Reform und Revolution. Allgemeines Landrecht, Verwaltung und soziale Bewegung von 1791 bis 1848. Stuttgart 1987 (Industrielle Welt 7); ebenso die detaillierte Darstellung von Nelke, Reinhard: Preußen. www.preussenweb.de/preussstart.htm (5.10.2020).

Angriff derart zu konzentrieren, dass der Gegner dem Dauerfeuer nicht standhielt und früher oder später die Flucht ergriff – so jedenfalls die Theorie.

Linear-Aufstellung, Kolonnen- und Schützengefecht wurden in der Praxis je nach Gefechtslage gleichzeitig oder abwechselnd angewandt.[6] Darüber hinaus bestimmte vor allem die Ausrüstung das Kampfgeschehen. Technisch war die Muskete eine schwerfällige Waffe. Selbst der geübte Soldat vermochte aufgrund des komplizierten Ladevorgangs nicht mehr als zwei bis drei Schüsse in der Minute abzufeuern. Bei einer maximalen Reichweite von etwa 300 Metern (wobei die Treffsicherheit bereits ab 100 Meter rapide abnahm) waren damit die entscheidenden Koordinaten eines Gefechtes bereits definiert. Auch die Artillerie konnte aufgrund ihrer begrenzten Reichweite und ihrer eingeschränkten Mobilität nur effektiv eingesetzt werden, wenn sie in ein strategisch kluges Gesamtkonzept eingebunden war. Ein Artilleriebeschuss richtete in der gegnerischen Infanterie zwar erhebliche Verwüstungen an, das setzte aber voraus, dass das schwere Geschütz nur wenige hundert Meter von seinem Ziel in Stellung gebracht wurde. Die Kavallerie war zwar dazu geeignet, die Distanzen zu den gegnerischen Linien schnell zu überwinden, konnte aber beispielsweise gegen ein formiertes Karree der schweren Infanterie nicht wirklich viel ausrichten. Ihre strategische Stärke lag in der Schockwirkung angreifender Reitermassen und ihr militärischer Nutzen in der operativen Aufklärungsarbeit, während prestigeträchtige Kavalleriegefechte für den Schlachtenverlauf nur selten entscheidend waren.[7]

Diese Kampftechnik stellte somit spezifische Anforderungen an den einzelnen Soldaten wie auch an die Offiziere, womit bereits die Herausforderungen für das Wieder-Aufführen napoleonischer Schlachten auf der Hand liegen. Denn die historischen Traditionsgruppen, die nahezu jährlich nicht nur in Großgörschen, sondern auch an der Göhrde und in Leipzig, im belgischen Ligny und in Waterloo wie auch im russischen Borodino und an vielen anderen Orten Europas zum Gefecht antreten, erheben den Anspruch, das historische Schlachtengeschehen möglichst „authentisch" nachzuspielen.[8] Was sie dabei unter Authentizität

---

[6] Delbrück, Geschichte der Kriegskunst (wie Anm. 4), S. 526.
[7] Vgl. zu diesem ganzen Themenkomplex die hervorragende Arbeit von Walter, Preußische Heeresreformen (wie Anm. 4), S. 117–159.
[8] Da in diesem Beitrag weder die Begrifflichkeiten noch die Probleme von Authentizitätsansprüchen und Authentifizierungsstrategien eingehender reflektiert werden können, sei hier hingewiesen auf Sabrow, Martin u. Achim Saupe: Historische Authentizität. Göttingen 2016; Fillitz, Thomas u. A. Jamie Saris (Hrsg.): Debating Authenticity. Concepts of Modernity in Anthropological Perspective. New York 2013; Rössner, Michael u. Heidemarie Uhl (Hrsg.): Renaissance der Authentizität? Über die neue Sehnsucht nach dem Ursprünglichen. Bielefeld 2012 (Kultur- und Medientheorie); Bendix, Regina: In Search of Authenticity. The Formation of Folklore Studies. Madison 1997. Siehe auch den Artikel von Kamila Baraniecka-Olszewska: Der Bezug zur

verstehen, darüber lässt sich streiten. Fakt ist gleichwohl, dass ihr Anspruch darauf zielt, nicht etwa ein karnevaleskes Spektakel mit fragwürdigem Unterhaltungswert darzubieten, sondern sie wollen ein militärisches Großereignis in seinen historischen Gegebenheiten szenisch rekonstruieren und das historische Gefecht zugleich körperlich und emotional nachempfinden. Gerade das pompöse Kriegsspektakel hält offenbar für die mehrheitlich männlichen Laiendarsteller genau die emotionalen Ressourcen bereit, die für die magischen Momente des „Da-Seins" in der Geschichte unverzichtbar scheinen: „Nicht zu zeigen, wie es war, sondern zu erfahren, wie es sich angefühlt haben könnte" – so charakterisiert der Theaterwissenschaftler Ulf Otto daher zutreffend den Erlebniswert dieser in gewisser Weise romantischen Inszenierungen.[9] Ein solcher simulierter Zeitsprung[10] setzt einerseits zweifellos erhebliche Sachkenntnisse voraus, fordert aber andererseits auch Mut zur Lücke.

Im Unterschied zur historischen Schlacht sieht das Veranstaltungsprogramm einen bereits erprobten Ablauf vor.[11] Die Reglements am 4. Mai 2013 sind dabei erwartungsgemäß andere als um 1800. Das Biwakieren außerhalb der ausgewiesenen Plätze ist untersagt, die Platzeinweisung erfolgt durch die Feldgendarmerie, eine Böllergenehmigung liegt für alle Ortsteile vor. Es besteht zudem grundsätzlich die Möglichkeit zu Dorfgefechten und das „Gefechtsexerzieren ist

---

Vergangenheit. Authentizität im historischen Reenactment aus anthropologischer Perspektive in diesem Band.
9 Otto, Ulf: Re: Enactment. Geschichtstheater in Zeiten der Geschichtslosigkeit. In: Theater als Zeitmaschine. Zur performativen Praxis des Reenactments. Theater- und kulturwissenschaftliche Perspektiven. Hrsg. von Jens Roselt u. Ulf Otto. Bielefeld 2012 (Theater 45). S. 229–254, 240.
10 Simulation wird hier weniger im Sinne Jean Baudrillards als künstliche Realität, sondern eher als imitierendes Spiel verstanden. Es handelt sich somit um Handlungssequenzen, die auf bestimmten Vorstellungen über historische Ereignisse beruhen und die diesen Logiken folgend darauf zielen, unter als vergleichbar angesehenen Bedingungen ähnliche Wahrnehmungen, Eindrücke und Emotionen zu erzeugen, wie sie beim historischen Bezugsereignis vermutet werden. Das dabei vorherrschende „als ob" entfaltet sich im Spannungsfeld zwischen Ritual und Spiel und konstituiert sich darüber hinaus als ein historisch-gegenwärtiges Erlebnis mit scheinbar hoher emotionaler Evidenz. Hochbruck, Geschichtstheater (wie Anm. 3), S. 16.
11 Die nachfolgende Darstellung des Reenactments beruht auf der mehrtägigen teilnehmenden Beobachtung in Großgörschen im Mai 2013, zudem auf diversen Gesprächen und offenen Interviews mit Teilnehmern*innen von Reenactments, die sich auf die napoleonischen Freiheitskriege beziehen, sowie auf veröffentlichtem und hier jeweils nachgewiesenem schriftlichem Material. Gleichwohl bleibt zu betonen, dass in diesem Beitrag nicht das subjektive Erleben der Reenactor*innen im Mittelpunkt steht, sondern die Analyse einer erlebnisorientierten Geschichtsaneignung, die es als populäre Form der Vergangenheitsbearbeitung historisch einzuordnen und dadurch in ihrer spezifischen Komplexität zu verstehen gilt.

in allen Ortsteilen einschließlich Sportplatz" möglich.[12] Wer mit Schusswaffen am Gefecht teilnehmen möchte, braucht nach § 27 des Sprengstoffgesetzes einen gültigen Erlaubnisschein und bei Geschützen sogar ein „Beschusszeugnis". Teilnahmekarten gibt es nur mit gültigem Versicherungsnachweis, gegen Vorlage einer entsprechenden Quittung erhalten die „Traditioner" – wie sie in der Szene heißen – sogar Zuschüsse für das mitgeführte Schwarzpulver. Den „erhöhten Sicherheitsanforderungen über die gesamte Veranstaltungszeit wird durch einen privaten Wachdienst" Rechnung getragen.[13] Ob kaiserlich-französisch oder preußisch-russisch: Mit behördlichen Kontrollen muss jederzeit und überall gerechnet werden.

Zum Auftakt wird in Pegau eine historische Parade geboten, bevor dann mit dem Gefecht bei Rippau vom 1. Mai 1813 das Kampfgeschehen in und um Großgörschen seinen Anfang nimmt – Bustransfer und Kaltverpflegung inklusive versteht sich. Ein weiterer Höhepunkt ist zudem die Darbietung der (historisch verbürgten) Quartiernahme Napoleons am Schlosspark in Lützen sowie dessen Inspektion der kaiserlichen Verbände. Traditionell beginnt der eigentliche Gedenktag mit einem morgendlichen Appell am Denkmal für den in der Schlacht gefallenen Prinzen Leopold von Hessen-Homburg. Der 4. Mai 2013 ist ein milder Frühlingstag und schon von weitem hört man die Kolonnen im Rhythmus durch die Straßen des Ortes marschieren. Die Stiefel knallen auf das Kopfsteinpflaster, der Trommelschlag zwingt zum Gleichtakt und treibt die formierten Kolonnen vorwärts. Viele Menschen stehen am Straßenrand, beobachten die vorbeiziehenden Soldaten in ihren farbigen Uniformen, Kinder laufen nebenher und lassen sich mitreißen durch das Gleichmaß des hämmernden Taktes – ein buntes Treiben in ebenso entspannter wie militärisch-disziplinierter Stimmung. Die einzelnen Regimenter präsentieren sich ihrem Publikum und streben zum Appellplatz, wo die jeweiligen Kommandeure Stärke und Ausrüstung der Truppen in Augenschein nehmen. Die Generalität sticht durch ihre prunkvollen Uniformen aus der Masse der Soldaten heraus. Ob französisch, sächsisch oder russisch: Hier präsentiert sich militärische Prominenz vom Feinsten. Die reich verzierten Uniformröcke und die mit Federbüschen geschmückten Zweispitze verweisen auf die auch nach der Französischen Revolution immer noch sichtbaren Standes- und Rangunterschiede.[14] Im Vergleich zu Marschall Michel Ney in seinem mit viel Gold

---

12 Scharnhorstkomitee Großgörschen e.V.: Einladung zum 200. Jahrestag der Schlacht bei Großgörschen vom 1. bis 5. Mai 2013. www.scharnhorstkomitee.de/Einladung_2013.pdf (5.10.2020).
13 Scharnhorstkomitee Großgörschen e.V., Einladung (wie Anm. 12).
14 Bayerisches Armeemuseum Ingolstadt: Vom Bunten Rock zum Kampfanzug. Uniformentwicklung vom Dreißigjährigen Krieg bis zur Gegenwart. Sonderausstellung. Ingolstadt 1987.

dekorierten Rock fällt Napoleon vor allem durch seinen schlichten grauen Uniformmantel, durch den quer sitzenden Zweispitz wie auch – wie sollte es anders sein – durch seine eher kleine Statur auf. Der französische Rechtsanwalt Frank Samson spielt Bonaparte mit bemerkenswertem Gespür für den kaiserlichen Habitus: selbstherrlich, kühl und zu allem entschlossen.

Heinrich Hexel ist Mitbegründer und Präsident des Scharnhorst-Komitees Großgörschen. Seine Begrüßung der Darsteller*innen und Zuschauer*innen fällt kurz und bündig aus, kein Mann für zeremonielle Verrenkungen, wohl aber mit einem Bewusstsein für die Geschichte des Ortes: „Lassen Sie uns an diesem Wochenende hier auf historischem Boden gemeinsam Geschichte leben und erleben".[15] Gedenkrhetorik ist seine Sache nicht, und bei der anschließenden Kranzniederlegung am Scharnhorstdenkmal mit den nicht enden wollenden Ansprachen und Grußworten wird schnell deutlich, dass dies nicht der Teil der Feierlichkeiten ist, für den sich die in Reih' und Glied angetretenen Traditionsdarsteller wirklich interessieren. Schon bald lichten sich die Reihen, man stellt sich abseits, plaudert, raucht oder geht zu den Zelten. Ein gewisses Desinteresse am Verbalen lässt sich kaum kaschieren. Manche Gruppe übt nochmals die traditionelle Linienbildung, das Marschieren in der Kolonne, den Umgang mit der Waffe oder die Bewegung im Raum, während der Kultusminister des Landes Sachsen-Anhalt als Schirmherr der Veranstaltung die historische Bedeutung der Befreiungskriege für das zusammenwachsende Europa beschwört.[16] Hin und wieder unterbricht ein dreifaches „Hurra" die Ordnung der Zeremonie. Eine wachsende Ungeduld macht sich breit.

Die Darbietung auf dem „historischen Schlachtfeld" setzt zeitlich mit der Gefechtssituation, wie sie sich etwa um 12 Uhr mittags darstellte, ein. Eine eher übersichtliche Artillerie – 1813 waren es mehrere Batterien – beschießt das feindliche Lager, anschließend erstürmen preußische Brigaden unter Oberst Ernst von Klüx das Dorf Großgörschen. Daraufhin schwärmen französische Tirailleur-Rotten aus, um die feindliche Übermacht durch gezieltes Schützengefecht zurückzudrängen. Auf die Präsentation des Tirailleur-Kampfes in zerstreuter Ordnung wird auf beiden Seiten viel Wert gelegt, denn vor allem beim Nachladen und Abfeuern der damals gängigen Vorderlader zeigt sich die Versiertheit der Laiendarsteller. Doch obgleich an diesem 200. Jahrestag der Schlacht mehr als 2.000 Aktive in Großgörschen im Einsatz sind, lässt sich die Gefechtssituation ja schon

---

S. 39–54; Zielsdorf, Frank: Militärische Erinnerungskulturen in Preußen im 18. Jahrhundert. Akteure – Medien – Dynamiken. Göttingen 2016 (Herrschaft und soziale Systeme in der frühen Neuzeit 21). S. 126–169.
15 Begrüßungsrede am 4. Mai 2013 in Großgörschen (privater Tonmitschnitt).
16 Begrüßungsrede (wie Anm. 15).

allein aufgrund der geringen Truppenstärke nur andeutungsweise zur Aufführung bringen. Dort, wo damals beängstigende Reitermassen aufeinanderstießen, liefern sich nun einzelne Kavalleristen schön anzuschauende Duelle. So reiten zwischendurch auch mal zwei polnische Ulanen mit Lanzen über das Schlachtfeld, ohne dass dies militärisch irgendwie Sinn zu machen scheint. Es geht hier offensichtlich auch um die Darbietung der in großen Teilen bemerkenswert professionellen Ausstattung.

Bereits nach relativ kurzer Zeit ist das Gelände dann hinlänglich verqualmt, so dass sowohl Zuschauer*innen als auch Teilnehmer etwas Mühe haben, den weiteren Verlauf des Spektakels zu verfolgen. Das ist durchaus beabsichtigt, denn aus historischen Schilderungen weiß man, dass es für den kämpfenden Soldaten oftmals schwierig war, sich auf dem Schlachtfeld zu orientieren. Die farbigen Uniformen, die gut sichtbaren Fahnenträger, die Trommler und Hornisten dienten auch dazu, die Truppe im Eifer des Gefechtes zusammenzuhalten, die eigenen Linien zu markieren und bestimmte Kommandos trotz des ohrenbetäubenden Gefechtslärms kommunizieren zu können. Das Massenfeuer einer gut gedrillten und ununterbrochen schießenden Infanterie erzeugte relativ rasch einen undurchdringlichen Schwarzpulverrauch, der durch den Artilleriebeschuss noch zusätzlich verstärkt wurde. Wer hier Freund und wer hier Feind war, ließ sich im Zweifelsfalle nicht immer rechtzeitig ausmachen.

Nach etwa 45 Minuten nähert sich das Kampfgeschehen dann seinem Wendepunkt. Während sich am Rande des Schlachtfeldes etwa fünfzig prächtig ausgestattete Kavalleristen publikumswirksame Nahkämpfe liefern, treffen auf dem Hauptschauplatz nicht nur russische, sondern unübersehbar auch immer mehr französische Gardesoldaten ein. Es wird allmählich voll in der Kampfzone. Die Darsteller spielen derweil verschiedene Gefechtssituationen nach: So stehen sich immer mehr feindliche Linien in „historischer Entfernung" gegenüber und feuern pelotonweise aufeinander. Und während sich sächsische Grenadiere mit aufgepflanztem Bajonett und lautem Gebrüll auf ihre wenig beeindruckt wirkenden Gegner stürzen, wird eine Kavallerieattacke auf eine zum vollen Karree formierte Infanterieeinheit simuliert. Die insgesamt keine neunzig Minuten dauernde Nachstellung der Schlacht präsentiert allenfalls den groben Verlauf des historischen Kampfgeschehens. Und auch in diesem Jahr trägt erwartungsgemäß die französische Armee den Sieg davon, wenn auch mit erheblicher Mühe. Überraschen kann das freilich nicht – dass am Ende jedoch kaum jemand „tot" auf dem Schlachtfeld liegt, ist in gewisser Weise zwar genrebedingt, aber angesichts des Authentizitätsanspruchs doch auch hochgradig irritierend.

Geschichte als Erlebnis

Der Erlebnisbegriff dient in der Forschung seit Langem dazu, die jeweils gegenwärtige kollektive wie auch individuelle Bezugnahme auf vergangene Geschehnisse, deren öffentliche Inszenierung oder – wie heute wohl die meisten sagen würden – das kollektive Erinnern an als bedeutsam wahrgenommene Vergangenheiten zu beschreiben. Erlebnis und Erfahrung sind somit analytische Schlüsselbegriffe, wenn es darum geht, Aneignungen von Geschichten und Geschichte nachzuvollziehen. Erleben meint dabei zunächst einmal, sich in einer bestimmten Situation, in einem historischen Geschehen oder aber auch in einer bestimmten Lebensphase zu befinden. Jede Person bewältigt ihren Lebensalltag unter spezifischen Bedingungen, denen sie unmittelbar ausgeliefert ist und die sie sinnlich und kognitiv wahrnimmt: die Geworfenheit des Menschen in die Geschichte. Während *Erleben* also eher etwas zeitlich Fortschreitendes beschreibt, erweist sich der Erlebnisbegriff als akzentuierter.[17] Dabei geht es um einen herausgehobenen Moment, um die Begegnung von Innen und Außen mit dem gesamten Spektrum des psychischen und physischen Reagierens. Durch seine Ereignisbezogenheit ist mit dem Begriff Erlebnis mehr gemeint, als nur zu existieren. Beim Erlebnis schwingt etwas Unmittelbares mit, etwas Wirkliches scheint erfasst zu werden. Das Erlebte ist stets das Selbsterlebte und wenn es zudem nachdrücklich und außergewöhnlich war, kann es sich zum Erlebnis verdichten.[18] Ein Erlebnis lässt anderes manchmal als trivial erscheinen, es steht für das Besondere, das Außergewöhnliche, das jede Person erfasst, sie in seinen Bann zieht, sie erschüttert, beflügelt oder mitreißt. Erleben findet ganz im Hier und Jetzt statt. Das Erlebnis ist pointiertes Leben, das aus der Gleichförmigkeit alltäglicher Existenz herausragt. Georg Simmel beschrieb es deswegen auch als eine Art Abenteuer. Ein Erlebnis ermöglicht nach Max Weber dem Einzelnen eine Wahrnehmung seines Selbst als Subjekt, insofern ist es ebenso unmittelbar wie individuell. Obgleich in dieser Zuschreibung bereits eine Deutung des Erlebten aufscheint, macht es Sinn, an einer gewissen Unmittelbarkeit des Erlebens festzuhalten und sie von einer späteren Verarbeitung zu unterscheiden. Denn – und hier beginnt die Differenz zum Erfahrungsbegriff: Erleben bedeutet nicht, sich das

---

17 Hettling, Manfred: Erlebnisraum und Ritual. Die Geschichte des 18. März 1848 im Jahrhundert bis 1948. In: Historische Anthropologie 5 (1997). S. 417–434; dort zurückgreifend auf Gadamer, Hans-Georg: Wahrheit und Methode. Grundzüge einer philosophischen Hermeneutik. 4. Aufl. Tübingen 1975. S. 56–77. Bei Hettling ist auch der Hinweis zu finden auf Simmel, Georg: Philosophische Kultur. Über das Abenteuer, die Geschlechter und die Krise der Moderne. Gesammelte Essais. 3. Aufl. Potsdam 1923. S. 13–30.
18 Hettling, Erlebnisraum (wie Anm. 17), S. 424.

Ereignis anzueignen, es zu deuten und zu sortieren. Es bedeutet nicht, das Geschehene zu bewerten, zu interpretieren und zu abstrahieren. Erst wenn sich der Einzelne seine Erlebnisse einverleibt und sie in seinen biographischen Haushalt integriert, werden aus den einzelnen Erlebnissen das, was wir Erfahrungen nennen.[19] Menschen machen Erfahrungen, indem sie aus ihren Erlebnissen bestimmte Schlussfolgerungen ziehen, Gewohnheiten ableiten und zu begründen versuchen, warum sie von einer kontinuierlichen Fortsetzung der bisherigen Ordnung meinen ausgehen zu dürfen. Wir berufen uns auf unser Erfahrungsreservoir, wenn wir gewisse Handlungen in ihren Wirkungen und Folgen einschätzen, Regeln und Regelmäßigkeiten ausbilden und Prognosen für die Zukunft entwerfen. Nach David Hume induzieren die Regularitäten von Erfahrungen in uns gewisse Gewohnheiten, die uns eine Fortexistenz des Bisherigen erwarten lassen.[20] Erfahrungen sind damit zentrale Faktoren unseres Kontinuitätsempfindens und somit Rohstoff lebensweltlicher wie auch historischer Sinnstiftungen. Der Psychiater Ronald D. Laing hat Erfahrung als „die Unsichtbarkeit des Menschen für den Menschen" bezeichnet und gerade darin die „einzige Evidenz" gesehen.[21] Erfahrungen beruhen zwar auf empirischen Grundlagen, die nicht exakt gemessen und ausgewertet werden wie in einem naturwissenschaftlichen Experiment, denen aber als gesättigtes Gefühl eine gewisse lebensgeschichtliche Evidenz zuwächst. Dabei geht es sowohl um selbst erworbenes als auch um tradiertes Wissen, das den Menschen zu dieser empirischen Erkenntnis befähigt.[22] Wahrnehmen, Erfahren, Urteilen – so hat Immanuel Kant den Erfahrungsbegriff

---

19 Zum Erfahrungsbegriff sei hier nur auf folgende ausgewählte Titel hingewiesen: Laing, Ronald D.: Phänomenologie der Erfahrung. 2. Aufl. Frankfurt am Main 1969; Kambartel, Friedrich: Erfahrung. In: Historisches Wörterbuch der Philosophie. Bd. 2. Hrsg. von Joachim Ritter. Basel 1972. Sp. 609–617; Koselleck, Reinhart: Erfahrungswandel und Methodenwechsel. Eine historisch-anthropologische Skizze. In: Zeitschichten. Studien zur Historik. Hrsg. von Reinhart Koselleck. Frankfurt am Main 2000 [1988]. S. 27–77; Alheit, Peter u. Erika M. Hoerning: Biographie und Erfahrung. Eine Einleitung. In: Biographisches Wissen. Beiträge zu einer Theorie lebensgeschichtlicher Erfahrungen. Hrsg. von Peter Alheit u. Erika M. Hoerning. Frankfurt am Main 1989. S. 8–23; Hoerning, Erika M.: Erfahrungen als biographische Ressourcen. In: Biographisches Wissen. Beiträge zu einer Theorie lebensgeschichtlicher Erfahrungen. Hrsg. von Peter Alheit u. Erika M. Hoerning. Frankfurt am Main 1989. S. 148–163; Bion, Wilfried R.: Lernen durch Erfahrung. Frankfurt am Main 1992; Bos, Marguérite; Bettina Vincenz u. Tanja Wirz (Hrsg.): Erfahrung – alles nur Diskurs? Zur Verwendung des Erfahrungsbegriffes in der Geschlechtergeschichte. Zürich 2004.
20 Kambartel, Erfahrung (wie Anm. 19), Sp. 614; Mey, Harald: Erfahrungswissenschaft. In: Historisches Wörterbuch der Philosophie. Bd. 2. Hrsg. von Joachim Ritter. Basel 1972. Sp. 621–623.
21 Laing, Phänomenologie (wie Anm. 19), S. 12.
22 Kant, Immanuel: Kritik der reinen Vernunft (1787). In: Immanuel Kants Werke. Bd. 3: Kritik der reinen Vernunft. Berlin 1913. S. 166 ff.

kategorisiert und damit seine zentrale Bedeutung für unsere Erkenntnisfähigkeit unterstrichen. Menschen orientieren ihr Handeln nach ihren bisherigen Erfahrungen, nach ihrer Erkenntnis über sich selbst und über ihre Lebenswelt. Einen Sinn erhalten Erlebnisse also „erst in reflexiven, nachträglichen Bewußtseinsleistungen. Solange ich in meinen Erlebnissen befangen bin, sind es die Gegenstände, auf welche die Erlebnisse hinzielen, die mich beschäftigen. Erst wenn ich wohlumschriebene Erlebnisse, also Erfahrungen, über ihre Aktualität hinaus reflexiv erfasse, werden sie erinnerungsfähig, auf ihre Konstitution hin befragbar, sinnvoll".[23] Der Erfahrungsbegriff ist daher primär eine sowohl individuelle wie auch kollektive Verarbeitungskategorie, mit der die Transformation vom Erlebnis zur Sinnstiftung begrifflich erfasst wird.

Der Ethnologe Marcus Merkel hat kürzlich den Begriff Erlebnisgemeinschaft für die Moderne als flüchtigen und somit zeitweiligen Verständigungsprozess definiert, der sich in spezifischen Praktiken niederschlägt und durch Rhetoriken der Beständigkeit über das gemeinsame Erlebnis hinausweisen kann.[24] Jede Gemeinschaft – so sein Resümee – muss erlebt, expliziert und proklamiert werden, damit sie empfunden und – wie ich ergänzen würde – tradiert werden kann. Das gemeinschaftliche Erlebnis dient in diesem Zusammenhang dazu, dass sich der oder die Einzelne als Teil eben dieser dort ebenso imaginierten wie sich real konstituierenden Gemeinschaft fühlt. Im 19. Jahrhundert bezog sich diese Integrationsleistung in erster Linie auf die Nation, manchmal auch auf regionale und konfessionelle Zugehörigkeiten. Wenn das gegenwärtige Wieder-Aufführen von Krieg auch eine Aneignungsform darstellt, die erst seit den 1960er Jahren in Europa und den Vereinigten Staaten (USA) breitere Bevölkerungsschichten anspricht, haben wir es dabei dennoch mit einer Vergemeinschaftungsform zu tun, wie sie sich seit dem 18. Jahrhundert in Fortführung *von* wie auch Abgrenzung *zu* vormodernen Inszenierungen überall in Westeuropa herausgebildet hat?

Die europäischen Aufklärer sahen vor allem das Fest wie auch das Theater als *die* zentralen Formen kollektiver Vergemeinschaftung an.[25] Wenn es über die

---

23 Schütz, Alfred u. Thomas Luckmann: Strukturen der Lebenswelt. Bd. 2. Frankfurt am Main 1979 (Suhrkamp-Taschenbuch Wissenschaft 284). S. 13.
24 Merkel, Marcus: Erlebnisgemeinschaft. Über die Inszenierung von Gemeinschaft seit Beginn der europäischen Moderne. Berlin 2014.
25 Zur politischen Festkultur sei hier grundlegend verwiesen auf Maurer, Michael: Feste und Feiern als historischer Forschungsgegenstand. In: Historische Zeitschrift 253 (1991). S. 101–130; Hettling, Manfred u. Paul Nolte (Hrsg.): Bürgerliche Feste. Symbolische Formen politischen Handelns im 19. Jahrhundert. Göttingen 1993; Schneider, Ute: Politische Festkultur. Die Rheinprovinz von der französischen Zeit bis zum Ende des Ersten Weltkrieges (1806–1918). Essen 1995 (Düsseldorfer Schriften zur neueren Landesgeschichte und zur Geschichte Nordrhein-Westfalens

Tauglichkeit dieser beiden Einrichtungen auch durchaus heftige Kontroversen gab – man lese nur Jean-Jaques Rousseaus Plädoyer gegen ein ständiges Theater in Genf –, galten öffentliche Feste und im Dienste der Aufklärung arrangierte Theateraufführungen als Orte der bürgerlichen Bildung, die zugleich dazu dienen sollten, Partizipation und Zustimmung für den aufgeklärten Staat zu organisieren. Es ging also um explizit politische Feste, wie sie in Frankreich im Zuge der Revolutionsfeiern entstanden waren und sich in ganz Westeuropa ausbreiteten. Das gesamte 19. Jahrhundert war erinnerungskulturell durch diese Art der zeremoniellen Sinnstiftung geprägt. Will man verstehen, wie die heutigen Formen simulierender Geschichtsaneignungen zu diesen ebenfalls erlebnisorientierten Traditionen in Beziehung stehen, sind vor allem drei Formen, in erster Linie diejenigen, die auf historische Bezugsereignisse rekurrieren, näher zu betrachten: zum einen das historische Fest, zum zweiten die vor allem zu Jahrestagen und Jubiläen inszenierten Festspiele wie auch drittens die *tableaux vivants*, die sogenannten lebenden Bilder.

Während in der militärischen Gedenkkultur des 19. Jahrhunderts in ganz Europa die Errichtung von Denkmälern für die gefallenen Soldaten und Offiziere der Freiheitskriege im Zentrum standen und sich darüber hinaus eine – politisch durchaus zwischen nationalen und monarchischen Traditionen changierende und vor allem in den ehemaligen Rheinbundstaaten durchaus vielschichtige – Veteranenkultur ausbildete, stand in der bürgerlichen Öffentlichkeit das politische Fest in seiner spezifischen Gestalt als Erinnerungs- und Gedenkzeremonie im Mittelpunkt. In Großgörschen reichten solche Zusammenkünfte neben dem religiösen Totengedenken und der traditionellen Veteranenbewirtung kaum über die regionale Vergewisserung des dort vor Ort Geschehenen hinaus und sie standen stets im Schatten der schon zeitgenössisch als historische Zäsuren wahrgenommenen Schlachten in Leipzig und Waterloo.[26] Die Freiheitskriege insgesamt fungierten indes europaweit und mit durchaus vielfältigen politischen Stoßrichtungen als historische Bezugsereignisse der sich allmählich etablierenden politischen Festkultur. So bezog sich das Wartburgfest am 18. Oktober 1817 ja nicht nur auf den 300. Jahrestag der Reformation, sondern an ihrem 4. Jahrestag eben auch auf die Völkerschlacht bei Leipzig, verbunden mit der Forderung nach einer freiheitlich-demokratischen Verfassung und einem gemeinsamen deutschen Staat. Thomas Nipperdey hat das gegen fürstlich-feudale Willkür gerichtete und auf den antinapoleonischen Freiheitskampf rekurrierende Wartburgfest

---

41); Britsche, Frank: Historische Feiern im 19. Jahrhundert. Eine Studie zur Geschichtskultur Leipzigs. Leipzig 2016.
26 Klausing, Caroline u. Verena von Wiczlinski (Hrsg.): Die Napoleonischen Kriege in der europäischen Erinnerung. Bielefeld 2017 (Mainzer historische Kulturwissenschaften 30).

daher salopp als die Geburtsstunde des politischen Protests in Deutschland, als die erste große „Demo" gegen etablierte Herrschaftsordnungen bezeichnet.[27] Neben den Festreden und einer vielfältigen Symbolisierung gesellschaftlicher Selbstdeutungen (z. B. Freiheitsbäume, Fahnen, Obelisken) waren es vor allem die Festumzüge, die Freudenfeuer und das eigens komponierte Liedgut, die das artikulierte Selbstverständnis als bürgerliche Gemeinschaft zum emotionalen Erlebnis werden ließen. Aber selbst wenn ein solches politisches Fest einen historischen Bezug aufwies (wie zum Beispiel auf der Wartburg), ging es jedoch nicht darum, das historische Ereignis als Ritual oder Spiel zu rekonstruieren oder in irgendeiner Weise nachzuempfinden. Erlebt wurde in erster Linie das politische Fest als Fest, nicht als Re-Inszenierung eines historischen Bezugsereignisses.

Das war beispielsweise bei den Ende des 19. Jahrhunderts in Großbritannien aufkommenden *pageants* etwas anders. Als *pageants* bezeichnet man säkulare Festumzüge, die in ihrer Ausgestaltung eher historischen Festspielen glichen und die vor allem darauf zielten, regionale Identitäten und Zugehörigkeiten herzustellen und zu tradieren.[28] Ihre Intention war es, die jeweilige lokale Gesellschaft zeitlich wie räumlich in der Geschichte zu verorten, sich auf ein „wie wir wurden" zu verständigen.[29] Dabei lag das Besondere darin, dass die gesamte Darbietung von ortsansässigen Laien geplant, finanziert und vorgeführt wurde. Das *Oxford Historical Pageant* beispielsweise inszenierte im Sommer 1907 in fünfzehn aufwendig ausstaffierten, den Zeitraum zwischen 727 und 1785 betreffenden Episoden das Verhältnis von Universitäts- und Stadtgeschichte.[30] Dabei ging es – wie bei den meisten *pageants* unter der Regentschaft Edwards VII. – in erster Linie darum, die städtische Gesellschaft und die universitäre Tradition im Wandel der Zeit und angesichts historischer Verwerfungen als Stabilitätsgaranten

---

[27] Nipperdey, Thomas: Rede zum Wartburgtreffen 1990. In: Ein demokratisches Deutschland für Europa. Wartburgtreffen 1990. Hrsg. von Ulrich Zwiener. Jena 1990. S. 48–58, 49.
[28] Einführend vgl. Hochbruck, Geschichtstheater (wie Anm. 3), S. 81–86; ausführlich dazu auch Parker, Anthony: Pageants. Their Presentation and Production. London 1954; Glassberg, David: American Historical Pageantry. The Uses of Tradition in the Early Twentieth Century, Chapel Hill 1990; Hulme, Tom: „A nation of town criers". Civic publicity and historical pageantry in inter-war Britain. In: Urban History 44 (2016). S. 270–292.
[29] Matt, Peter von: Die ästhetische Identität des Festspiels. In: Das Festspiel. Formen, Funktionen, Perspektiven. Hrsg. von Balz Engler u. Georg Kreis. Willisau 1988. S. 12–28, 19.
[30] Zur Forschung über britische Pageants vgl. die vom Department of History des King's College London erarbeitete Webseite mit Datenbank und interaktiver Karte: The Redress of the Past. Historical Pageants in Britain. www.historicalpageants.ac.uk/ (7.10.2020); dort auch zum *Oxford Historical Pageant* vom 27. Juni bis 3. Juli 1907: Bartie, Angela; Linda Fleming; Mark Freeman; Tom Hulme; Alex Hutton u. Paul Readman: 'Oxford Historical Pageant', The Redress of the Past. www.historicalpageants.ac.uk/pageants/1142/ (25.2.2021).

herauszustellen. Die Zuschauer*innen sahen eine mit prächtigen Kostümen und circa 300 Pferden dargebotene Aufführung von etwa 3.500 Laiendarsteller*innen – damit gehörte das *Oxford Historical Pageant* damals zu den eher kleineren Spektakeln.

Mit der aufwendigen Kostümierung und der theatralen Inszenierung ähnelten die britischen *pageants* den vor allem zwischen 1880 und 1905 in der Schweiz verbreiteten historischen Festspielen. Im Juli 1892 zelebrierten beispielsweise etwa 2000 Darsteller*innen, Sänger*innen und Musiker*innen in Basel den 500. Jahrestag der politischen Vereinigung der rechts- und linksrheinischen Stadtteile. Mehr als 20.000 begeisterte Zuschauer*innen sahen ein mehrstündiges Festspiel in vier Bildern, über das Jacob Burckhardt lakonisch spottete: „Unser hiesiges Dasein steht augenblicklich ganz unter dem Zeichen eines der sinnlosesten Riesenfeste, welches heut über acht Tage beginnen soll: die Verherrlichung des Jahres 1392, da Groß- und Klein-Basel eine Stadt wurden. [...] Ich für meine Person habe natürlich einen Altersdispens und brauche nicht dabei zu sein, und wenn nur der ganze pathetische Schwindel glücklich vorübergeht, bin ich völlig zufrieden."[31] Die Baseler Bürger*innen waren offenbar ganz anderer Meinung: Sie schlüpften voller Eifer in mittelalterliche Kostüme, zimmerten aufwendige Kulissen und imaginierten sich als herrschende Elite, die sie nach zeitgenössischem Verständnis einer von jeglicher Obrigkeit befreiten Schweiz eigentlich gar nicht sein durften. Das Baseler Festspiel, so resümiert Philipp Sarasin in seiner Studie, lasse sich daher auch als dramaturgisch verdichtete, von Sehnsüchten durchdrungene „Traumszene" verstehen und als solche sage es einiges mehr über die Gegenwart seiner Darbietung als über die vermeintlich historischen Bezugsereignisse aus.[32]

Gezeigt wurden in Basel und anderswo vor allem „lebende Bilder".[33] Diese bereits im 18. Jahrhundert entstehende Kunstform verkörperte sowohl den

---

31 Burckhardt, Jacob: Brief an Friedrich von Preen vom 2. Juli 1892. In: Jacob Burckhardt Briefe. Bd. 10. Basel 1986. S. 36.
32 Sarasin, Philipp: Stadt der Bürger. Bürgerliche Macht und städtische Gesellschaft. Basel 1846–1914. Göttingen 1997. S. 313–338; unverzichtbar der reich bebilderte Band Basler Vereinigungsfeier 1892. Offizieller Festbericht. Basel 1892.
33 Gram Holmström, Kirsten: Monodrama, Attitudes, Tableaux vivants. Studies on Some Trends of Theatrical Fashion 1770–1815. Uppsala 1967 (Stockholm studies in theatrical history 1); Jooss, Birgit: Lebende Bilder. Körperliche Nachahmung von Kunstwerken in der Goethezeit. Frankfurt am Main 1999; Reschke, Nils: „Die Wirklichkeit als Bild". Lebende Bilder in Goethes „Wahlverwandtschaften". In: Medien der Präsenz. Museum, Bildung und Wissenschaft im 19. Jahrhundert. Hrsg. von Jürgen Forhmann, Andrea Schütte u. Wilhelm Voßkamp. Köln 2001. S. 42–69. kups.ub.uni-koeln.de/2370/1/Medien.pdf (25.2.2021); sowie mit Verbindung zum Film Barck, Joanna: Hin zum Film – Zurück zu den Bildern. Tableaux Vivants. „Lebende Bilder" in Filmen von

Wunsch nach historisch gewachsener Stabilität als auch das Bewusstsein für die historische Bedingtheit der eigenen Gegenwart. *Tableaux vivants* zeigen die Geschichte als Abfolge einer komponierten Bilderkette und suggerieren dadurch einen Moment des Innehaltens in der eigenen Vergangenheit.[34] Komplexe Handlungsabläufe sehen die Zuschauer*innen indes nicht. So wurde in der vierten Szene des Baseler Festspiels beispielsweise gerade nicht die entscheidende Schlacht bei Sempach 1386 nachgespielt, sondern das Bühnenbild zeigt szenisch reduziert, wie ein Bote die Nachricht vom Sieg der Eidgenossen und vom Tod des verhassten Herrschers im alsbald vereinigten Basel verkündet.[35] Die Baseler Bürger*innen spielten damit zwar ihre historische Deutung des Gründungsmythos nach (und schlossen die Gewalt dabei kategorisch aus), sie empfanden sich selbst aber eher als Schauspieler*innen eines durch Drehbuch und Regie vorgefassten Theaterstückes. Die oftmals mehrere hundert Laiendarsteller*innen verkleideten sich als historische Figuren und spielten pompös arrangierte historische Szenen nach (oder das, was sie dafür hielten). Im Unterschied zu Reenactments sind historische Festspiele – so hat es der Literaturwissenschaftler Peter von Matt einmal formuliert – sowohl szenisch arrangierte Selbstreflexionen wie auch propagandistische Darbietungen für ein Massenpublikum.[36] Hier werden historisch hergeleitete, zumeist lokale oder nationale Identitätsangebote dargeboten, während dem individuellen Erleben der Darsteller*innen eine allenfalls untergeordnete Bedeutung zukommt. Dabei steht weniger die Unterhaltung oder das Vergnügen der Zuschauermassen und Teilnehmer*innen als vielmehr das zur Aufführung gebrachte Selbstverständnis der jeweiligen sozialen Entität im Vordergrund. *Pageants* und Festspiele transferieren Vergangenheit als gedeutete Geschichte in die jeweilige Gegenwart, während Reenactments darauf zielen, simulierte Zeitsprünge in die Vergangenheit zu organisieren – zumindest ist das ihr dezidiertes Versprechen.

Antamoro, Korda, Visconti und Pasolini. Bielefeld 2008 (Transcript Film). www.transcript-verlag.de/media/pdf/fe/3c/17/oa9783839408179.pdf (25. 2. 2021).
34 Reschke, Wirklichkeit als Bild (wie Anm. 33), S. 44.
35 Basler Vereinigungsfeier (wie Anm. 32), S. 89 – 100; Abbildung des Boten S. 103.
36 Matt, Die ästhetische Identität (wie Anm. 29); außerdem Kreis, Georg: Das Festspiel – ein antimodernes Produkt der Moderne. In: Das Festspiel. Formen, Funktionen, Perspektiven. Hrsg. von Balz Engler u. Georg Kreis. Willisau 1988. S. 186 – 208.

Auf dem Feld des Elends

Der Einsatz eines Soldaten bestand während der napoleonischen Kriege zu einem erheblichen Teil aus Marschieren und Warten. Lückenhafte Aufklärung, uneindeutige Gefechtslagen und die logistische Herausforderung, zehntausende Soldaten in eine für die anstehende Schlacht aussichtsreiche Aufstellung zu bringen, machten den Kampfeinsatz zu einem überaus beschwerlichen Unterfangen. Die Soldaten waren oft schon völlig erschöpft und durchnässt, ohne auch nur einen einzigen Schuss abgegeben zu haben.[37] Die Verpflegung der Truppe war zudem nicht hinreichend gewährleistet. Es gehörte daher zum Kriegsalltag, dass die Verbände plündernd durch die Dörfer und Ortschaften zogen. Viele Soldaten waren schlecht oder gar nicht ausgebildet, nach wenigen Wochen bereits körperlich entkräftet und die meiste Zeit vor allem müde und hungrig. Die Aussicht, mit geringer Überlebenschance in den vorderen Linien eingesetzt zu werden, erhöhte nicht gerade die Kampfbereitschaft, sondern allenfalls den Alkoholkonsum und erklärt die hohe Anzahl der Desertionen. Im Gefecht hatte der einzelne Soldat dann wenig Einblick in das, was um ihn herum geschah. Im Regelfall kannte er weder die allgemeine Gefechtslage noch wusste er, wo sich genau die gegnerischen Linien befanden. Manchmal sah er den Feind erst, wenn dieser unmittelbar vor ihm stand und auf ihn schoss. Bei ungünstigem Terrain, starkem Alkoholkonsum und einer durch Rauchschwaden beeinträchtigten Sicht nahmen dann auch die Verluste durch die eigenen Kräfte rapide zu. Ein nicht unerheblicher Teil der Soldaten starb und stirbt in jedem Krieg durch *friendly fire*.

Wer Glück hatte, wurde sofort tödlich getroffen, die anderen erlitten überwiegend Schuss-, Splitter- und Stichverletzungen, die es ihnen oft nicht ermöglichten, die Kampfzone eigenständig zu verlassen. Das Sanitätswesen war zu Beginn des 19. Jahrhunderts noch nicht derart organisiert, dass man von einer auch nur annähernd ausreichenden Versorgung der Verwundeten sprechen kann, vom medizinischen Wissensstand über Wundinfektion mal ganz abgesehen. Die meisten schwer verletzten Soldaten lagen somit tagelang unversorgt auf dem Schlachtfeld und krepierten qualvoll. Die Schreie der Sterbenden, das Gebrabbel der Traumatisierten, das Stöhnen der verwundeten Pferde, der unerträgliche Gestank, der alsbald über das Schlachtfeld zog – alle diese entsetzlichen

---

[37] Sicherlich immer noch eine der besten Beschreibungen des Kriegserlebnisses ist zu finden in Keegan, John: Die Schlacht. Azincourt 1415 – Waterloo 1815 – Somme 1916. München 1981. S. 131–239. Zum Kriegsalltag in den napoleonischen Kriegen vgl. Murken, Julian: Bayerische Soldaten im Russlandfeldzug 1812. Ihre Kriegserfahrungen und deren Umdeutungen im 19. und 20. Jahrhundert. München 2006 (Schriftenreihe zur bayerischen Landesgeschichte 147).

Szenarien sind aus Berichten überlebender Soldaten und Zivilisten hinreichend bekannt. Viele von ihnen gingen nach der Schlacht über die Felder und durch die Ortschaften, in denen der Krieg gewütet hatte, allerdings weniger, um bei der Versorgung der leicht Verletzten zu helfen, sondern vor allem, um zu plündern. Die meisten Toten lagen also binnen kurzem weitgehend unbekleidet auf dem Schlachtfeld, und alles, was von ihrer Ausrüstung und dem herumliegenden Kriegsmaterial irgendwie verwertbar war, wurde mitgenommen. Dem Elend der Sterbenden begegneten die Plünderer vergleichsweise gleichgültig, man konnte den schwer „Blessierten" ohnehin nicht helfen. Und daher warteten sie auch oft nicht darauf, bis Mensch oder Pferd tatsächlich tot waren. Fünf Tage nach der Schlacht bei Großgörschen erreichte der Weißenfelser Goldschmied Heinrich Brembach das Schlachtfeld und notierte in sein Tagebuch: „Wir hatten bei allem und vielem Heraumlaufen das ganze Schlachtfeld noch nicht überschritten, dessen Umfang drei Stunden betragen soll, und dennoch schätze ich die noch jetzt daliegenden todten Körper über 3000 und mehr als 3000 Pferde. Die Sonne brannte heiß und fing an auf die Leichname zu wirken und der Geruch wurde empfindlich, so dass wir öfterer als gewöhnlich Freund Klaffenbachs Tabakdose zusprechen mussten."[38] In einem Brief vom 11. August 1813 beschreibt der Kaufmann August Gottlieb Lübbert, wie er am 5. Mai bei Großgörschen nach einem Verwandten suchte und dabei ein Terrain durchschritt, „wo noch niemand begraben war, und die Leichen an manchem Ort besonders auf der Anhöhe bei Kaja, (...), so dick lagen, dass man darüber weg steigen musste. Der Anblick war herzbrechend, wie die verstümmelten und sterbenden Braven auf den Ruinen der abgebrannten Dörfer herumlagen und vor Schmerz brüllend um Wasser und Brot baten, denn sie hatten nichts zu essen und nichts zu trinken."[39] Die meisten starben nach mehreren Tagen an Wundbrand, andere verbluteten oder verdursteten, und wer nicht an seinen Verletzungen zugrunde ging, wurde von notorischen Plünderern „noch mit Bajonettstichen malträtiert."[40] Mehr als vierzehn Tage soll das Verscharren der zumeist namenlosen Leichen gedauert haben – wie viele Tote die Schlacht letztlich insgesamt gefordert hat, lässt sich heute kaum zuverlässig schätzen.

---

[38] Tagebuch des Weißenfelser Goldschmieds Heinrich Brembach vom 7. Mai 1813, zitiert nach: Bücker/Härtig, Gefecht bei Rippach (wie Anm. 2), S. 84 f.; zur Völkerschlacht vgl. Seifert, Siegfried u. Peter Seifert (Hrsg.): Wanderungen nach dem Schlachtfelde von Leipzig im October 1813. Ein Augenzeugenbericht zur Völkerschlacht von Carl Bertuch. 2. Aufl. Beucha 2013.
[39] Brief vom 11. August 1813 von August Gottlieb Lübbert an seine Tante, zitiert nach: Bücker/Härtig, Gefecht bei Rippach (wie Anm. 2), S. 92.
[40] Bücker/Härtig, Gefecht bei Rippach (wie Anm. 2), S. 92.

Die Felder des Elends unterschieden sich kaum. Am 7. September 1812 starben in der Schlacht bei Borodino schätzungsweise 80.000 Soldaten, am 18. Juni 1815 waren es in Waterloo etwa 45.000, und zwischen dem 16. und 19. Oktober 1813 forderte die Völkerschlacht bei Leipzig nahezu 100.000 Tote. An diesen und vielen weiteren ehemaligen Kriegsschauplätzen finden mittlerweile regelmäßig Reenactments statt. Am 20. Oktober 2013 zum 200. Jubiläum in Leipzig spielten beispielsweise mehr als 6.000 Laiendarsteller*innen die bis dahin größte Massenschlacht der Neuzeit nach – in Deutschland hatte es bis dahin noch nie eine so rege Beteiligung an einer solchen Veranstaltung gegeben.[41] 35.000 Zuschauer*innen sahen sich das Spektakel in der Markkleeberger Weinteichsenke an und wurden auch dort – wie in Großgörschen einige Monate zuvor – mit lautstarkem Artilleriefeuer, dekorativen Reiterkämpfen und gut einstudierten Bewegungsgefechten unterhalten. Gegen Ende der Darbietungen lagen jeweils einzelne Darsteller auf den Schlachtfeldern, während provisorische Feldlazarette mit arrangierten Beinamputationen zaghaft andeuteten, dass sich das historische Bezugsereignis als ebenso blutiges wie grausames Gemetzel vollzogen hatte.

Lebendige Geschichte?

Politische Feste, Lebende Bilder, historische Festumzüge – diese und weitere erlebnisbezogene Formen der kollektiven Geschichtsaneignung seit dem 19. Jahrhundert sind Ausdruck eines mit und nach der Französischen Revolution entstehenden neuen Verständnisses der Darstellbarkeit von Geschichte. Wenn die Vergangenheit fortan als konkrete historische Wirklichkeit erzählt und gezeigt werden sollte, dann galt es die Diskrepanz zwischen Jetzt und Damals durch erzählerische Mittel oder durch theatrale Inszenierungen zu überwinden, um auf diese Weise Geschichte im Hier und Jetzt „lebendig" werden zu lassen. Der Historismus schuf für diesen ebenso visionären wie naiven Gebrauch von Geschichte

---

[41] Zum Thema „Leipzig 1813 als Erinnerungsort" vgl. den Sammelband von Hofbauer, Martin u. Martin Rink (Hrsg.): Die Völkerschlacht bei Leipzig. Verläufe, Folgen, Bedeutungen 1813 – 1913 – 2013. München 2017 (Beiträge zur Militärgeschichte 77); vor allem Paul, Ina Ulrike: Die Völkerschlacht bei Leipzig in der Erinnerungskultur Südwestdeutschlands 1813 – 1913. In: Die Völkerschlacht bei Leipzig. Verläufe, Folgen, Bedeutungen 1813 – 1913 – 2013. Hrsg. von Martin Hofbauer u. Martin Rink. München 2017 (Beiträge zur Militärgeschichte 77). S. 247 – 268. Der MDR nahm die 200. Jahrfeier zum Anlass, seine Berichterstattung als Echtzeitreportage zu produzieren und sendete „live" vom Kriegsschauplatz. Vgl. dazu „Die Völkerschlacht erleben – Geschichte live im MDR!" – Sender stellt trimediales Programmprojekt vor. www.presseportal.de/pm/7880/2543924 (5.10.2020).

den zutreffenden und im Vergleich zur heute oft missverstandenen Formel der kollektiven Erinnerung sehr viel geeigneteren Ausdruck „Vergegenwärtigung" – ein Begriff, der bezeichnender- und nicht zufälligerweise vor allem von Altertumswissenschaftlern wie Friedrich August Wolf, Barthold Georg Niebuhr und natürlich Theodor Mommsen geprägt wurde und trotz seiner zweifellos simulierenden Attitüde den signifikanten Gegenwartsbezug des eigenen Vergangenheitsentwurfs wenig zu kaschieren versucht.[42]

Reenactment in seinen vielfältigen Ausdrucksformen steht heute im Kontext einer ganzen Reihe simulierender Formen der kollektiven Geschichtsaneignung, genannt seien hier nur die vor allem in Museen beliebte Living History, das Live Action Role Playing (LARP) wie auch jegliche Form der Virtual History.[43] Weitgehend losgelöst von der professionellen Geschichtswissenschaft macht sich hier ein populärer Historismus breit, der offenbar immer dann Zuspruch erfährt, wenn eine signifikante Anzahl von Menschen mehr über ihre Vergangenheit als über ihre eigene Zukunft zu wissen meint.[44] Das Wieder-Aufführen von Krieg ist hierbei eine spezifische, aber durchaus aussagekräftige Variante, da die szenische Legitimierung des Kriegsspiels gleich mehrere Hürden nehmen muss. Die Nachahmungen von Schlachten wie die in Großgörschen werden gegenwärtig als amüsante Volks- und Friedensfeste inszeniert, und die transnationale Dimension des historischen Gemetzels liefert zudem noch eine Steilvorlage für die dann hinlänglich überspannte Rhetorik der europäischen Integration.[45] Mit der Darbietung des zur Anschauung gebrachten, aber in ein Friedensnarrativ eingebundenen Gefechts lässt sich offenbar etwas erleben, was zumindest in Europa vollständig tabuisiert ist: Krieg war und ist für manche eben auch ein Sehnsuchtsort, vor allem der heroische Kampf im direkten Gefecht. Das Töten des Feindes und das ehrenvolle Sterben auf dem Schlachtfeld, die brutale Gewalt im Krieg erfreuen sich als blutleere Spektakel daher in unseren von kriegerischer Gewalt

---

42 Walther, Gerrit: „Vergegenwärtigung". Forschung und Darstellung in der deutschen Historiographie des 19. Jahrhunderts. In: Halle und die deutsche Geschichtswissenschaft um 1900. Beiträge des Kolloquiums „125 Jahre Historisches Seminar an der Universität Halle" am 4./5. November 2000. Hrsg. von Werner Freitag. 2. Aufl. Halle 2004 (Studien zur Landesgeschichte 5). S. 78–92.
43 Als Überblick lesenswert: Hochbruck, Geschichtstheater (wie Anm. 3), vor allem S. 92–118.
44 Hochbruck, Geschichtstheater (wie Anm. 3), S. 18.
45 Hierzu vgl. auch Klausing, Caroline u. Verena von Wiczlinski: Die Napoleonischen Kriege als europäischer Erinnerungsort – Eine Bilanz. In: Die Napoleonischen Kriege in der europäischen Erinnerung. Hrsg. von Caroline Klausing u. Verena von Wiczlinski. Bielefeld 2017 (Mainzer historische Kulturwissenschaften 30). S. 319–327; Dmitrieva, Marina u. Lars Karl (Hrsg.): Das Jahr 1813, Ostmitteleuropa und Leipzig. Die Völkerschlacht als (trans)nationaler Erinnerungsort. Köln 2016 (Visuelle Geschichtskultur 15).

entwöhnten Gesellschaften zunehmend großer Beliebtheit. In Großgörschen erläuterten die Kommentatoren das dargebotene Spiel dahingehend, dass mit Rücksicht auf die Zuschauer*innen die „blutige Seite" der Schlacht nicht gezeigt, sondern allenfalls darauf hingewiesen werden könne. Wie dann allerdings gleichzeitig die Behauptung aufrecht zu erhalten ist, dass die Nachstellung alles so zeige „wie es damals gewesen" sei, bleibt offen. [46] Das spielerische Wieder-Aufführen von Krieg offenbart hier die Paradoxie der simulierenden Geschichtsaneignung in signifikanter Weise, denn schließlich setzt auch jede ins historische Detail verliebte Inszenierung am vermeintlich „authentischen" Ort letztlich voraus, den Kern aller Kriegserfahrungen auszusparen. Nach heutigen Schätzungen starben in den Freiheitskriegen europaweit mindestens 3,5 Millionen Menschen.

Quellenverzeichnis

Basler Vereinigungsfeier 1892. Offizieller Festbericht. Basel 1892.
Begrüßungsrede am 4. Mai 2013 in Großgörschen (privater Tonmitschnitt).
Kommentar während der Gefechtsnachstellung am 4. Mai 2013 in Großgörschen (privater Tonmitschnitt).
Scharnhorstkomitee Großgörschen e. V.: Einladung zum 200. Jahrestag der Schlacht bei Großgörschen vom 1. bis 5. Mai 2013. www.scharnhorstkomitee.de/Einladung_2013.pdf (5.10.2020).

Literaturverzeichnis

„Die Völkerschlacht erleben – Geschichte live im MDR!" – Sender stellt trimediales Programmprojekt vor. www.presseportal.de/pm/7880/2543924 (5.10.2020).
Alheit, Peter u. Erika M. Hoerning: Biographie und Erfahrung. Eine Einleitung. In: Biographisches Wissen. Beiträge zu einer Theorie lebensgeschichtlicher Erfahrungen. Hrsg. von Peter Alheit u. Erika M. Hoerning. Frankfurt am Main 1989. S. 8–23.
Bachmann, Gerhard H.; Mechthild Klamm u. Andreas Stahl: Exkursion zu den Schlachtfeldern. Lützen, Roßbach, Auerstedt und Großgörschen. In: Kleine Hefte zur Archäologie in Sachsen-Anhalt 8 (2011). S. 43–54.
Barck, Joanna: Hin zum Film – Zurück zu den Bildern. Tableaux Vivants. „Lebende Bilder" in Filmen von Antamoro, Korda, Visconti und Pasolini. Bielefeld 2008 (Transcript Film). www.transcript-verlag.de/media/pdf/fe/3c/17/oa9783839408179.pdf (25.2.2021).

---

[46] Kommentar während der Gefechtsnachstellung am 4. Mai 2013 in Großgörschen (privater Tonmitschnitt).

Bartie, Angela; Linda Fleming; Mark Freeman; Tom Hulme; Alex Hutton u. Paul Readman: 'Oxford Historical Pageant', The Redress of the Past. www.historicalpageants.ac.uk/pageants/1142/ (25.2.2021).

Bauer, Frank: Großgörschen 2. Mai 1813. Festigung des preußisch-russischen Bündnisses im Frühjahrsfeldzug. Potsdam 2005.

Bayerisches Armeemuseum Ingolstadt: Vom Bunten Rock zum Kampfanzug. Uniformentwicklung vom Dreißigjährigen Krieg bis zur Gegenwart. Sonderausstellung. Ingolstadt 1987.

Bendix, Regina: In Search of Authenticity. The Formation of Folklore Studies. Madison 1997.

Bion, Wilfried R.: Lernen durch Erfahrung. Frankfurt am Main 1992.

Bos, Marguérite; Bettina Vincenz u. Tanja Wirz (Hrsg.): Erfahrung – alles nur Diskurs? Zur Verwendung des Erfahrungsbegriffes in der Geschlechtergeschichte. Zürich 2004.

Britsche, Frank: Historische Feiern im 19. Jahrhundert. Eine Studie zur Geschichtskultur Leipzigs. Leipzig 2016.

Bücker, Hartmut u. Dieter Härtig: Das Gefecht bei Rippach am 1. Mai 1813, die Schlacht bei Großgörschen am 2. Mai 1813 und der Überfall auf das Lützow'sche Freikorps bei Kitzen am 17. Juni 1813. Schwäbisch Hall 2004.

Burckhardt, Jacob: Brief an Friedrich von Preen vom 2. Juli 1892. In: Jacob Burckhardt Briefe. Bd. 10. Basel 1986. S. 36.

Clark, Christopher: Preußen. Aufstieg und Niedergang 1600–1947. Bonn 2007.

Delbrück, Hans: Das Leben des Feldmarschalls Grafen Neidhardt von Gneisenau. Bd. 1. 4. Aufl. Berlin 1921.

Delbrück, Hans: Geschichte der Kriegskunst. Teil 2: Die Neuzeit. Vom Kriegswesen der Renaissance bis zu Napoleon. Berlin 1920 (Neuausgabe Hamburg 2008).

Department of History des King's College London: The Redress of the Past. Historical Pageants in Britain. www.historicalpageants.ac.uk/ (25.2.2021).

Dmitrieva, Marina u. Lars Karl (Hrsg.): Das Jahr 1813, Ostmitteleuropa und Leipzig. Die Völkerschlacht als (trans)nationaler Erinnerungsort. Köln 2016 (Visuelle Geschichtskultur 15).

Dreschke, Anja; Ilham Huynh; Raphaela Knipp; David Sittler (Hrsg.): Reenactments. Medienpraktiken zwischen Wiederholung und kreativer Aneignung. Bielefeld 2016 (Locating media 8).

Fillitz, Thomas u. A. Jamie Saris (Hrsg.): Debating Authenticity. Concepts of Modernity in Anthropological Perspective. New York 2013.

Gadamer, Hans-Georg: Wahrheit und Methode. Grundzüge einer philosophischen Hermeneutik. 4. Aufl. Tübingen 1975.

Glassberg, David: American Historical Pageantry. The Uses of Tradition in the Early Twentieth Century, Chapel Hill 1990.

Graf, Gerhard (Hrsg.): Die Völkerschlacht bei Leipzig in zeitgenössischen Berichten. Leipzig 1988.

Gram Holmström, Kirsten: Monodrama, Attitudes, Tableaux vivants. Studies on Some Trends of Theatrical Fashion 1770–1815. Uppsala 1967 (Stockholm studies in theatrical history 1).

Hardtwig, Wolfgang u. Alexander Schug (Hrsg.): History Sells! Angewandte Geschichte als Wissenschaft und Markt. Stuttgart 2009.

Heeg, Günther; Micha Braun; Lars Krüger u. Helmut Schäfer (Hrsg.): Reenacting History. Theater & Geschichte. Berlin 2014 (Theater der Zeit 109).

Hettling, Manfred: Erlebnisraum und Ritual. Die Geschichte des 18. März 1848 im Jahrhundert bis 1948. In: Historische Anthropologie 5 (1997). S. 417–434.
Hettling, Manfred u. Paul Nolte (Hrsg.): Bürgerliche Feste. Symbolische Formen politischen Handelns im 19. Jahrhundert. Göttingen 1993.
Hochbruck, Wolfgang: Geschichtstheater. Formen der „Living History". Eine Typologie. Bielefeld 2013 (Historische Lebenswelten in populären Wissenskulturen 10).
Hoerning, Erika M.: Erfahrungen als biographische Ressourcen. In: Biographisches Wissen. Beiträge zu einer Theorie lebensgeschichtlicher Erfahrungen. Hrsg. von Peter Alheit u. Erika M. Hoerning. Frankfurt am Main 1989. S. 148–163.
Hofbauer, Martin u. Martin Rink (Hrsg.): Die Völkerschlacht bei Leipzig. Verläufe, Folgen, Bedeutungen 1813 – 1913 – 2013. München 2017 (Beiträge zur Militärgeschichte 77).
Hulme, Tom: „A nation of town criers". Civic publicity and historical pageantry in inter-war Britain. In: Urban History 44 (2016). S. 270–292.
Jooss, Birgit: Lebende Bilder. Körperliche Nachahmung von Kunstwerken in der Goethezeit. Frankfurt am Main 1999.
Jureit, Ulrike: Magie des Authentischen. Das Nachleben von Krieg und Gewalt im Reenactment, Göttingen 2020 (Wert der Vergangenheit).
Kambartel, Friedrich: Erfahrung. In: Historisches Wörterbuch der Philosophie. Bd. 2. Hrsg. von Joachim Ritter. Basel 1972. Sp. 609–617.
Kant, Immanuel: Kritik der reinen Vernunft (1787). In: Immanuel Kants Werke. Bd. 3: Kritik der reinen Vernunft. Berlin 1913.
Keegan, John: Die Schlacht. Azincourt 1415 – Waterloo 1815 – Somme 1916. München 1981.
Klausing, Caroline u. Verena von Wiczlinski (Hrsg.): Die Napoleonischen Kriege in der europäischen Erinnerung. Bielefeld 2017 (Mainzer historische Kulturwissenschaften 30).
Klausing, Caroline u. Verena von Wiczlinski: Die Napoleonischen Kriege als europäischer Erinnerungsort – Eine Bilanz. In: Die Napoleonischen Kriege in der europäischen Erinnerung. Hrsg. von Caroline Klausing u. Verena von Wiczlinski. Bielefeld 2017 (Mainzer historische Kulturwissenschaften 30). S. 319–327.
Klein, Tim (Hrsg.): Die Befreiung 1813 – 1814 – 1815. Urkunden, Berichte, Briefe. München 1913.
Kleßmann, Eckart (Hrsg.): Die Befreiungskriege in Augenzeugenberichten. München 1973.
Koselleck, Reinhart: Erfahrungswandel und Methodenwechsel. Eine historisch-anthropologische Skizze. In: Zeitschichten. Studien zur Historik. Hrsg. von Reinhart Koselleck. Frankfurt am Main 2000 [1988]. S. 27–77.
Koselleck, Reinhart: Preußen zwischen Reform und Revolution. Allgemeines Landrecht, Verwaltung und soziale Bewegung von 1791 bis 1848. Stuttgart 1987 (Industrielle Welt 7).
Kreis, Georg: Das Festspiel – ein antimodernes Produkt der Moderne. In: Das Festspiel. Formen, Funktionen, Perspektiven. Hrsg. von Balz Engler u. Georg Kreis. Willisau 1988. S. 186–208.
Laing, Ronald D.: Phänomenologie der Erfahrung. 2. Aufl. Frankfurt am Main 1969.
Matt, Peter von: Die ästhetische Identität des Festspiels. In: Das Festspiel. Formen, Funktionen, Perspektiven. Hrsg. von Balz Engler u. Georg Kreis. Willisau 1988. S. 12–28.
Maurer, Michael: Feste und Feiern als historischer Forschungsgegenstand. In: Historische Zeitschrift 253 (1991). S. 101–130.
Merkel, Marcus: Erlebnisgemeinschaft. Über die Inszenierung von Gemeinschaft seit Beginn der europäischen Moderne. Berlin 2014.

Mey, Harald: Erfahrungswissenschaft. In: Historisches Wörterbuch der Philosophie-. Bd. 2. Hrsg. von Joachim Ritter. Basel 1972. Sp. 621–623.

Müller, Hans-Peter u. Jürgen Wittlinger: Napoleon gegen Europa. Geschichte der Befreiungskriege in Zinnfiguren, 2. Aufl. Neu-Ulm 2015.

Murken, Julian: Bayerische Soldaten im Russlandfeldzug 1812. Ihre Kriegserfahrungen und deren Umdeutungen im 19. und 20. Jahrhundert. München 2006 (Schriftenreihe zur bayerischen Landesgeschichte 147).

Müsebeck, Ernst: Gold gab ich für Eisen. Deutschlands Schmach und Erhebung in zeitgenössischen Dokumenten, Briefen, Tagebüchern aus den Jahren 1806–1815. Berlin 1913.

Nelke, Reinhard: Preußen. www.preussenweb.de/preussstart.htm (5.10.2020).

Nipperdey, Thomas: Rede zum Wartburgtreffen 1990. In: Ein demokratisches Deutschland für Europa. Wartburgtreffen 1990. Hrsg. von Ulrich Zwiener. Jena 1990. S. 48–58.

Otto, Ulf: Re: Enactment. Geschichtstheater in Zeiten der Geschichtslosigkeit. In: Theater als Zeitmaschine. Zur performativen Praxis des Reenactments. Theater- und kulturwissenschaftliche Perspektiven. Hrsg. von Jens Roselt u. Ulf Otto. Bielefeld 2012 (Theater 45). S. 229–254.

Parker, Anthony: Pageants. Their Presentation and Production. London 1954.

Paul, Ina Ulrike: Die Völkerschlacht bei Leipzig in der Erinnerungskultur Südwestdeutschlands 1813–1913. In: Die Völkerschlacht bei Leipzig. Verläufe, Folgen, Bedeutungen 1813 – 1913 – 2013. Hrsg. von Martin Hofbauer u. Martin Rink. München 2017 (Beiträge zur Militärgeschichte 77). S. 247–268.

Reschke, Nils: „Die Wirklichkeit als Bild". Lebende Bilder in Goethes „Wahlverwandtschaften". In: Medien der Präsenz. Museum, Bildung und Wissenschaft im 19. Jahrhundert. Hrsg. von Jürgen Forhmann, Andrea Schütte u. Wilhelm Voßkamp. Köln 2001. S. 42–69. kups.ub.uni-koeln.de/2370/1/Medien.pdf (25.2.2021).

Rochlitz, Friedrich: Tage der Gefahr. Ein Tagebuch der Leipziger Schlacht (1813). Leipzig 1988.

Roselt, Jens u. Ulf Otto (Hrsg.): Theater als Zeitmaschine. Zur performativen Praxis des Reenactments. Theater- und kulturwissenschaftliche Perspektiven. Bielefeld 2012 (Theater 45).

Rössner, Michael u. Heidemarie Uhl (Hrsg.): Renaissance der Authentizität? Über die neue Sehnsucht nach dem Ursprünglichen. Bielefeld 2012 (Kultur- und Medientheorie).

Sabrow, Martin u. Achim Saupe: Historische Authentizität. Göttingen 2016.

Sarasin, Philipp: Stadt der Bürger. Bürgerliche Macht und städtische Gesellschaft. Basel 1846–1914. Göttingen 1997.

Schmidt, Dorothea (Hrsg.): Erinnerungen aus dem Leben des Generalfeldmarschalls Hermann von Boyen. Bd. II: 1811–1813. Berlin 1990.

Schneider, Ute: Politische Festkultur. Die Rheinprovinz von der französischen Zeit bis zum Ende des Ersten Weltkrieges (1806–1918). Essen 1995 (Düsseldorfer Schriften zur neueren Landesgeschichte und zur Geschichte Nordrhein-Westfalens 41).

Schroeder, Charlie: Man of War. My adventures in the world of historical reenactment. New York 2012.

Schütz, Alfred u. Thomas Luckmann: Strukturen der Lebenswelt. Bd. 2. Frankfurt am Main 1979 (Suhrkamp-Taschenbuch Wissenschaft 284).

Seifert, Siegfried u. Peter Seifert (Hrsg.): Wanderungen nach dem Schlachtfelde von Leipzig im October 1813. Ein Augenzeugenbericht zur Völkerschlacht von Carl Bertuch. 2. Aufl. Beucha 2013.

Simmel, Georg: Philosophische Kultur. Über das Abenteuer, die Geschlechter und die Krise der Moderne. Gesammelte Essais. 3. Aufl. Potsdam 1923.

Walter, Dierk: Preußische Heeresreformen 1807–1870. Militärische Innovationen und der Mythos der „Roonschen Reform". Paderborn 2003 (Krieg in der Geschichte 16).

Walther, Gerrit: „Vergegenwärtigung". Forschung und Darstellung in der deutschen Historiographie des 19. Jahrhunderts. In: Halle und die deutsche Geschichtswissenschaft um 1900. Beiträge des Kolloquiums „125 Jahre Historisches Seminar an der Universität Halle" am 4./5. November 2000. Hrsg. von Werner Freitag. 2. Aufl. Halle 2004 (Studien zur Landesgeschichte 5). S. 78–92.

Zielsdorf, Frank: Militärische Erinnerungskulturen in Preußen im 18. Jahrhundert. Akteure – Medien – Dynamiken. Göttingen 2016 (Herrschaft und soziale Systeme in der frühen Neuzeit 21).

Kamila Baraniecka-Olszewska
Der Bezug zur Vergangenheit

Authentizität im historischen Reenactment aus anthropologischer Perspektive

Ein zentraler Begriff in der Beschäftigung mit historischem Reenactment ist Authentizität.[1] Im Reenactment wird sie unablässig angestrebt und Wissenschaftler*innen – Historiker*innen, Anthropolog*innen wie Performancetheoretiker*innen – versuchen zu bestimmen, wie und in welchem Kontext Authentizität während des Nachspielens von Vergangenheit entsteht. Dabei lässt Authentizität als mehrdeutige Kategorie verschiedene Interpretationsansätze zu. Sie kann sowohl auf historische Artefakte wie auf originalgetreue Kopien dieser Gegenstände bezogen werden, auf minutiös aus historischen Quellen rekonstruierte Ereignisse, historisches Wissen, plausibles Verhalten, Gesten, bestimmte Fertigkeiten, tiefgreifende Empfindungen, Erfahrungen, Ergriffenheit, Zufriedenheit, das Gefühl, am richtigen Ort zu sein und in Übereinstimmung mit sich selbst zu handeln.[2] Trotz dieser Vielzahl potenzieller Zugänge konzentrieren sich Wissenschaftler*innen oft allein auf die Frage, ob eine Rekonstruktion eine getreue Wiedergabe der Vergangenheit darstellen kann.[3] Im Folgenden soll nicht ermittelt werden, ob

---

[1] Agnew, Vanessa u. Juliane Tomann: Authenticity. In: The Routledge Handbook of Reenactment Studies. Key Terms in the Field. Hrsg. von Vanessa Agnew, Jonathan Lamb u. Juliane Tomann. London 2020. S. 20–24; Brædder, Anne, Kim Esmark, Tove Kruse, Carsten Tage Nielsen u. Anette Warring: Doing Pasts. Authenticity from the Reenactors' Perspective. In: Rethinking History. The Journal of Theory and Practice 21 (2017). S. 171–192; Decker, Stephanie K.: Being Period. An Examination of Bridging Discourse in a Historical Reenactment Group. In: Journal of Contemporary Ethnography 38 (2010). S. 273–296; Gapps, Stephen: Mobile Monuments. A View of Historical Reenactment and Authenticity from inside the Costume Cupboard of History. In: Rethinking History. The Journal of Theory and Practice 13 (2009). S. 395–409; De Groot, Jerome: Consuming History. Historians and Heritage in Contemporary Popular Culture. London 2009; Hall, Gregory: Selective Authenticity. Civil War Reenactors and Credible Reenactments. In: Journal of Historical Sociology 29 (2015). S. 413–436; Handler, Richard u. William Saxton: Dyssimulation. Reflexivity, Narrative, and the Quest for Authenticity in „Living History". In: Cultural Anthropology 3 (1988). S. 242–260; Hart, Lain: Authentic Recreation. Living History and Leisure. In: Museum and Society 5 (2007). S. 103–124; Radtchenko, Daria: Simulating the Past. Reenactment and the Quest for Truth in Russia. In: Rethinking History. The Journal of Theory and Practice 10 (2006). S. 127–148.
[2] Agnew/Tomann, Authenticity (wie Anm. 1), S. 20; Brædder/Esmark/Kruse/Tage Nielsen/Warring, Doing (wie Anm. 1).
[3] Bruner, Edward: Abraham Lincoln as Authentic Reproduction. A Critique of Postmodernism. In: American Anthropologist 96 (1994). S. 397–415; Cook, Alexander: The Use and Abuse of

und inwiefern historische Reenactments authentische Darstellungen vergangener Ereignisse sind. Stattdessen soll näher beleuchtet werden, was Reenactor*innen unter Authentizität verstehen, wie sie diese zu erreichen versuchen und welche theoretischen Implikationen eine derartige von den Akteur*innen ausgehende Perspektive für eine anthropologische Authentizitätsforschung mit sich bringt.

Eine Antwort darauf, wie Reenactor*innen Authentizität begreifen, kann eine anthropologische Forschung geben, die sowohl individuellen Praktiken nachspürt als auch das Phänomen historischer Rekonstruktionen im breiteren kulturellen Kontext verortet.[4] Historisches Reenactment interessiert uns hier vor allem als sozio-kulturelles Phänomen – als Form der Interaktion mit der Vergangenheit. Folglich wird untersucht, wie Reenactor*innen für sich und für ihr Publikum vergangene Welten evozieren. Es bedarf dabei einer emischen Perspektive, um ihr Engagement für die Herausbildung eines Geschichtsbildes zu analysieren; der begleitenden Beobachtung, welche Strategien sie verwenden, um sowohl ihrem Bild der Vergangenheit als auch den dadurch hervorgerufenen Empfindungen Authentizität zu verleihen, und wie sie diese Authentizität selbst verstehen.[5] Als emisch wird in den Sozialwissenschaften die Herangehensweise beschrieben, Phänomene von innen heraus zu analysieren, indem der Standpunkt der Akteur*innen und Beteiligten eingenommen wird und bisweilen auch die von ihnen geprägten Begrifflichkeiten und Erklärungsmuster verwendet werden. Im Gegensatz dazu steht eine etische Herangehensweise, also die Analyse kultureller und sozialer Phänomene von einer außenstehenden Position aus. Als emische Kategorie beschreibt Authentizität folglich, was die Reenactor*innen zu erreichen suchen.[6] Die Authentizität eines historischen Reenactments wird demnach von den Beteiligten herausgebildet und zugleich auch von ihnen rezipiert und bewertet.

Die Anthropologie liefert das Instrumentarium, um das Streben der Reenactor*innen nach Authentizität zu interpretieren, ihre Handlungen und Entscheidungen im weiteren gesellschaftlichen Kontext zu verorten und mit anderen kulturellen Prozessen in Verbindung zu bringen. Um allerdings die emischen Strategien der Authentisierung in Gänze erfassen zu können, bedarf es einer Analyse der eigentlichen Praxis der Vergangenheitsrekonstruktion, der körperlichen Performanz von Geschichte. Die theoretischen Grundlagen hierzu liefern die

---

Historical Reenactment. Thoughts on Recent Trends in Public History. In: Criticism 46 (2004). S. 487–496; Hall, Selective (wie Anm. 1); Handler/Saxton, Dyssimulation (wie Anm. 1).
4 Das Forschungsvorhaben wurde gefördert vom polnischen Nationalen Wissenschaftszentrum (Narodowe Centrum Nauki Nr. 2017/27/B/HS3/00990).
5 Siehe auch Brædder/Esmark/Kruse/Tage Nielsen/Warring, Doing (wie Anm. 1).
6 Brædder/Esmark/Kruse/Tage Nielsen/Warring, Doing (wie Anm. 1).

Performance Studies, dank derer sich der spezifische Zusammenhang zwischen Reenactor*innen und der von ihnen körperlich-performativ wiedergegebenen Vergangenheit erfassen lässt. Die Verknüpfung der beiden methodologischen Ansätze der Anthropologie und der Performance Studies ermöglicht es, den eigentlichen Prozess der Vergangenheitsrekonstruktion sowie ihre Wirkung in der Gegenwart zu analysieren. Dieser Zugang blendet die Fragen danach aus, wie akkurat die Vergangenheit wiedergegeben wurde und ob historisches Reenactment eine Forschungsmethode darstellt. Stattdessen richtet er den Fokus auf ganz andere Aspekte historischer Rekonstruktionen sowie auf den Vergangenheitsbezug der Reenactor*innen.[7]

Zunächst sollen aus dieser Forschungsperspektive heraus die körperliche Performanz von Vergangenheit und das Geschichtsverständnis der Performance Studies beschrieben werden. Dies liefert einen Interpretationsansatz für die rekreierten Welten, die einerseits aus dem Bemühen um eine authentische Vergangenheitsdarstellung entstehen und zugleich – durch die Teilhabe an ihnen – einen Katalysator authentischer Erlebnisse darstellen. Im Weiteren folgt die Erläuterung des emischen Verständnisses von Authentizität sowie der Praktiken der Reenactor*innen, Authentizität herauszubilden. Am Beispiel der jährlich organisierten Veranstaltung *Łabiszyner Begegnungen mit der Geschichte* werden die Details der Rekonstruktionspraxis vorgestellt, mittels derer die Rekonstruktion als authentisch empfunden werden soll. Zum Schluss wird abermals die Bedeutung des körperlich-performativen Zugangs für das Erreichen von Authentizität im Reenactment beleuchtet.

Performanz von Geschichte

Der Großteil der Reenactor*innen ist darum bemüht, dass die von ihnen verkörperte Geschichte auf historischen Quellen basiert und in direkter, untrennbarer Verbindung zur Vergangenheit steht. Dieser unmittelbare Bezug zu vergangenen Ereignissen macht für die Reenactor*innen die Authentizität ihrer Reproduktion aus. Sie stellen ihn mittels ihres Körpers her, indem sie historische Persönlichkeiten verkörpern, damalige Gebrauchsgegenstände reproduzieren oder auch historische Objekte benutzen, wenn eine jüngere Vergangenheit wiedergegeben wird.

---

7 Johnson, Katherine: Performing Past for Present Purposes. Reenactment as Embodied, Performative History. In: History, Memory, Performance. Hrsg. von David Dean, Yana Meerzon u. Kathryn Prince. New York 2015 (Studies in international performance). S. 36–52, 37.

Die Konstruktion von Geschichte im historischen Reenactment lässt sich nicht nur aus geschichtswissenschaftlicher Perspektive untersuchen – deren Hauptaugenmerk meist auf der Genauigkeit der Beschreibung und ihrer Quellentreue liegt –, sondern auch mittels einer performativ-körperlichen Wiedergabe.[8] Die Vergangenheit manifestiert sich in der Performance der Reenactor*innen, erscheint durch ihre Verkörperung und wird in ihren Gesten und ihrem Verhalten vergegenwärtigt.[9] Durch das Reenactment wird die Vergangenheit im Handeln lebendig, kehrt durch die Aufführung zurück, wird im Hier und Jetzt präsent und findet folglich auch in der Gegenwart statt.[10] Rebecca Schneider führt aus, dass eine performativ wiedergegebene Vergangenheit in der Gegenwart Spuren (*remains*) hinterlässt, wodurch sie stets auch im Jetzt zugegen ist.[11] Derart verstanden, ist die Vergangenheit nicht unwiderruflich vergangen, sondern dauert auf gewisse Weise an und hat Einfluss auf die Gegenwart – nicht nur in ihrer Nachahmung und Repräsentation, sondern auch in den Körpern der Menschen. Dennoch ist eine performativ verstandene Geschichte zugleich ein Konstrukt, eine Bearbeitung dessen, was sich tatsächlich ereignet hat, und nicht identisch mit der Vergangenheit.

Der Körper der Reenactor*innen ist das Instrument zur Vergegenwärtigung der Vergangenheit. Ein derartiger Forschungsansatz bedarf folglich der Erweiterung des Verständnisses von Geschichte als einer von Historiker*innen rekonstruierten Vergangenheit um eine verkörperte Vergangenheit.[12] Die Reenactor*innen geben durch ihre Körper die Vergangenheit wieder, rekonstruieren Gesten und Verhaltensweisen. Diana Taylor merkt an, dass dies ein Verständnis ist, das stark vom traditionellen, westlichen Geschichtsbegriff abweicht.[13]

---

8 Johnson, Performing (wie Anm. 7).
9 Schechner, Richard: Between Theatre and Anthropology. Philadelphia 1985.
10 Schneider, Rebecca: Performing Remains. Art and War in Times of Theatrical Reenactment. London 2011.
11 Schneider, Performing (wie Anm. 10).
12 Siehe Schneider, Performing (wie Anm. 10); Taylor, Diana: The Archive and Repertoire. Performing Cultural Memory in Americas. Durham 2003; Taylor, Diana: Performance and/as History. In: TDR. The Drama Review 50 (2006). S. 67–86; ebenso Connerton, Paul: How Societies Remember. Cambridge 1989 (Themes in the social sciences).
13 Taylor, Performance (wie Anm. 12). Die Anthropologie widmet sich bereits seit Jahren traditionellen Formen der Geschichtsschreibung und sieht in der westlichen Historiographie nur eine von vielen Möglichkeiten, Wissen über die Vergangenheit zu generieren. Sie berücksichtigt ebenso Mythen, Rituale und Performances und zeigt, dass die Beschäftigung mit der Geschichte nicht nur auf die westliche Methodologie beschränkt ist. Siehe Palmié, Stephen u. Charles Steward: Introduction. For an anthropology of history. In: Hau. Journal of Ethnographic Theory 6 (2016). S. 207–236; Sahlins, Marshall: Islands of History. Chicago 1985; Wolf, Eric: Europe and the People without History. Berkley 2010.

Informationsträger sind nicht nur historische Quellen, sondern auch die Reenactor*innen selbst, die durch die Verkörperung historischer Persönlichkeiten die Vergangenheit performen, vergegenwärtigen und interpretieren. Das Archiv, aus dem wir unser Wissen über die Vergangenheit schöpfen, wird dadurch neu definiert – es kommen Verhalten und Gesten hinzu; die Vergangenheit steckt im Körper.[14] Durch *restored behaviors*,[15] Rituale,[16] die Annahme eines bestimmten Habitus[17] und die Darstellung von *remains* der Vergangenheit[18] werden Gedächtnis und Wissen körperlich-performativ vermittelt. Darüber hinaus spielt sich die rekonstruierte Geschichte vor unseren Augen ab, löst sich dadurch als Teil der Gegenwart aus der abgeschlossenen Vergangenheit heraus und wirkt auf die Gegenwart ein.[19] Eine derartige Vergegenwärtigung ermöglicht Neuinterpretationen, ein Abrechnen oder Abschließen mit der Vergangenheit oder auch den fortdauernden Protest gegen vergangene Kriege, Hinrichtungen oder Klassenunterschiede.[20] Die Wiedergabe und Verkörperung von Vergangenem setzt die Gesetzmäßigkeit der Zeit gewissermaßen außer Kraft, so dass sich die Vergangenheit vor unseren Augen abzuspielen scheint. Wie Schneider betont, kann eine derartige Geschichte auch eine Fiktion darstellen, bewusste Manipulationen aufweisen, um bei ihren Rezipient*innen Kritik an bestimmten historischen Ereignissen oder gesellschaftlichen Verhältnissen hervorzurufen.[21] Das im Weiteren beschriebene historische Reenactment verzichtet auf derlei Kunstgriffe. Es werden keine symbolischen Inszenierungen geschaffen, um vergangene Ungerechtigkeiten anzuprangern oder ein kritisches Nachdenken über die Vergangenheit auszulösen. In diesem Sinne ist historisches Reenactment keine subversive Kunst. Vielmehr wird die Vergangenheit entsprechend der allgemein verbreiteten

---

14 Schneider, Performing (wie Anm. 10); Taylor, The Archive (wie Anm. 12).
15 Schechner, Between Theatre (wie Anm. 9).
16 Taylor, Performance (wie Anm. 12).
17 Connerton, How Societies (wie Anm. 12).
18 Schneider, Performing (wie Anm. 10); vgl. auch Johnson, Performing (wie Anm. 7).
19 Schneider, Performing (wie Anm. 10).
20 Schneider, Performing (wie Anm. 10), S. 180 f.; siehe auch Dubisch, Jill: „Heartland of America". Memory, Motion and the (re)Construction of History on a Motorcycle Pilgrimage. In: Reframing Pilgrimage. Cultures in Motion. Hrsg. von Simon Coleman u. John Eade. London 2004 (European Association of Social Anthropologists). S. 105–134; McCalman, Iain u. Paul A. Pickering: From Realism to the Affective Turn. An Agenda. In: Historical Reenactment. From Realism to Affective Turn. Hrsg. von Iain McCalman and Paul A. Pickering. Basingstoke 2010 (Reenactment history). S. 1–17, 11; Owen, Susan A. u. Peter Ehrenhaus: The Moore's Ford Lynching Reenactment. Affective Memory and Race Trauma. In: Text and Performance Quarterly 34 (2014). S. 72–90.
21 Schneider, Performing (wie Anm. 10), S. 53.

Rekonstruktionspraxis mit historischer Genauigkeit dargestellt, um den Besucher*innen einen unvermittelten Kontakt mit ihr zu ermöglichen.

Die Reenactor*innen haben vor allem das Bedürfnis, mit einer bestimmten Zeit und konkreten Ereignissen in Kontakt zu sein. Wenngleich die mimetische Nachahmung der Vergangenheit das Grundgerüst des Reenactments zu sein scheint, wird die Vergangenheit auch bei einer unvollkommenen Darstellung greifbar und authentisch erlebbar. Die Unvollkommenheit einer Inszenierung nimmt der Rekonstruktion nicht ihre Wirkmacht. Schneider stellt bei ihrer Beschreibung eines Reenactments des Sezessionskrieges fest, dass „[...] a reenactment *both* is *and* is not the acts of the Civil War. It is *not not*[22] the Civil War. And, perhaps, through the cracks in the 'not not', something cross-temporal, something affective, and something affirmative circulates. Something is touched [Hervorhebungen R. S.]."[23]

Die Reenactor*innen erschaffen Welten, die den für sie bedeutenden Bezug zur Vergangenheit herstellen, selbst wenn sie die damalige historische Wirklichkeit nicht in Gänze wiedergeben können. Entscheidend ist der Zusammenhang mit der Vergangenheit – die Überzeugung, dass Rekonstruktion und Vergangenheit in Relation zueinander stehen. Eine derartige Beziehung gibt den Reenactor*innen das Gefühl, trotz aller Abstriche eine vergangene Zeit zu reproduzieren und diese am eigenen Leib erfahren zu können. Die historischen Ereignisse wiederum haben durch diese Verflechtung einen fortwährenden Einfluss auf die Verfasstheit unserer Gegenwart. Hergestellt wird dieser Nexus durch die Verlebendigung, durch die körperliche Nachstellung und der damit untrennbar verbundenen Performativität.

Performativität bezeichnet damit „the way historical experience, custom, and culture might be embodied by the reenactor."[24] Sie kann aber auch den Akt der performativen Vergangenheitskonstruktion beschreiben, auf den John Austin und Judith Butler verweisen, wenn bestimmtes Handeln zur Herausbildung von etwas führt: eines veränderten Zustands, von Besitz, eines Charakteristikums oder neuem Seins.[25] Die Reenactor*innen schaffen ein Vergangenheitsbild, das sich zwar qualitativ vom eigentlichen historischen Ereignis unterscheidet, aber in

---

22 Schneider bezieht sich hier auf Schechner, Between Theatre (wie Anm. 9).
23 Schneider, Performing (wie Anm. 10), S. 43.
24 Johnson, Katherine: Performance and Performativity. In: The Routledge Handbook of Reenactment Studies. Key Terms in the Field. Hrsg. von Vanessa Agnew, Jonathan Lamb u. Juliane Tomann. London 2020. S. 169–172, 169.
25 Austin, John L.: How to Do Things with Words. Oxford 1962 (The William James Lectures); Butler, Judith: Gender Trouble. Feminism and the Subversion of Identity. London 1990 (Thinking gender).

untrennbarem Zusammenhang mit ihm steht. Beide Aspekte performativen Handelns verbinden sich in der körperlichen Wiedergabe der *remains* der Vergangenheit. Zufrieden sind die Reenactor*innen, wenn die von ihnen verkörperte Geschichte wie auch dieser Zusammenhang als authentisch empfunden werden.

Praktiken der Herausbildung von Authentizität

Die Reenactor*innen handeln nach allgemein angenommenen Rekonstruktionspraktiken, entsprechend ihrer Fertigkeiten und ihres Wissens und orientieren sich auch an ihren persönlichen Bedürfnissen. Nicht alle messen der historischen Genauigkeit denselben Stellenwert bei. Einigen genügt es, wenn sie die historischen Ereignisse näherungsweise wiedergeben können und überlassen den Rest der Einbildungskraft.[26] Um zu verstehen, wie Reenactor*innen versuchen, dem Erlebten und ihrer Geschichtsdarstellung Authentizität zu verleihen, muss man die von ihnen angewendeten Praktiken näher betrachten.

Das im historischen Kontext dominierende Verständnis von Authentizität als glaubwürdige und historisch exakte Übereinstimmung mit dem Original[27] ist eng verbunden mit der Auffassung, dass eine Rekonstruktion eine treue Wiedergabe der Vergangenheit sein muss, die keinerlei Interpretationsfreiräume zulässt, wie sie etwa in der Kunst möglich sind. „Whether it should or not, the frame of 'art' excuses errors and omissions – even expects them – in ways not excused as easily for 'history'".[28] Es herrscht die Überzeugung, dass die Darstellung der Vergangenheit so getreu wie möglich sein muss und alle Abweichungen werden als Fehler gewertet. Wenn aber angenommen wird, dass eine Rekonstruktion den performativen Bezug zur Vergangenheit zum Ziel hat, dann muss der gesamte Prozess betrachtet werden, wie im Kontakt mit der wiedergegebenen Geschichte authentische Erfahrungen hervorgerufen werden.

---

26 Die unterschiedliche Haltung zur Detailtreue ist ein sehr komplexes Thema. Nicht alle wenden dieselben Rekonstruktionsmethoden an, sodass die Diskussionen darum das Gros der Rekonstruktionspraxis bestimmen. Unabhängig vom gewählten Zugang gelingt es den Reenactor*innen jedoch zumeist, einen eigenen Zugang zu authentischen Erfahrungen zu finden, auch wenn dieser oft von anderen kritisiert wird. Siehe Gapps, Mobile (wie Anm. 1); Horwitz, Tony: Confederates in the Attic. Dispatches from the Unfinished Civil War. New York 1998; Schneider, Performing (wie Anm. 10).
27 Siehe Bruner, Abraham Lincoln (wie Anm. 3); Cook, The Use (wie Anm. 3); Hart, Authentic (wie Anm. 1); Handler/Saxton, Dyssimulation (wie Anm. 1).
28 Schneider, Performing (wie Anm. 10), S. 13.

Viele Autor*innen zweifeln den analytischen Nutzen des Begriffs Authentizität an.[29] Darüber hinaus lässt sich feststellen, dass er sehr unterschiedlich definiert wird.[30] Diese Vielfalt und das Fehlen einer präzisen Definition des Forschungsgegenstandes ist bisweilen problematisch, es soll jedoch Dimitrios Theodossopoulos folgend gezeigt werden, dass dieses mannigfaltige, unterschiedliche und sich mit dem Kontext verändernde Verständnis der Kategorie Authentizität paradoxerweise zugleich die Stärke des Begriffs darstellt.[31] Eine derart verstandene Authentizität ist kein Messinstrument zur Qualitätsbewertung, sondern stellt einen Wert an sich dar, der ein starkes performatives Potenzial birgt. Um jedoch die Kategorie Authentizität zur Untersuchung einer performativ-sinnlichen Repräsentation der Vergangenheit nutzen zu können, muss zwischen ihren unterschiedlichen Ausprägungen innerhalb der Rekonstruktionspraxis differenziert werden.

Wie eingangs erwähnt, ist die hier behandelte Authentizität eine emische Kategorie. Ein derartiger Zugang ermöglicht es, die Koexistenz verschiedener Konzepte von Authentizität aufzuzeigen, die sich vermeintlich widersprechen und doch zu einer Praxis der Schaffung von Authentizität zusammenfügen. Dies bedeutet nicht, dass die Reenactor*innen immer Erfolg haben und sie mit ihrer Darstellung jedes Mal vollkommen zufrieden sind. Sie versuchen jedoch, das Authentische authentisch zu erleben. Diese pleonastische Formulierung drückt das Grundbedürfnis der Reenactor*innen aus, bedarf jedoch der Erläuterung. Sie erfasst den Zusammenhang zwischen der Authentizität des Objekts (*object authenticity*)[32] und der existenziellen Authentizität.[33] Der Begriff der Authentizität verweist nämlich sowohl auf das Original respektive seine getreue Kopie als auch auf das Gefühl, mit sich selbst im Einklang zu stehen.[34] Die komplexe Verzahnung dieser beiden modellhaften Authentizitätstypen und ihre wechselseitige Interdependenz sowie die starke Abhängigkeit vom jeweiligen Handlungskontext lassen erkennen, wie Authentizität im Reenactment hergestellt wird. Wenngleich die Reenactor*innen von der Authentizität des Objekts ausgehen und ein getreues

---

29 Reisinger, Yvette u. Carol J. Steiner: Reconceptualizing Object Authenticity. In: Annals of Tourism Research 33 (2006). S. 65–86; Steiner, Carol J. u. Yvette Reisinger: Understanding Existential Authenticity. In: Annals of Tourism Research 33 (2006). S. 299–318; Wang, Ning: Rethinking Authenticity in Tourism Experience. In: Annals of Tourism Research 26 (1999). S. 449–450.
30 Theodossopoulos, Dimitrios: Laying Claim to Authenticity. Five Anthropological Dilemmas. In: Anthropological Quarterly 86 (2013). S. 337–360.
31 Theodossopoulos, Laying (wie Anm. 30).
32 Reisinger/Steiner, Reconceptualizing (wie Anm. 29).
33 Steiner/Reisinger, Understanding (wie Anm. 29).
34 Lindholm, Charles: Culture and Authenticity. Malden 2008. S. 2.

Abbild der vergangenen Zeit zu schaffen suchen, interessiert sie vor allem das authentische Erleben der von ihnen performativ rekreierten Vergangenheit.³⁵ Nichtsdestotrotz ist ihr Wirken im Versuch begründet, eine originalgetreue und überzeugende Wiedergabe vergangener Welten zu erschaffen, wodurch sie im Gegensatz zu Walter Benjamins radikaler Auffassung stehen, dass jede Reproduktion einen Verlust an Authentizität mit sich bringe.³⁶ Authentizität ist der Reproduktion nicht immanent, sondern entsteht im Wechselspiel mit ihrem Umfeld.³⁷ Dies macht ihre Wandelbarkeit aus. Derart manifestiert sie sich im Reenactment – sie speist sich nicht nur aus der Übereinstimmung mit dem aktuellen historischen Wissensstand, sondern entsteht auch in Relation zu den gegenwärtigen Geschichtsinterpretationen und durch die Atmosphäre des Ereignisses.³⁸ Entgegen des traditionellen Verständnisses, welches Authentizität in der Replik und nicht in der Interpretation der Vergangenheit begründet sieht,³⁹ beruht sie hier nicht auf der Kopie des Originals, sondern auf der Herausbildung von Glaubwürdigkeit.⁴⁰

Obgleich Reenactor*innen gelegentlich großspurig behaupten, die Vergangenheit „zu zeigen, wie sie wirklich war", erklären sie im gleichen Atemzug, weshalb dies doch nicht in Gänze möglich ist, welche Probleme und Herausforderungen sie antreffen und wie sie diese meistern. Nur ein konstruktivistisches Verständnis von Authentizität lässt uns die Bemühungen und strategischen Entscheidungen der Reenactor*innen begreifen. Dann auch lässt sich erfassen, von welchen Ideen sie sich leiten lassen und welche Auswahlkriterien sie anlegen.⁴¹ Eine derartige Forschungsperspektive verschiebt den Schwerpunkt weg von der Bewertung des Endergebnisses als authentisch oder nicht authentisch hin zur Beobachtung des Strebens nach Authentizität.⁴²

Demnach erfolgt die Authentisierung der wiedergegebenen Geschichte nicht durch die Überprüfung des historischen Wissens der Reenactor*innen, sondern durch das Herausbilden und anschließende Durchleben der rekonstruierten Vergangenheit. Es wirkt hier eine affektive Autorität (*affective authority*), also „a

---

35 Brædder/Esmark/Kruse/Tage Nielsen/Warring, Doing (wie Anm. 1); Gapps, Mobile (wie Anm. 1).
36 Benjamin, Walter: The Work of Art in the Age of Technological Reproducibility. Cambridge 2008.
37 Lindholm, Charles: Authenticity, Anthropology, and the Sacred. In: Anthropological Quarterly 75 (2002). S. 331–338.
38 Hall, Selective (wie Anm. 1), S. 419; Radtchenko, Simulating (wie Anm. 1), S. 128.
39 Handler/Saxton, Dyssimulation (wie Anm. 1). S. 243.
40 Hall, Selective (wie Anm. 1), S. 421; siehe auch Bruner, Abraham Lincoln (wie Anm. 3).
41 Hall, Selective (wie Anm. 1).
42 Bruner, Abraham Lincoln (wie Anm. 3).

claim to genuinely knowing the past through their empathetic experience of it".⁴³ Authentizität entsteht nämlich auch daraus, dass sie individuell erlebt wird. Im historischen Reenactment soll nicht nur das Wahrgenommene authentisch sein. Es muss ebenfalls das Kriterium der existenziellen Authentizität erfüllt sein, die bisweilen sehr schwer zu greifen ist. In der wissenschaftlichen Auseinandersetzung damit wird betont, wie Authentizität im Bezug zum Objekt und die Authentizität des Erlebens zusammenhängen und erstere letztere bedingt und fördert.⁴⁴

Ein derartiges Verständnis rekurriert auf die Existenzphilosophie und bedeutet – ihre Maximen extrem vereinfachend –, mit sich selbst im Reinen, mit dem eigenen Handeln zufrieden und überzeugt zu sein, ein wertvolles Leben zu führen.⁴⁵ Auch diese Authentizität wird hier als eine emische Kategorie betrachtet, da nicht untersucht wird, ob die Reenactor*innen im Einklang mit sich selbst sind oder ob sie sich unbewusst an bestimmten Trends orientieren und die ihnen auferlegten gesellschaftlichen Rollen annehmen. Entscheidend ist, dass sie beschließen, Zeit, Energie und bisweilen auch Geld zu investieren, um etwas zu erleben, was sie als authentisch empfinden. Für die Reenactor*innen stellt die performative Vergangenheitsdarstellung eine Form der Selbstrealisierung dar.⁴⁶ Authentizität entsteht jedoch in und aus der Praxis und ist kein permanenter Zustand. Stattdessen erscheint sie bisweilen als plötzliche „Erleuchtung", die als „time warp",⁴⁷ „magic moment"⁴⁸ oder „period rush"⁴⁹ bezeichnet wurde. Manchmal ist es auch die kontinuierlich genährte Überzeugung, dass eine Rekonstruktion eben so, wie sie geschaffen wurde, auszusehen habe. Gelegentlich wird dieses Gefühl von anderen Reenactor*innen geteilt, meist ist es aber eine individuelle, ja, intime Erfahrung. Folglich ist Authentizität relativ und nicht jede*r erreicht sie auf demselben Wege. Und obwohl Reenactor*innen oft wortkarg sind und ihre Zufriedenheit nur mit einem kurzen „wow" oder „das ist es" zum

---

43 West, Brad: Historical Re-enacting and Affective Authority. Performing the American Civil War. In: Annals of Leisure Research 17 (2014). S. 161–179, 172.
44 Selwyn, Tom: Introduction. In: The Tourist Image. Myth and Mythmaking in Tourism. Hrsg. von Tom Selwyn. Chichester 1996. S. 1–32; Wang, Rethinking (wie Anm. 29).
45 Taylor, Charles: The Ethics of Authenticity. Cambridge 2003; Varga, Somogy u. Charles Guignon: Authenticity. plato.stanford.edu/archives/sum2016/entries/authenticity/ (6.12.2020).
46 Baraniecka-Olszewska, Kamila: Reko-rekonesans. praktyka autentyczności. Antropologiczne studium odtwórstwa drugiej wojny światowej w Polsce. Kęty 2018.
47 Lowenthal, David: The Past is a Foreign Country. Cambridge 2011. S. 300 f.
48 Handler/Saxton, Dyssimulation (wie Anm. 1), S. 256.
49 Dunning, Tom: Civil War Re-Enactments. Performance as a Cultural Practice. In: Australasian Journal of American Studies 21 (2002). S. 63–73, 64.

Ausdruck bringen, so sind sie sich alle einig, dass sich der Aufwand genau für diese Augenblicke lohnt.

Auf den rekreierten Schlachtfeldern gibt es keine Verletzten, keine Toten. Reenactor*innen kämpfen nicht um ihr Überleben, müssen niemanden töten oder Angst und Schmerzen ertragen. Obwohl die rekonstruierte Realität also keine exakte Kopie der Vergangenheit ist, besteht zwischen beiden eine starke Verbindung. Das Fundament dieser Beziehung ist nicht die historische Wahrheit, sondern die erarbeitete, ausgehandelte Authentizität. Die Wahrheit bleibt ein unerreichtes Ideal, was die Reenactor*innen gerne akzeptieren. Sie erleben eine regelrechte Offenbarung, wenn sie fühlen, dass „es so gewesen sein kann", aber nur sehr wenige Reenactor*innen würden auf die Bequemlichkeiten der Moderne verzichten und mit den Personen, die sie verkörpern, tauschen wollen. Die Vorstellung, die Vergangenheit bis in ihr kleinstes Detail zu durchleben, entsetzt die Reenactor*innen, so dass es geradezu eine Erleichterung für sie ist, dass sie ihnen teilweise verschlossen bleibt. Dennoch bemühen sie sich um eine authentische Vergangenheitsdarstellung und echte Empfindungen, da sie überzeugt sind, dass die Verbundenheit zwischen damals und heute real ist.

Diese Realität ist jedoch nicht leicht herzustellen. Zweifelsohne ist die Übereinstimmung mit historischen Quellen ein Erfolgsgarant, aber bereits über die Detailtreue gehen die Meinungen der Reenactor*innen auseinander. Ein Teil von ihnen akzeptiert gewisse Anachronismen und Zugeständnisse. Andere wiederum streben eine vollkommene Übereinstimmung mit den historischen Quellen an. Der Erfolg ist folglich relativ. Einen entscheidenden Einfluss haben die individuelle Einstellung, die Fähigkeit der einzelnen Reenactmentgruppen zusammenzuarbeiten, die lokalpolitischen Rahmenbedingungen und die finanzielle Situation. Die Authentizität der historischen Reenactments basiert auf Übereinkünften und symbolhaften Lösungen. Wenn es den Reenactor*innen aber gelingt, in der Repräsentation einzufangen, was sie als Quintessenz der dargestellten Vergangenheit ansehen, dann sind alle ihre Authentizitätskriterien erfüllt.[50] Wenn man sie in ihrem Handeln beobachtet, erkennt man, dass sie eine wortwörtliche Schauspielerei betreiben, mit der sie die Unvollkommenheiten ihrer Rekonstruktion zu maskieren versuchen. Allerdings ist es eine sehr bewusste und zugleich sehr spezifische Maskerade, auf der die Konstruktion von Authentizität beruht und die sie kontinuierlich zu meistern versuchen.[51]

Es ist ein komplexer Vorgang, der viele einzelne Handlungsvorgänge, Emotionen und Erfahrungen umfasst: vom Recherchieren von Quellen zur

---

50 Reisinger/Steiner, Reconceptualizing (wie Anm. 29), S. 74.
51 Lindholm, Authenticity (wie Anm. 37), S. 337.

ausgesuchten historischen Epoche, ihrer Interpretation, der Anwendung des überlieferten Wissens bei der Zusammenstellung der Kleidung und Gegenstände der zu verkörpernden Figur bis hin zum Einüben, wie man sich in der historischen Kleidung und Ausrüstung zu bewegen hat, dem Erlernen der für diese Figur spezifischen Fertigkeiten und schließlich der Verkörperung des bestimmten Vergangenheitsfragments mit den übrigen Reenactor*innen. Wie im Folgenden am Reenactment *Łabiszyner Begegnungen mit der Geschichte* aufgezeigt wird, hängt der Erfolg nicht nur von der Praxis der Vergangenheitsrekonstruktion ab, sondern auch davon, ob sich die Reenactor*innen an dem jeweiligen Ort wohl fühlen, ob sie emotional angesprochen werden und ob sie selbst zufrieden sind. Authentizität entsteht also nicht automatisch aus der Summe der Handlungen. Es ist ein Suchen nach diesem relativen Wert, der von vielen, über die Rekonstruktion hinausgehenden Variablen bestimmt wird.

Die Atmosphäre des Ereignisses

Authentizität ist ephemer und bedarf günstiger Umstände, um hervorgerufen zu werden. Daher ist für die Reenactor*innen die Atmosphäre, in der sie die Vergangenheit inszenieren, von großer Bedeutung.[52] Ihre Bemühungen um eine authentische Vergangenheitsdarstellung und um Zufriedenheit mit der Rekonstruktion umfassen nicht nur das Moment der Geschichtsverkörperung, sondern auch die Schaffung passender Rahmenbedingungen und einer entsprechenden Umgebung. Das Reenactment *Łabiszyner Begegnungen mit der Geschichte* wird jährlich seit 2012 im zentralpolnischen Städtchen Łabiszyn organisiert und ist ein gutes Beispiel, um die Konstruktion von Authentizität in der Praxis zu beobachten. Ich habe, selbst nicht verkleidet, die Reenactor*innen während der gesamten Veranstaltung eng begleitet und mit ihnen die Unterkunft geteilt. Dadurch konnte ich auch Programmpunkte besuchen, die unter Ausschluss des Publikums stattfanden, sowie während und nach der Veranstaltung Interviews führen.

Die *Łabiszyner Begegnungen mit der Geschichte* sind Reenactments einzelner Schlachten des Zweiten Weltkriegs, an denen Einheiten der Polnischen Streitkräfte an der Westfront beteiligt waren. Je nach Schwerpunktthema wird der Fokus auf ein anderes historisches Gefecht in Frankreich, Deutschland, Italien oder den Niederlanden gelegt. Im Folgenden werden die *Begegnungen* von 2019

---

[52] Daugbjerg, Mads: Patchworking the Past. Materiality, Touch and the Assembling of „Experience" in American Civil War Re-enactment. In: International Journal of Heritage Studies 20 (2014). S. 724–741, 728; Gapps, Mobile (wie Anm. 1), S. 402; Magelssen, Scott: Living History Museums and the Construction of the Real through Performance. In: Theatre Survey 1 (2004). S. 61–74, 68.

dargestellt, die unter dem Titel *Helden der Normandie* der Operation Overlord von 1944 gewidmet waren. Die *Begegnungen* dauerten vier Tage (vom Nachmittag des Fronleichnamsdonnerstags bis zum Sonntag), wobei der erste Tag den Reenactor*innen reserviert war und Publikum erst ab Freitag zugelassen wurde. Bis auf eine Gruppe aus Frankreich, die mehrere Jahre in Folge beteiligt war, stammten die Reenactor*innen aus Polen.

Die *Łabiszyner Begegnungen mit der Geschichte* sind unter Reenactor*innen sehr beliebt. Betont wird die Atmosphäre, die während der Veranstaltung vorherrscht. Diese erleichtere es, sich in die Ereignisse hineinzuversetzen, obwohl Łabiszyn kein Originalschauplatz der dort rekonstruierten Schlachten ist. Zur besonderen Atmosphäre tragen die Reenactor*innen selbst wie auch die Stadtverwaltung bei, die darum bemüht ist, das Städtchen während der Veranstaltung in die Zeiten des Zweiten Weltkrieges zurückzuversetzen. 2019 beteiligten sich die Bewohner*innen aktiv daran, das Stadtzentrum in ein normannisches Städtchen zu verwandeln. Ein Teil von ihnen, darunter der Bürgermeister, war während der vier Tage im Stil der 1940er Jahre gekleidet und rund um die Veranstaltungsorte im historischen Stadtkern wurden die Werbetafeln der Läden und Geschäfte mit historischen Schildern meist in französischer Sprache verhängt, so dass man ein *Café* besuchen, in einem Restaurant *savoureux et sain* essen oder, wenn notwendig, den *dentiste* aufsuchen konnte. Der Asphalt auf dem Marktplatz wurde mit Sand und Kies bedeckt, um Łabiszyn zumindest ansatzweise einer der französischen Städte anzugleichen, in denen polnische Einheiten an der Seite der Alliierten gegen die Wehrmacht gekämpft hatten. All diese Bemühungen wurden von den Reenactor*innen sehr positiv und als Wertschätzung ihrer Arbeit aufgenommen. Dabei beschränkten sie sich nicht nur auf den Marktplatz: Auch die alte Mühle, die jedes Jahr gerne als Veranstaltungsort genutzt wird, wurde zur *Entreprise de meunerie de la famille Grapentier fondée en 1905*, in der die Wehrmacht ihr Feldlazarett einrichtete. Rund um die Mühle wurden im Rahmen der Rekonstruktion *Dives Linie* die Kämpfe vom Sommer 1944 am Fluss Dives nachgestellt. Das Gelände ist bei den Reenactor*innen sehr beliebt, da die Besitzer*innen ihnen erlauben, sich über das gesamte Gelände zu verteilen und im Kampf Scheiben auszuschlagen (jedes Jahr andere, um sie so sukzessive austauschen zu können). Dadurch können ganz andere Kämpfe nachgestellt werden als die üblichen, die sich auf offenem Feld abspielen. Die Reenactor*innen betrachten die Vorstellung von derlei Finessen als förderlich für die Herausbildung von Authentizität, da ein differenzierteres Bild der Vergangenheit es ermögliche, sie besser kennenzulernen.

Während der gesamten *Łabiszyner Begegnungen mit der Geschichte* beherbergte die Mühle den Generalstab und die Kanzlei der deutschen Streitkräfte. Einerseits wurde den Besucher*innen ein detailliertes Diorama präsentiert – sie konnten die Einrichtung von Büroräumen im Zweiten Weltkrieg, das Telekommunikationssystem und Landkarten (oder ihre Repliken) betrachten, sehen, wie auf diesen die jeweiligen Gefechte geplant wurden und erfahren, wie die Befehlserteilung und -weitergabe erfolgte. Andererseits war die Mühle auch der Ort, an dem die Reenactor*innen, welche die deutschen Einheiten darstellten, einen Vergangenheitsausschnitt ausschließlich für sich rekonstruierten: hier besprachen sie ihre Inszenierung, planten ihre Angriffe und tauschten sich über ihre Erfahrungen aus. Eine derartige Praxis ermöglicht es, die Vergangenheitsrekonstruktion über das eigentliche Reenactment zu erweitern und Authentizität zu generieren.

Eine vergleichbare Anstrengung wurde unternommen, um den Reenactor*innen den Raum zu geben, sich über ihre Zweifel austauschen können, wie eine bestimmte historische Persönlichkeit oder Einheit darzustellen sei, aber auch um sich für die Genauigkeit loben zu lassen, mit der sie ihre Uniformen oder anderen Kleidungsstücke angefertigt haben. Neben der Mühle befand sich ein eigens für die Veranstaltung eröffnetes Café, in dem die Reenactor*innen sich unabhängig von der verkörperten Armee bei einem Tee oder Bier unterhalten und mit Menschen austauschen konnten, die ihre Interessen teilen. Es ist nicht nur der Austausch über die Geschichte, sondern auch diese Atmosphäre der Akzeptanz für ihr Hobby, die den Reenactor*innen authentische Erlebnisse ermöglicht und sie harmonisch an ihrer Herausbildung arbeiten lässt.

Auch die Grundschule wurde als Kaserne sowie als Hauptquartier „militarisiert", da in ihr alle Teilnehmenden sowie das Veranstaltungsbüro untergebracht waren. Die beiden Bezeichnungen dominierten während der gesamten Veranstaltung: Nach der Schlacht kehrten die Reenactor*innen „in die Kaserne" zurück, der Parkplatz befand sich „neben der Kaserne" und Pressevertreter*innen holten sich ihre Pässe „im Hauptquartier" ab. Die einzelnen Reenactmentgruppen schufen sich in der Turnhalle oder in einem der Klassenräume ihr Laboratorium der Authentizität. Es wurden Feldbetten und verschiedene historische Einrichtungsgegenstände aufgestellt sowie Uniformen aufgehängt, wodurch sich schnell der den Reenactor*innen wohlig-vertraute Geruch von verschwitzter Wolle verbreitete. Frauen und Männer waren während der Veranstaltung gemeinsam untergebracht, tauschten sich über ihre Erlebnisse und Erinnerungen an frühere Reenactments aus, achteten auf die Vorschriftsmäßigkeit ihrer Uniformen, halfen sich gegenseitig bei Verschlüssen, Gürteln und Trägern, dem Festschnallen von Ausrüstungselementen, dem Glattziehen von Kragen und Schulterklappen und dem korrekten Aufsetzen der Feldmütze. Dieser sinnlich-körperliche Umgang mit der Geschichte ist grundlegend, um einen Bezug zur Vergangenheit herzustellen.[53] Er geht über das Nachstellen von Schlachten hinaus und umfasst auch die kleinen Handgriffe, die das Aussehen der Reenactor*innen authentischer machen und den Dingen – der Kleidung, den Waffen und den Alltagsgegenständen – ihren angemessenen Ort im Geschehen zuweisen.

Die Reenactor*innen konnten auch außerhalb der inszenierten Kampfhandlungen – für sich selbst – die Vergangenheit erleben, indem sie gemeinsam Zeit verbrachten, Mahlzeiten einnahmen und dabei Gegenstände aus der rekonstruierten Epoche nutzten. Auch wenn sie nicht in Gänze auf moderne Objekte verzichteten, herrschte während der gesamten Veranstaltung die ungeschriebene Übereinkunft, möglichst nur historische beziehungsweise historisierende Gegenstände zu benutzen. Derart verwandelten sich die Klassenräume und die Turnhalle in einen Ort authentischen Kasernenlebens. Die Reenactor*innen putzten ihre rekonstruierten Waffen und Stiefel, besserten ihre Uniformen aus und tauschten untereinander Teile ihrer Uniformierung aus. Die Frauen kämmten und schminkten sich der Mode der 1940er Jahre entsprechend und die Männer rasierten sich mit Rasiermessern.

Die *Łabiszyner Begegnungen mit der Geschichte* gaben ihnen die Möglichkeit, ihre Bemühungen in der Öffentlichkeit zu präsentieren. Über mehrere Tage hinweg konnten sie sich in historischer Kleidung aus der Zeit des Zweiten Weltkriegs durch die Stadt bewegen,[54] sodass das Stadtbild von Uniformierten und (vor allem) Frauen in entsprechender Zivilkleidung geprägt war. Sie konnten uniformiert ein Café besuchen, tanzen oder ein Bier trinken gehen. Indem sie mehrere Tage in historischer Kleidung verbrachten und in Kontakt mit hunderten ebenso gekleideten Personen waren, die alle auf historische Detailtreue achteten, entstand eine Atmosphäre, die auf die Reenactor*innen stark anspornend wirkte und die ihnen

---

53 Johnson, Performing (wie Anm. 7); Schneider, Performing (wie Anm. 10).
54 Dazu entschieden sich auch einige der Reenactmentgruppen, die Einheiten der Wehrmacht darstellten, obwohl dies in Polen scharf diskutiert wird und viele Organisatoren es verbieten, außerhalb des Veranstaltungsgeländes Wehrmachts- oder SS-Uniformen zu tragen. In Łabiszyn herrscht jedoch die stille Übereinkunft, dass die gesamte Stadt als Veranstaltungsort behandelt wird. Siehe Baraniecka-Olszewska, Kamila: Shifting Symbolic Boundaries. Reenacting Nazi Troops in Contemporary Poland. In: Contextualizing Changes. Migrations, Shifting Borders and New Identities in Eastern Europe. Hrsg. von Petko Hristov, Anelia Kasbova, Evgenia Troeva u. Dagnosław Demski. Sofia 2015. S. 62–71; Baraniecka-Olszewska, Kamila: Historical Reenactment in Photography. Familiarizing with the Otherness of the Past? In: The Multi-Mediatized Other. The Construction of Reality in East-Central Europe, 1945–1980. Hrsg. von Dagnosław Demski, Anelia Kassabova, Ildikó Sz. Kristóf, Liisi Laineste u. Kamila Baraniecka-Olszewska. Budapest 2017. S. 590–614.

zugleich viel Freude bereitete. Es sind derartige Ereignisse, die es den Reenactor*innen erlauben, einen authentischen Bezug zur Vergangenheit herzustellen.

Verkörperung von Geschichte

Viele Teilnehmer*innen erwähnten während der Gespräche einen nächtlichen Wettbewerb, zu dem sie von den Organisator*innen (ebenfalls Reenactor*innen) in mehrere rivalisierende Gruppen aufgeteilt und an einen ihnen unbekannten Ort in der Umgebung gebracht wurden. Ihre Aufgabe war es, als erste einen bestimmten Punkt auf der Landkarte zu erreichen, wobei sie auf die (gegnerischen) Gruppen achten mussten und sich nur mithilfe der Gegenstände und Kommunikations- und Aufklärungstechniken durch das Gelände fortbewegen durften, die die von ihnen dargestellte Einheit besessen hatte. Nicht alle Reenactor*innen nahmen an diesem Wettbewerb teil. Auf diejenigen aber, die sich entschieden hatten, ihre Fertigkeiten zu testen, hinterließ das Ereignis einen bleibenden Eindruck. Sie konnten die Vergangenheit verkörpern, in dem sie ihr Wissen in der Praxis anwendeten. Sie erfuhren, was ihre historische Ausstattung leisten konnte, welche Möglichkeiten die Soldaten damals in einer vergleichbaren Situation gehabt hatten. Viele Teilnehmer*innen beschrieben es als eine sehr eindrückliche, authentische Erfahrung, die zum Teil auch in ihrer früheren Vorbereitungsarbeit, Übungen, Drill und Recherchen zur rekonstruierten Einheit begründet lag. Die Notwendigkeit, sich in voller Montur, drückenden Stiefeln und inmitten von Mücken und durchdringender Nässe durch Wälder, Bäche und Morast zu schlagen, ließ sie ihr Handeln als authentisch empfinden.

In den folgenden Tagen erzählten sie, wie sie mit den Waffen zwischen den Ästen hängen geblieben waren, wie sie plötzlich ohne Licht dastanden, eine gegnerische Gruppe sie überholt und sie eine andere überrascht hatten, wer wen angegriffen, wer seine Position verraten und wer einen kühlen Kopf bewahrt hatte. Sie zeigten sich die eingerissenen Jacken, zerkratzten Helme, Löcher in den Stiefeln, aus denen sie die Nägel verloren hatten, durch die nasse Uniform aufgeriebene Stellen, Kratzer von Ästen sowie Schwielen und blaue Flecken von falsch angelegten Waffengurten und drückenden Helmen. Derart „Erlittenes" gibt den Reenactor*innen das Gefühl, sich der Vergangenheit anzunähern.[55] Durch ihre Körper bekommen sie ein Gefühl für die Vergangenheit und erfahren gleichzeitig, wie die Uniform und Kampfausstattung ihre Bewegungsfreiheit

---

55 Agnew, Vanessa: Introduction. What is Reenactment? In: Criticism 46 (2004). S. 327–339, 331.

einschränken.⁵⁶ Jede dieser Entdeckungen stärkte das Gefühl der Authentizität und brachte ihnen die Anerkennung ihrer Kollegen*innen ein. Durch den nächtlichen Wettbewerb konnten sie feststellen, wie geschickt sie sich mit der historischen Ausstattung fortbewegen können und wie sie in einer vergleichbaren Situation zurechtgekommen wären, wenn sie in einer anderen Zeit spontan auf eine unvorhergesehene Entwicklung von Ereignissen hätten reagieren müssen. Obwohl sie wussten, dass ihr Leben nicht ernsthaft in Gefahr gewesen war und sie im Wald auf keinen tatsächlichen Feind treffen würden, war es diese individuelle Auseinandersetzung mit den historischen Gegebenheiten, die der Rekonstruktionspraxis ihren Sinn verlieh.⁵⁷ In solchen Momenten vertrauen die Reenactor*innen auf ihre Körper, darauf, dass es ihnen gelingt, einen *period rush* am eigenen Leib zu erfahren.

Eine etwas andere Erfahrung stellten die Reenactments konkreter historischer Gefechte dar. Neben der erwähnten, in ihrem Umfang kleineren Rekonstruktion der Gefechte an der Dives wurden in Łabiszyn 2019 unter den Titeln *Carentans Vorgelände*, *Operation Totalize* und *Richtung Falaise* auch drei größere Schlachten nachgestellt, die im Sommer 1944 in der Normandie stattgefunden hatten. Im Vergleich mit anderen polnischen Reenactments des Zweiten Weltkrieges haben die *Łabiszyner Begegnungen* ein recht großes Budget. Dies ermöglicht es, den Besucher*innen eine spektakuläre Show zu bieten und lässt die Reenactmentgruppen auf ein vergleichsweise authentisches Erlebnis auf dem Schlachtfeld hoffen. Das Budget ist so umfangreich, dass Schusswaffen für alle beteiligten Reenactor*innen ausgeliehen und genügend Platzpatronen eingekauft werden können. Dadurch muss keiner das Schießen simulieren, die Luft ist vom Schießpulvergeruch erfüllt, was ein körperliches Eintauchen in die Rekonstruktion erleichtert. Darüber hinaus werden Panzer, schwere Geschütze, Tanketten und Flugzeuge ausgeliehen. Wenngleich eher in symbolischer Zahl auf dem Schlachtfeld verteilt, erlauben sie es doch, die Kräfteverteilung, die Aufstellung der Streitkräfte, Stoßrichtung der Panzer, Position der Flugabwehr und der Panzerabwehrkanonen während der jeweiligen Gefechte anzuzeigen. Die Reenactor*innen können so das Verhalten nachempfinden, von dem sie in Fachliteratur, Memoiren und Befehlsprotokollen gelesen haben. Wie hat die Infanterie sich hinter Panzern versteckt? Wie konnte man während des Gefechts aus einem Carrier springen, ohne direkt erschossen zu werden? Wie viel Schutz bot ein auf

---

56 Johnson, Katherine M.: Rethinking (re)doing. Historical Re-enactment and/as Historiography. In: Rethinking History. The Journal of Theory and Practice 19 (2015). S. 193–206, 198–200.
57 Siehe Baraniecka-Olszewska, Reko-rekonesans (wie Anm. 46), S. 180; De Groot, Consuming (wie Anm. 1), S. 109; Thompson, Jenny: War Games. Inside the World of 20th Century War Reenactors. Washington 2004. S. 153.

dem Schlachtfeld zurückgelassener Willys-Jeep? Schließlich werden auch Pyrotechniker*innen beauftragt, um die inszenierten Truppenbewegungen von Bombardements, Artilleriebeschüssen, Bränden und Explosionen begleiten zu lassen.

Diese Makroebene der Inszenierung – die Flugmanöver (von neuen Flugzeugmodellen mit Kennzeichnungen aus dem Zweiten Weltkrieg), professionelle und abwechslungsreiche Pyrotechnik, Explosionen, Einschläge, das Aufblitzen und der Rauch des Artilleriefeuers, dröhnende Panzermotoren und das Aufeinandertreffen der gegnerischen Rekonstruktionsgruppen – vermittelt den Besucher*innen lediglich einen allgemeinen Eindruck, wie die Schlacht ausgesehen haben könnte. Der beißende Rauch, Brandgeruch, Krach und aufwirbelndes Erdreich lassen das wahre Kriegschaos nur erahnen. Dennoch kann eine gute Inszenierung die Logik einer Schlacht, die Gründe für ein Manöver und die aufeinanderfolgenden Truppenbewegungen zeigen und den Betrachter*innen so ein grobes Schema der Ereignisse präsentieren. Die Reenactor*innen wiederum sind zufrieden, dass es ihnen gelungen ist, ein weiteres Szenario umzusetzen, einzelne Elemente entsprechend zusammenzufügen und auf eine Ereignisabfolge richtig zu reagieren, um eine mit dem historischen Vorbild übereinstimmende Schlacht zu inszenieren (was nicht immer so offensichtlich ist).

Die Mikroebene dieses historischen Reenactments bleibt den Betrachter*innen verschlossen und allein den Reenactor*innen und ihrem Streben nach einer authentischen Erfahrung vorbehalten. Vor der Schlacht werden die einzelnen beteiligten Einheiten ermittelt, ihre Uniformen nachempfunden und überprüft, welche Ausstattung ihre Sanitäter*innen oder Meldegänger*innen besaßen. Berücksichtigt wird ebenfalls der Termin der rekonstruierten Schlacht, um zu ermitteln, ob die Reenactors frisch rasiert sein sollten, da die dargestellte Truppe erst zur Front verlegt worden war, oder ob sie sich einen Dreitagebart wachsen lassen sollten, da die Kämpfe mehrere Tage andauerten und es keine Zeit gab, sich um Aussehen und persönliche Hygiene zu kümmern. Der Körper muss darauf vorbereitet sein, einen konkreten Ausschnitt der Vergangenheit darzustellen. Gewissenhaftigkeit ist hierbei unbedingt notwendig, anderenfalls wird die gesamte Rekonstruktion von den Reenactor*innen schlechter bewertet. Wenn etwa aufeinanderfolgende Gefechtstage dargestellt werden, wird die Uniform nicht immer vollständig sein und manch einer wird mit einer Beutewaffe, also einer dem Feind abgenommenen Waffe, kämpfen. Noch während man das Szenario liest, werden derlei Details bereits abgestimmt.

Von Bedeutung sind auch die individuellen Fertigkeiten der Reenactor*innen. Die Rekonstruktion eines Gefechts ist zugleich ein Test, ob sie Schusshaltungen richtig einnehmen und sich mit den Mitstreiter*innen mittels Signalen verständigen können. Es zeigt sich, ob diejenigen, die Sanitäter*innen spielen, wissen, wie man Verwundete richtig vom Schlachtfeld trägt und verarztet. Die

Schlachtszenarien sind sehr allgemein, so dass die Reenactor*innen für die Ausarbeitung der Details zuständig sind und hierzu Regeln, Drill und das Verhalten auf dem Schlachtfeld kennen müssen. Ihre Verkörperung der Vergangenheit beruht lediglich auf bruchstückhaften Informationen wie etwa dem Hinweis auf die Richtung, aus der die feindlichen Einheiten angriffen, der Gefechtsablauf, die Truppenstärke oder die Ausstattung der jeweiligen Divisionen. Alles Weitere hängt vom Verhalten der einzelnen Reenactor*innen, der Reaktionen aufeinander und ihrer Ausübung von *restored behaviors* ab, die sie durch ihre rekonstruktorische Praxis vermitteln. Die Geschichte zeigt sich in der Verkörperung der Vergangenheit und leitet sich aus den Fähigkeiten und Erfahrungen der Reenactor*innen ab.

Zusammenfassung

Solange Authentizität im historischen Reenactment aus etischer Perspektive beurteilt wird, wird mit ihr gemessen, ob Rekonstruktionen als valide geschichtswissenschaftliche Methoden zu betrachten seien. Eine solche von außen getroffene Beurteilung der Kongruenz kann jedoch nur negativ ausfallen und historisches Reenactment als amateurhaften und unvollkommenen Versuch der Geschichtsdarstellung abtun. Ohne eine emische Perspektive auf Authentizität ist eine wissenschaftliche Beschäftigung mit historischem Reenactment hinfällig, da sie auf die Frage, inwiefern eine Kopie exakt ist, beschränkt bleibt. Erst wenn die Rekonstruktionspraxis von innen heraus betrachtet wird, können diese „mangelhaften" Darstellungen vergangener Zeiten als authentische Vergangenheitserfahrungen verstanden werden. Ein emisches Verständnis von Authentizität löst die binäre Perspektive (authentisch – nicht authentisch) auf und ermöglicht, die Vielfalt der Herausbildungen von Authentizität in den Blick zu nehmen. Auch wenn sie in ihren jeweiligen Kontexten unvollkommen sind, werden sie als authentisch begriffen und generieren authentische Erfahrungen. Indem die Perspektive der Beteiligten eingenommen wird, kann außerdem existenzielle Authentizität einbezogen werden, die zwar nichts über die Korrektheit der Geschichtsdarstellung aussagt, wohl aber über die Motivation der Reenactor*innen, Geschichte zu verlebendigen. Denn wenn die Beteiligten ihr Handeln als sinnvoll wahrnehmen, steigert dies die Qualität der Vergangenheitsdarstellung. Je größer ihr Engagement ist, desto stärker werden die Wirkkraft der Inszenierung, intensiver die hervorgerufenen Ermotionen und sorgfältiger die Arbeit an den Details.

Eine sinnlich-performativ wiedergegebene Vergangenheit hat eine vollkommen andere Wirkung als eine schriftliche Geschichtsdarstellung. Obwohl beides

Medien der Wissensvermittlung über die Vergangenheit sind, besteht keine Analogie zwischen ihnen. Bestimmtes Wissen wird nur durch den Körper vermittelt, es lässt sich in keinen Text fassen und entzieht sich diskursiver Erkenntnis.[58] Mehr noch: der Körper gibt der Vergangenheit eine gegenwärtige Präsenz und Lebendigkeit. Durch ihre Performanz dauert die Vergangenheit an und beeinflusst die Gegenwart – nicht als Repräsentation oder als Simulacrum der Vergangenheit, sondern als gelebter Bezug zu den vergangenen Ereignissen.[59] Die Rekonstruktion ist folglich keine getreue Kopie, sondern steht in einem derart starken Zusammenhang mit ihrem Vorbild, dass die Reenactor*innen sie als authentisch wahrnehmen und erleben. Diese Verbindung zwischen der verkörperten und der eigentlichen Vergangenheit ist das oberste Ziel der Rekonstruktionspraxis. Bisweilen werden dafür Vereinfachungen, Auslassungen oder symbolhafte Lösungen in Kauf genommen, nie aber wird diese Verbindung aufgebrochen.

Übersetzung: Maria Albers

Literaturverzeichnis

Agnew, Vanessa u. Juliane Tomann: Authenticity. In: The Routledge Handbook of Reenactment Studies. Key Terms in the Field. Hrsg. von Vanessa Agnew, Jonathan Lamb u. Juliane Tomann. London 2020. S. 20–24.

Agnew, Vanessa: Introduction. What is Reenactment? In: Criticism 46 (2004). S. 327–339.

Austin, John L.: How to Do Things with Words. Oxford 1962 (The William James Lectures).

Baraniecka-Olszewska, Kamila: Reko-rekonesans. praktyka autentyczności. Antropologiczne studium odtwórstwa drugiej wojny światowej w Polsce. Kęty 2018.

Baraniecka-Olszewska, Kamila: Historical Reenactment in Photography. Familiarizing with the Otherness of the Past? In: The Multi-Mediatized Other. The Construction of Reality in East-Central Europe, 1945–1980. Hrsg. von Dagnosław Demski, Anelia Kassabova, Ildikó Sz. Kristóf, Liisi Laineste u. Kamila Baraniecka-Olszewska. Budapest 2017. S. 590–614.

Baraniecka-Olszewska, Kamila: Shifting Symbolic Boundaries. Reenacting Nazi Troops in Contemporary Poland. In: Contextualizing Changes. Migrations, Shifting Borders and New Identities in Eastern Europe. Hrsg. von Petko Hristov, Anelia Kasbova, Evgenia Troeva u. Dagnosław Demski. Sofia 2015. S. 62–71.

Benjamin, Walter: The Work of Art in the Age of Technological Reproducibility. Cambridge 2008.

Brædder, Anne, Kim Esmark, Tove Kruse, Carsten Tage Nielsen u. Anette Warring: Doing Pasts. Authenticity from the Reenactors' Perspective. In: Rethinking History. The Journal of Theory and Practice 21 (2017). S. 171–192.

Bruner, Edward: Abraham Lincoln as Authentic Reproduction. A Critique of Postmodernism. In: American Anthropologist 96 (1994). S. 397–415.

---

58 Taylor, Performance (wie Anm. 12).
59 Schneider, Performing (wie Anm. 10).

Butler, Judith: Gender Trouble. Feminism and the Subversion of Identity. London 1990 (Thinking gender).
Connerton, Paul: How Societies Remember. Cambridge 1989 (Themes in the social sciences).
Cook, Alexander: The Use and Abuse of Historical Reenactment. Thoughts on Recent Trends in Public History. In: Criticism 46 (2004). S. 487–496.
Daugbjerg, Mads: Patchworking the Past. Materiality, Touch and the Assembling of „Experience" in American Civil War Re-enactment. In: International Journal of Heritage Studies 20 (2014). S. 724–741.
Decker, Stephanie K.: Being Period. An Examination of Bridging Discourse in a Historical Reenactment Group. In: Journal of Contemporary Ethnography 38 (2010). S. 273–296.
De Groot, Jerome: Consuming History. Historians and Heritage in Contemporary Popular Culture. London 2009.
Dubisch, Jill: „Heartland of America". Memory, Motion and the (re)Construction of History on a Motorcycle Pilgrimage. In: Reframing Pilgrimage. Cultures in Motion. Hrsg. von Simon Coleman u. John Eade. London 2004 (European Association of Social Anthropologists). S. 105–134.
Dunning, Tom: Civil War Re-Enactments. Performance as a Cultural Practice. In: Australasian Journal of American Studies 21 (2002). S. 63–73.
Gapps, Stephen: Mobile Monuments. A View of Historical Reenactment and Authenticity from inside the Costume Cupboard of History. In: Rethinking History. The Journal of Theory and Practice 13 (2009). S. 395–409.
Hall, Gregory: Selective Authenticity. Civil War Reenactors and Credible Reenactments. In: Journal of Historical Sociology 29 (2015). S. 413–436.
Handler, Richard u. William Saxton: Dyssimulation. Reflexivity, Narrative, and the Quest for Authenticity in „Living History". In: Cultural Anthropology 3 (1988). S. 242–260.
Hart, Lain: Authentic Recreation. Living History and Leisure. In: Museum and Society 5 (2007). S. 103–124.
Horwitz, Tony: Confederates in the Attic. Dispatches from the Unfinished Civil War. New York 1998.
Johnson, Katherine: Performance and Performativity. In: The Routledge Handbook of Reenactment Studies. Key Terms in the Field. Hrsg. von Vanessa Agnew, Jonathan Lamb u. Juliane Tomann. London 2020. S. 169–172.
Johnson, Katherine: Performing Past for Present Purposes. Reenactment as Embodied, Performative History. In: History, Memory, Performance. Hrsg. von David Dean, Yana Meerzon u. Kathryn Prince. New York 2015 (Studies in international performance). S. 36–52.
Johnson, Katherine M.: Rethinking (re)doing. Historical Re-enactment and/as Historiography. In: Rethinking History. The Journal of Theory and Practice 19 (2015). S. 193–206.
Lindholm, Charles: Culture and Authenticity. Malden 2008.
Lindholm, Charles: Authenticity, Anthropology, and the Sacred. In: Anthropological Quarterly 75 (2002). S. 331–338.
Lowenthal, David: The Past is a Foreign Country. Cambridge 2011.
Magelssen, Scott: Living History Museums and the Construction of the Real through Performance. In: Theatre Survey 1 (2004). S. 61–74.

McCalman, Iain u. Paul A. Pickering: From Realism to the Affective Turn. An Agenda. In: Historical Reenactment. From Realism to Affective Turn. Hrsg. von Iain McCalman and Paul A. Pickering. Basingstoke 2010 (Reenactement history). S. 1–17.

Owen, Susan A. u. Peter Ehrenhaus: The Moore's Ford Lynching Reenactment. Affective Memory and Race Trauma. In: Text and Performance Quarterly 34 (2014). S. 72–90.

Palmié, Stephen u. Charles Steward: Introduction. For an anthropology of history. In: Hau. Journal of Ethnographic Theory 6 (2016). S. 207–236.

Radtchenko, Daria: Simulating the Past. Reenactment and the Quest for Truth in Russia. In: Rethinking History. The Journal of Theory and Practice 10 (2006). S. 127–148.

Reisinger, Yvette u. Carol J. Steiner: Reconceptualizing Object Authenticity. In: Annals of Tourism Research 33 (2006). S. 65–86.

Sahlins, Marshall: Islands of History. Chicago 1985.

Schechner, Richard: Between Theatre and Anthropology. Philadelphia 1985.

Schneider, Rebecca: Performing Remains. Art and War in Times of Theatrical Reenactment. London 2011.

Selwyn, Tom: Introduction. In: The Tourist Image. Myth and Mythmaking in Tourism. Hrsg. von Tom Selwyn. Chichester 1996. S. 1–32.

Steiner, Carol J. u. Yvette Reisinger: Understanding Existential Authenticity. In: Annals of Tourism Research 33 (2006). S. 299–318.

Taylor, Charles: The Ethics of Authenticity. Cambridge 2003.

Taylor, Diana: Performance and/as History. In: TDR. The Drama Review 50 (2006). S. 67–86.

Taylor, Diana: The Archive and Repertoire. Performing Cultural Memory in Americas. Durham 2003.

Theodossopoulos, Dimitrios: Laying Claim to Authenticity. Five Anthropological Dilemmas. In: Anthropological Quarterly 86 (2013). S. 337–360.

Thompson, Jenny: War Games. Inside the World of 20th Century War Reenactors. Washington 2004.

Varga, Somogy u. Charles Guignon: Authenticity. plato.stanford.edu/archives/sum2016/entries/authenticity/ (6.12.2020).

Wang, Ning: Rethinking Authenticity in Tourism Experience. In: Annals of Tourism Research 26 (1999). S. 449–450.

West, Brad: Historical Re-enacting and Affective Authority. Performing the American Civil War. In: Annals of Leisure Research 17 (2014). S. 161–179.

Wolf, Eric: Europe and the People without History. Berkley 2010.

Juliane Tomann
Nur Männer spielen Krieg?
Frauen im *Revolutionary War*-Reenactment in den USA

Der Aspekt der Performativität von Geschlechtsidentität gehört spätestens seit Judith Butlers *Gender Trouble* zum Standard, wenn Fragen der körperlichen Repräsentation von Identität in den Blick genommen werden. Performativität und die damit verbundene Frage nach der Entstehung von Bedeutung sind auch für historisches Reenactment grundlegend: Wie eignen sich Reenactor*innen vergangene Ereignisse durch das Wiederaufführen an und welche Sinngebungen entstehen in diesem Prozess? Die leiblich-affektive Erfahrung, und somit die Körper der Beteiligten, sind für die Praxis des Nachstellens von Vergangenheit ein zentrales Element. Trotz der weitreichenden Bedeutung von Körper und Körperlichkeit kann der Umgang mit Geschlecht bzw. der Inszenierung von Geschlechtsidentität im Vollzug historischer Reenactments als Forschungsdesiderat angesehen werden.[1] Bisherige Forschungen, die die Geschlechterperspektive einbeziehen, konzentrieren sich zudem vorwiegend auf die (Re)Produktion bestimmter Männlichkeitsbilder. Der Soziologe Stephen J. Hunt stellt fest, dass Reenactment in erster Linie als „site for reconstruction and negotiation of a male identity" verstanden werden kann, das von Vorstellungen einer mythologischen und imaginierten Männlichkeit geprägt ist.[2] Auch die Historikerin Ulrike Jureit kommt zu dem Schluss, dass das Nachspielen von Krieg „eng mit Vorstellungen von Männlichkeit verknüpft wird".[3] Aus ethnologischer Perspektive weist Michaela Fenske darauf hin, dass Männlichkeit in der Spätmoderne häufig als krisenhaft erlebt wird und die imaginierte Vergangenheit im Reenactment eine temporäre Rückkehr in die „vermeintliche Sicherheit hegemonialer Männlichkeit" ermögliche.[4] Gordon L. Jones hat ähnliches beobachtet und unterstreicht,

---
[1] Rambuscheck, Ulrike: Lebendige Archäologie – stereotype Geschlechterbilder? Archäologisches Reenactment und Living History in der Geschlechterperspektive. In: Archäologische Informationen 39 (2016). S. 193f., 193.
[2] Hunt, Stephen J: But We're Men Aren't We? Living History as a Site of Masculine Identity Construction. In: Men and Masculinities 10 (2008). S. 460–483, 462.
[3] Jureit, Ulrike: Magie des Authentischen. Das Nachleben von Krieg und Gewalt im Reenactment. Göttingen 2020 (Wert der Vergangenheit). S. 187.
[4] Fenske, Michaela: Vom Hobbyhandwerker zur feinen Dame. Doing Gender in Spätmodernen Zeitreisen. In: Geschlecht und Geschichte in populären Medien. Hrsg. von Elisabeth Cheauré, Sylvia Paletschek u. Nina Reusch. Bielefeld 2013 (Historische Lebenswelten in populären Wissenskulturen 9). S. 283–298, 290.

https://doi.org/10.1515/9783110734430-004

dass das Hobby als „a refuge for traditional white male values or an outlet for male bonding" fungiert, das im Idealfall nicht durch die Anwesenheit von Frauen (oder Personen anderer Hautfarbe) gestört werden sollte.[5] Vor allem Hunts Forschungsergebnisse legen nahe, dass die im Reenactment entstehenden Männlichkeitskonstruktionen nur dank einer deutlichen Abgrenzung zwischen den Geschlechtern funktionieren. Die temporäre Flucht aus der postmodernen Gegenwart in traditionell-patriarchale Männlichkeitsvorstellungen im Bereich des Militärischen – etwas verkürzt: der Mann als Kämpfer, Krieger, Held – kann nur auf Kosten der Zuschreibung ebenso traditioneller weiblicher Geschlechterrollen entstehen. Sind Frauen an Reenactments beteiligt, werden ihnen folglich häufig traditionelle Familienrollen zugewiesen und die Konstruktionen von „'male/public, female/private' [...] are taken for granted".[6] Hunt folgert daraus, dass im Reenactment fast zwangsläufig traditionelle Geschlechterrollen unkritisch reproduziert und inszeniert werden, die unter dem Deckmantel einer „natürlichen" Ordnung daherkommen und somit kaum Ansatzpunkte zu einer kritischen Auseinandersetzung bereit hielten.[7] Orientieren sich Reenactments an sehr strikten Authentizitätskriterien und streben in ihrer Darstellung eine möglichst große Übereinstimmung mit der vergangenen Lebenswelt an, reproduzieren sie historische Ordnungssysteme und – in Hinblick auf Geschlecht – paternalistische Unterscheidungspraktiken.[8] Auch Cornelius Holtorfs Forschungsergebnisse schreiben sich in dieses Argumentationsmuster ein: Reenactment-Praktiken gelten als Ausdruck traditioneller Vorstellungen, die zu einer temporären Rückgewinnung vermeintlicher Eindeutigkeiten, Übersichtlichkeit und damit verbundener Sicherheiten früherer sozialer Ordnungen führen können.[9]

Sylvia Paletschek und Nina Reusch weisen andererseits darauf hin, dass öffentliche Geschichtsdarstellungen generell die Möglichkeit beinhalten „geschlechtliche Identitäten zu dekonstruieren und zu hinterfragen" und folglich heteronormative sowie binäre Geschlechtervorstellungen und dazugehörige

---

[5] Jones, Gordon L.: „Little Families". The social fabric of Civil War Reenacting. In: Staging the Past. Themed Environments in Transcultural Perspectives. Hrsg. von Judith Schlehe, Michiko Uike-Bormann, Carolyn Oesterle u. Wolfgang Hochbruck. Bielefeld 2010 (Historische Lebenswelten in populären Wissenskulturen 2). S. 219–234, 229.
[6] Mills and Tivers zitiert in Hunt, Men (wie Anm. 2), S. 477.
[7] Hunt, Men (wie Anm. 2), S. 477. Eine ähnliche Argumentation ist zu finden bei Carlà-Uhink, Filippo u. Danielle Fiore: Performing Empresses and Matronae. Ancient Roman Women in Reenactment. In: Archäologische Informationen 39 (2016). S. 195–204.
[8] Jureit, Magie (wie Anm. 3), S. 212f.
[9] Holtorf, Cornelius: On the Possibility of Time Travel. In: Lund Archaeological Review 15 (2009). S. 31–41.

Rollen „partiell aufzubrechen und zu dekonstruieren".[10] Empirische Untersuchungen aus der Reenactment-Forschung belegen diese These, so etwa Patricia G. Davis, die die Performance idealisierter, traditionaler und weißer Weiblichkeitsvorstellung des amerikanischen Südens durch afroamerikanische Frauen im *Civil War*-Reenactment erforscht hat. In Verbindung von Fragen nach *gender* und *race* hebt Davis die Potenziale dieser „resistant practice" hervor und verweist auf die Umdeutungen und das Hinterfragen gegenwärtiger sowie vergangener Weiblichkeitsvorstellungen durch das Reenactment.[11] Die Ethnologin Michaela Fenske betont anhand der Untersuchung einer weiblichen Teilnehmerin eines Biedermeiermarktes die Unterschiede zwischen den lebensweltlichen Erfahrungen der Jetztzeit und der gespielten Vergangenheit. Der Biedermeiermarkt wird für die von ihr untersuchte „feine Dame" zu einem Raum, in dem sie dank ihrer Gewänder, einstudierter Gesten und Begegnungen mit anderen Teilnehmer*innen Erfahrungen von Weiblichkeit macht, die ihr in der Jetztzeit aus unterschiedlichen Gründen nicht möglich sind. Diese neu gewonnene Weiblichkeit empfindet die Biedermeierdame jedoch nicht als Rückschritt, sondern als Alteritätserfahrung, die komplementär zu ihrem gelebten Alltag besteht.[12]

Diese Spannung greift mein Beitrag in Bezug auf die Darstellung und (Neu) Verhandlung geschlechtlicher Identitäten im Reenactment auf und richtet die Aufmerksamkeit explizit auf weibliche Teilnehmerinnen. Frauen wurden bisher nur unzureichend in die Erforschung des Phänomens einbezogen, was zum einen dazu führt, dass Erkenntnisse zur (Re)Produktion von Geschlechterrollen und Geschlechtsidentität in der performativen Praxis hauptsächlich auf das männliche Geschlecht bezogen vorliegen. Zum anderen führt der Fokus auf männliche Reenactors dazu, dass Erkenntnisse in zentralen Bereichen der Reenactment-Forschung, wie etwa dem Aushandeln und Herstellen von Authentizität, mehrheitlich auf der Beschreibung und Analyse männlicher Erfahrungswelten beruhen. Im Folgenden werden daher die Perspektiven von Frauen in der Reenactment-Szene sowie ihre Motivationen, an dieser männlich dominierten Praxis mitzuwirken, in den Mittelpunkt gestellt. Ferner wird die Frage diskutiert, wie die Reenactorinnen die von ihnen dargestellten Rollen konstruieren und welche

---

10 Paletschek, Sylvia u. Nina Reusch: Populäre Geschichte und Geschlecht. Einleitung. In: Geschlecht und Geschichte in populären Medien. Hrsg. von Elisabeth Cheauré, Sylvia Paletschek u. Nina Reusch. Bielefeld 2013 (Historische Lebenswelten in populären Wissenskulturen 9). S. 7–37, 21.
11 Davis, Patricia G.: The Other Southern Belles. Civil War Reenactment, African American Women, and the Performance of Idealized Femininity. In: Text and Performance Quarterly 32 (2012). S. 308–331.
12 Fenske, Hobbyhandwerker (wie Anm. 4).

Strategien sie entwickelt haben, um mit den oben geschilderten Zuschreibungen traditioneller Weiblichkeitsvorstellungen umzugehen. Es geht demnach sowohl um weibliche Selbstwahrnehmungen innerhalb der sozialen und performativen Praxis Reenactment als auch darum, wie Frauen mit der Kategorie Geschlecht umgehen: Wann und in welchen Konstellationen wird das Thema Geschlecht von ihnen aufgebracht bzw. explizit problematisiert? Was veranlasst Frauen dazu, ihre Geschlechtsidentität der Jetztzeit im Reenactment zu reproduzieren, oder aber mit dem Crossdressing ihre Weiblichkeit temporär abzulegen und einen männlichen Soldaten zu verkörpern? Damit rückt die Frage, wie Geschlechterrollen im Alternieren zwischen Jetztzeit und gespielter Vergangenheit perpetuiert oder infrage gestellt, festgeschrieben oder aufgebrochen werden, ins Zentrum.

Reenactments gelten als Männerdomäne, das ist keine neue Erkenntnis.[13] Bereits im Jahr 1990, als die Erforschung dieses Phänomens noch am Anfang stand, fragte der amerikanische Anthropologe Rory Turner in einem der ersten Aufsätze über das Amerikanische Bürgerkriegs-Reenactment dennoch danach, „What is reenacting like for women? As a man it is difficult for me to say: Women generally participate by playing marginal roles."[14] Turner beließ seine Einblicke in die Welt der weiblichen Reenactorinnen damals bei einer kurzen Schilderung der Schönheitsideale einer Dame, die das Schlachtfeld flankierend im Ballkleid erschienen war und den Autor an eine „porcelain doll" erinnerte. Ferner führte er die Reflexion einer jungen Studentin aus, der das Reenactment bisher unbekannte Einblicke in die männliche Lebenswelt eröffnet habe, hinterfragte diese jedoch nicht weiter. Gegen die von Turner geschilderte Marginalisierung von Frauen im Reenactment regt sich inzwischen vielfach Widerstand. Einer der ersten und bekanntesten Fälle ist Lauren Cook Burgess, die 1989 als männlicher Soldat verkleidet am Reenactment der Schlacht von Antietam teilgenommen hat und nach ihrer Identifizierung als Frau von einem Ranger des National Park Service (NPS) des Schlachtfeldes verwiesen wurde. 1993 gewann Lauren Cook Burgess einen Gerichtsprozess wegen sexueller Diskriminierung gegen den NPS und darf seither als Soldat an der Bürgerkriegsschlacht teilnehmen. Burgess' Fall hat für einige Aufmerksamkeit gesorgt, nicht nur in der Szene, auch seitens der Forschung.[15] Im Folgenden wird der Fokus auf dem Reenactment der amerikanischen Unabhängigkeitsbewegung liegen – einem anderen, nicht weniger

---

13 Ausführlich dazu auch Jones, „Little Families" (wie Anm. 5).
14 Turner, Rory: Bloodless Battles. The Civil War Reenacted. In: The Drama Review 34 (1990). S. 123–136, 131.
15 Hart, Lain: Authentic recreation. Living history and leisure. In: Museum and Society 5 (2007). S. 103–124; Young, Elizabeth: Disarming the Nation. Women's writing and the American Civil War. Chicago 1999 (Women in culture and society).

bedeutsamen Ereignis für die amerikanische Geschichte, für das bislang keine Untersuchungen in Bezug auf Geschlecht in dessen Nachstellung vorliegen.

Das *Revolutionary War*-Reenactment als Fallbeispiel

Das *Revolutionary War*-Reenactment gehört in der amerikanischen Reenactment-Szene zu den Veranstaltungen mit langer Tradition. Die Anfänge reichen zurück in die Zeit der Zweihundertjahrfeier der Amerikanischen Revolution in den 1970er Jahren, als zeitgleich auch das Bürgerkriegs-Reenactment begann, sich als Großveranstaltung zu etablieren.[16] Als Amerikanische Revolution werden die Ereignisse gefasst, die zur Loslösung der 13 Kolonien in Nordamerika vom Britischen Empire führten. Die Erklärung der Unabhängigkeit im Jahr 1776 gehörte ebenso dazu wie die kriegerischen Auseinandersetzungen (1775–1783) zwischen der Armee unter George Washington und dem britischen Militär, das versuchte, das Unabhängigkeitsstreben der Kolonist*innen zu unterbinden und die Macht der britischen Krone zu stabilisieren. Das Unabhängigkeitsjubiläum im Jahr 1976 bot Anlass, Ereignisse aus den Amerikanischen Revolutionskriegen nachzustellen. Auch wenn das Nachspielen der Revolutionskriege nie die Popularität des *Civil War*-Reenactments erreichte, ist es seit der Zweihundertjahrfeier in der amerikanischen Reenactment-Szene fest verankert und erfreut sich vor allem gegenwärtig einer neuen Beliebtheit innerhalb der Community. Die Nachstellung der Revolutionszeit gilt dabei als familienfreundlich, leichter zugänglich und anschlussfähiger als etwa das Bürgerkriegs-Reenactment. Es mag daran liegen, dass neben dem in der Literatur viel zitierten prototypischen weißen Mann aus der Mittelschicht hier eine Reihe von Frauen (und teilweise auch Kinder) aktiv an der Nachstellung der Vergangenheit beteiligt sind.[17] Vier dieser Frauen werden im Folgenden im Mittelpunkt stehen. Sie wurden im Frühsommer des Jahres 2017 an verschiedenen Orten in New Jersey und Pennsylvania an der amerikanischen Ostküste unabhängig voneinander von mir interviewt. Der Kontakt zu den Interviewten ist während meiner Feldaufenthalte zustande gekommen, die Gespräche sind jedoch abseits der Reenactment-Veranstaltungen in ruhiger Atmosphäre und

---

16 Ausführlich zu den Anfängen des *Civil War*-Reenactment Jureit, Magie (wie Anm. 3); Hochbruck, Wolfgang: Geschichtstheater. Formen der „Living History". Eine Typologie. Bielefeld 2013 (Historische Lebenswelten in populären Wissenskulturen 10).
17 Siehe etwa Jones, „Little Families" (wie Anm. 5), S. 221.

einzeln durchgeführt worden. Die Transkripte[18] der Interviews sowie teilnehmende Beobachtungen während meiner Feldaufenthalte im gleichen Zeitraum bilden die empirische Grundlage für diese Untersuchung. Einige der Interviewten haben der Verwendung ihrer Namen nicht zugestimmt, weshalb alle Angaben anonymisiert wurden. Die Originale der Interviews sowie die Transkripte befinden sich im Archiv der Autorin.

Ähnlich den meisten männlichen Mitgliedern von Reenactment-Gruppen sind auch die hier vorgestellten Reenactorinnen weiß und gehören der amerikanischen Mittelschicht an. Auch in der Kategorie Alter passen sich die vier Frauen in die bisher in der Literatur beschriebenen Merkmale der männlichen Reenactors ein: sie sind etwa zwischen Mitte 30 und 60 Jahre alt.[19] Diese Befunde überraschen wenig, zieht man in Betracht, dass Frauen und Männer innerhalb der gleichen Rahmenbedingungen agieren, wenn sie sich an dieser Art Freizeitgestaltung beteiligen wollen. Reenactments zählen für die Aktiven nicht zu den niedrigschwelligen Freizeitangeboten. Sie sind im Gegenteil sehr voraussetzungsvoll. Die Einstiegshürden sind aufgrund der benötigten persönlichen Ausrüstungsgegenstände, deren Zusammenstellung und Pflege mehrere Tausend Dollar kosten kann, sowie der einzusetzenden, spezifischen historischen Wissensbestände sehr hoch. Sie sind daher unabhängig vom Geschlecht überwiegend für Personen mit höherem Bildungsgrad und ab einer bestimmten Einkommensklasse zugänglich. Auch bei den beruflichen Hintergründen bestätigt sich, was bisher für männliche Reenactors festgehalten wurde: Vielfalt. Die Spannbreite in dem kleinen Sample reicht von einer Chemikerin, über eine Physiotherapeutin bis hin zu einer Geschichtslehrerin und der Leiterin eines Kultur- und Geschichtszentrums auf Kreisebene. Die Frauen unterscheiden sich auch dadurch, wie lange sie das Hobby schon betreiben. Die Bandbreite erstreckt sich von einer Newcomerin bis hin zu sehr erfahrenen Reenactorinnen.

Zugänge – Die Wege der Frauen ins Reenactment

Mit Blick auf die Beschreibung ihres Einstieges in die Reenactment-Szene werden zwei Muster deutlich. Einerseits ist es die Begeisterung des ersten Reenactment-Besuchs, die den Grundstein für das eigene Engagement legt. So schildert Interviewpartnerin 1, die seit etwa drei Jahren als Reenactorin aktiv ist, ihre erste

---

[18] Ich möchte mich sehr herzlich bei Sarah Kunte und Tobias Rentsch (beide Imre Kertész Kolleg, Jena) für die Unterstützung bei der Transkription der Interviews bedanken.
[19] Im gesamten erhobenen Sample von insgesamt sieben Interviews war nur eine Frau, die jünger als 30 Jahre war und noch studierte.

Begegnung mit Reenactments, nachdem sie von Florida nach New Jersey gezogen war: „So when I moved up here, uhm, four years ago [...], one of my girlfriends and I, we went to a Civil War reenactment, we were looking for something to do. [...] And when we went I said: 'Oh my goodness! This is incredible! I want to do this!'"

Interviewpartnerin 2 kam das erste Mal 1992 mit Reenactments in Berührung, die sie als „theme camping" bezeichnet: „When I went to one of those [theme campings] I was like: 'Uh, this is really cool!' Those people look like they are in fantasy-land." Anschließend befragte sie eine der Teilnehmerinnen: „How does this work? [...] And if I were interested in doing something that was more historically accurate how would I do that?" Auch Interviewpartnerin 3 hatte einige Reenactments gesehen. Der entscheidende Anreiz selbst aktiv zu werden kam aber erst, als sie 2005 in die Nähe des *Washington Crossing State Park* am Delaware River zog, einem der zentralen Orte der Amerikanischen Revolutionskriege: „Then we moved here and I had the Park two miles from my house. I went down and said: 'Ok, I want to be part of this.' And so this was a lifelong dream to become a reenactor."

Einen anderen Einstieg in ihre aktive Rolle als Reenactorin beschreibt Interviewpartnerin 4. Für sie war die Zugehörigkeit ihres Mannes zur Reenactment-Szene ausschlaggebend. Sie reflektiert, dass ihre pazifistische Erziehung und Grundhaltung eigentlich im Gegensatz zum Kriegsspiel standen, jedoch angesichts des Wunsches, gemeinsame Interessen mit ihrem Mann zu verfolgen, in den Hintergrund trat: „And I got into it because it was something my husband was involved in. I don't think it's necessarily a direction I would have gone otherwise."

Unabhängig davon, wie lange sich die Befragten schon an Reenactments beteiligen und wie sich ihr Einstieg in das Hobby konkret gestaltet hat, berichten alle übereinstimmend über ihre emotionale Bindung an Geschichte. Die Aussage „I love history! I've always loved history" findet sich so oder ähnlich in unterschiedlichen Nuancierungen und Abstufungen in den Anfangssequenzen aller Interviews. Eine enge Verbindung und Verbundenheit mit Geschichte (in einem sehr weit gefassten, oft unspezifischen Verständnis) sowie die Faszination, diese nachspielen zu können, bilden somit die Grundlagen, die die Frauen entweder direkt oder über ihre Ehemänner an das Reenactment herangeführt haben. Fragen von Geschlecht, Geschlechterrollen oder Geschlechtsidentität spielen innerhalb dieser Startsequenzen der Gespräche entweder keine oder nur eine nachgeordnete Rolle. Diese gewinnen jedoch im weiteren Verlauf der Interviews zunehmend an Bedeutung. Das Hauptaugenmerk liegt deshalb im Folgenden auf den geschilderten Erfahrungen der Frauen in ihrer Rolle als weibliche Teilnehmerinnen an Reenactments des *Revolutionary War*. Eng verbunden mit diesen Schilderungen sind Einblicke in die Motivationen der Frauen, sich an der stark männlich geprägten Praxis zu beteiligen.

„You can't just put men in the field and be accurate" – Motivationen und Erfahrungswelten von Frauen im Reenactment

Wenn Interviewpartnerin 1 in ihre historischen Gewänder schlüpft, dann tut sie das nicht nur, weil sie am Wochenende etwas Außergewöhnliches erleben möchte. Als Geschichtslehrerin hat sie eine große Leidenschaft für das Nachspielen historischer Ereignisse, dem sie zugleich Vorteile für ihre Unterrichtsgestaltung zuschreibt. Ihre Erfahrungen aus den Reenactments nimmt sie mit ins Klassenzimmer, denn aus ihrer Sicht bereichern sie ihren Unterricht: „And then it's not them [= die Schüler*innen] reading in a textbook, it's a story that makes it real." Sie ist überzeugt, dass ihr das Nachspielen vergangener Ereignisse als Lehrerin eine höhere Glaubwürdigkeit gegenüber ihren Schüler*innen verleiht und sie dadurch bei ihnen ein vertieftes Interesse an Geschichte wecken kann.[20] Ihre eigene Begeisterung will sie an ihre Schüler*innen weitergeben: „When I come back from a reenactment I'm always so excited to tell my kids. I think that they see: 'Ok, if she is as excited I guess it's ok, I guess it's kind of cool'." Hat sie die Schüler*innen einmal begeistert, scheint es für Interviewpartnerin 1 leichter zu sein, historische Zusammenhänge zu erklären und historische Vorstellungskraft bei den Lernenden zu evozieren. Ganz besonders wichtig ist ihr dies im Zusammenhang der Amerikanischen Revolution. Die Ereignisse der Revolution gehen für Interviewpartnerin 1 nicht im Auswendiglernen von Zahlen und Daten auf. Sie möchte, dass die Schüler*innen verstehen, „what our founders went through so that we could be sitting here, having this conversation." In der Amerikanischen Revolution sieht sie den Ausgangspunkt und die Grundlage für die Gegenwart, ihr Respekt für die *Founding Fathers* der Nation und ihre Leistungen ist hoch: „So, just to understand the ... just the strength that those people had back then to, I mean, to go against their own government and start a new nation. That blows my mind." Ihre Begeisterung ist nicht nur intellektuell-abstrakt, sie hat sich vielmehr in ihren Körper eingeschrieben – in Form eines Tattoos auf ihrem Oberschenkel, das George Washington abbildet. Sie gibt unumwunden zu: „I'm a little obsessed with George Washington." Ihre Motivation an Reenactments teilzunehmen reicht jedoch weit über den Mehrwert für ihren Unterricht hinaus.

---

[20] Brad West beschreibt diese „secondary performances in modern educational institutions such as schools and museums" ausführlich. Dafür nutzt er den Begriff „affective authority". West, Brad: Historical re-enacting and affective authority. Performing the American Civil War. In: Annals of Leisure Research 17 (2014). S. 161–179.

Die Amerikanische Revolution hält sie für einen Meilenstein in der Geschichte ihres Landes und möchte daher auch außerhalb der Schule mehr Interesse daran wecken. „To get the public interested" ist ein nicht nur von ihr häufig verwendeter Ausdruck, mit dem aktiv Teilnehmende Reenactments einen Bildungsauftrag in der Gesellschaft zuschreiben.

Die Schilderungen von Interviewpartnerin 1 bezüglich des Zusammenhanges von lebendigem Geschichtsunterricht und dem Anspruch, die Komplexität der Revolution einer breiteren Öffentlichkeit nahe zu bringen, bleiben so lange konsistent und überzeugend, bis der Aspekt der geschlechterspezifischen Rollenverteilung während der nachgespielten Vergangenheit aufkommt. Ihr ursprünglicher Entschluss, sich einer Reenactment-Einheit anzuschließen, ging mit dem Wunsch einher, sich aktiv an der Nachstellung der Ereignisse zu beteiligen, die sie für so wichtig für ihre Gegenwart hält: dem Kampf um die Ideale der Amerikanischen Revolution, auf dem Schlachtfeld, mit der Waffe in der Hand. Die folgende Interviewpassage veranschaulicht, wie sie ihre Vorstellungen von eigener Teilhabe und ihrer Rolle in den Reenactments mit dem Eintritt in ihre *unit* an das dort vorherrschende Verständnis anpassen musste: „Yeah, I wanted ... I would, I would have loved to fire a musket and fight but ... it wasn't to the point where I ... I totally understood and I agreed with it that we should be portraying what actually happened. Um, and, so then, they described, you know, camp followers. And so on every reenactment I always try to help the cook, uhm, sort of, like, a little sous-chef, like, help chop vegetables and whatever is needed."

Anstelle aktiv am (Kampf)Geschehen teilhaben zu können, wurde Interviewpartnerin 1 vom Chef des Regiments die Rolle eines *camp followers* zugewiesen, einer Person, die sich um die Versorgung der Soldaten und die Aufrechterhaltung der Infrastruktur am Rande der Schlachtfelder kümmert. Die Einstellung jedes einzelnen Regiments zur „Frauenfrage" und ihre jeweilige Umsetzung haben somit entscheidenden Einfluss darauf, ob und wenn ja welche Frauen- und Männerrollen im Reenactment zur Anschauung gebracht werden. Im Fall von Interviewpartnerin 1 wurde die Entscheidung über ihre Rolle einzig aufgrund ihres biologischen Geschlechts und ihrer Identifikation als Frau getroffen. Als Frau bleibt ihr der Kampf mit der Waffe verwehrt, obwohl sie ihren Wunsch, als Soldat zu kämpfen, aktiv zum Ausdruck gebracht hatte. Sie schildert weiter, dass innerhalb ihres Regiments von Frauen erwartet wird, dass sie sich während der Reenactments freiwillig zum Kochen und zur Verpflegung der Beteiligten zur Verfügung stellen. Zur Rolle eines *camp followers* gehört es außerdem, in den Pausen zwischen den Schlachtennachstellungen dem Publikum vorzuführen, wie im 18. Jahrhundert Wäsche gewaschen, Uniformen genäht oder ausgebessert wurden. Damit versetzt sich Interviewpartnerin 1 während der nachgespielten Vergangenheit nicht in eine konkrete Persönlichkeit der

Amerikanischen Revolution, sondern bleibt anonym in der Masse derjenigen, die die Soldaten begleitet und versorgt haben.

Ihr Anliegen, sich als Soldat am Geschehen zu beteiligen, bleibt ihr mit dem Argument der Authentizität verwehrt, das letztlich auch von ihr als übergeordneter, anzustrebender Wert anerkannt und angenommen wird: „… and I really like this, it is very historically accurate in the sense that women would not have been fighting, would not have been soldiers." Dem Streben nach einer historisch korrekten Darstellung ordnet sie sich unter – auch, um überhaupt einen Zugang zu dieser sozialen Praxis zu erlangen, die sie so fasziniert. Anhand der Schilderungen von Interviewpartnerin 1 und der Reaktion ihres Regiments offenbart sich ein Verständnis von Authentizität als etwas Gegebenem im Sinne einer möglichst korrekten Annäherung an vergangene Verhältnisse. Dass Authentizität keine objektive Gegebenheit ist, sondern ein soziales Konstrukt, das kulturell verbürgt sowie als Zuschreibung zeitlich und räumlich gebunden ist, spielt in dieser Sichtweise keine Rolle. Die Schilderungen von Interviewpartnerin 1 verdeutlichen ferner, wie sehr Authentizität an Prozesse der Autorisierung gebunden ist. Was als authentisch wahrgenommen wird, geht auch mit der Frage einher „who is authorized to determine the version of history that will be accepted as correct or authentic".[21] Der Aspekt der Autorisierung ist im Fall der ersten Gesprächspartnerin eng verbunden mit etablierten männlichen Machtverhältnissen innerhalb der Reenactment-Vereinigung.

Die ihr im Hinblick auf die Authentizität der Nachstellung zugewiesene Rolle im Spiel mit der Vergangenheit hinterfragt sie jedoch, wenn sie über die Verbindung zwischen ihrer gelebten Gegenwart und der inszenierten Vergangenheit reflektiert. Sie charakterisiert sich als unabhängige und emanzipierte Frau des 21. Jahrhunderts, der es schwerfällt, sich in die sozialen Strukturen und die Erwartungshaltungen bzw. Rollenzuschreibungen an Frauen des 18. Jahrhunderts hineinzuversetzen: „I truly feel like I am equal to my husband and he feels like he's equal to me. So, it is difficult to go back, to travel back in time." Später im Gespräch erklärt sie: „It's kind of hard for me because I'm a very independent woman which you can't be back then." Den Widerspruch zwischen der eigenen gelebten Erfahrung der Jetztzeit und den Erfordernissen des Reenactment empfindet sie nicht als attraktive Alteritätserfahrung. Häufig müsse sie sich im Gegenteil stark zurücknehmen, um den Ansprüchen ihrer Rolle als *camp follower* gerecht zu werden. Über die historische Gewordenheit von Männer- und

---

21 Agnew, Vanessa u. Juliane Tomann: Authenticity. In: The Routledge Handbook of Reenactment Studies. Key Terms in the Field. Hrsg. von Vanessa Agnew, Jonathan Lamb u. Juliane Tomann. London 2020. S. 20–24, 21; Bruner, Edward: Abraham Lincoln as Authentic Reproduction. A Critique of Postmodernism. In: American Anthropologist 96 (1994). S. 397–415.

Frauenrollen wird innerhalb des Regiments nicht diskutiert: „It's not usually discussed, it's just sort of what's known." Gleiches gelte auch für die Männer, von denen Interviewpartnerin 1 berichtet, dass einige Interesse an Tätigkeiten zeigten, die dem weiblichen Wirkungsbereich zugeordnet sind. Sie berichtet von Männern, die lieber bei der Zubereitung der Mahlzeiten helfen würden, „but they can't because they need to be out in the field". Dieses Beispiel verdeutlicht, dass die Zuschreibung von weiblichen und männlichen Rollensterotypen im Reenactment mit Restriktionen für beide Geschlechter verbunden sein kann. In der überwiegenden Zahl der Fälle sind es jedoch Frauen, die sich an die männlich dominierte soziale Praxis anpassen.

Auch Interviewpartnerin 2 ist als *camp follower* im *Revolutionary War*-Reenactment aktiv. Für die Nachstellung der Revolutionskriege hat sie sich ähnlich wie Gesprächspartnerin 1 aus der Überzeugung heraus entschieden, dass es für die Gegenwart wichtig sei zu verstehen, was die *Founding Fathers* und ihre Revolutionsarmee durchlebt haben. Es geht ihr um die Werte und den *spirit* der Revolution, die ihrer Ansicht nach an den konkreten Orten des Geschehens am deutlichsten sowohl für sie selbst während des Reenactments als auch für die Zuschauer*innen nachvollziehbar seien.

Im Gegensatz zu Interviewpartnerin 1 hatte sie nie Interesse daran, eine Männerrolle einzunehmen. Sie hat sich von Beginn an bewusst dafür entschieden, eine weibliche Person darzustellen. Damit ist sie in der Reenactment-Szene inzwischen sehr erfolgreich und bekommt viel Anerkennung aus der Community, unter anderem dafür, dass sie mit der *Laundry Company* eine eigene Gruppe aufgebaut hat, die sich auf das Nachspielen von Frauen und Zivilisten spezialisiert, die der Armee folgen. Mit ihrer *Laundry Company* gehört Interviewpartnerin 2 keinem Regiment an, das bei Reenactments in die Kamphandlungen eingebunden ist. Ihre Teilnahme ist somit nicht entscheidend für das Herzstück von Reenactments: die Nachstellung von Schlachten. Dennoch wird sie mit ihrer Gruppe häufig zu den Nachstellungen eingeladen: „I don't want to blow my own horn too much but I have this status in the reenactment community and I have been turning out at pretty much every event I want to." Dass sie sich auf Frauen und Zivilist*innen spezialisiert hat, begründet auch Interviewpartnerin 2 mit dem Argument der Authentizität und dem damit verbundenen Wunsch, im Reenactment die Vergangenheit möglichst nah am historischen Vorbild nachzustellen. Um in ihrem Sinne authentisch auftreten zu können, muss sie ihre Rolle als Frau verstehen und nachvollziehen können:

> I never wanted to portray a male role. I wanted to portray a woman because I am a woman and to me this is just another part of accuracy. I'm not trying to be a male when I'm not. [...] Because I want to speak with authority when I'm interpreting in public. [...] It's really doing

the thing you are talking about and being able to say you understand the process and this is how it works and get people involved in that.

Authentizität beschreibt Interviewpartnerin 2 als Prozess, der auf zwei Ebenen abläuft: Authentisch ist für sie zum einen, was in Quellen und mit Überlieferungen und Dokumenten aus der Vergangenheit belegbar ist. Neben der Evidenz ist für sie zentral, dass sie die von ihr nachgestellten Vorgänge und Prozesse selbst körperlich und intellektuell nachvollziehen und somit autorisieren kann. Der Zusammenhang zwischen der Entstehung von Authentizität und Prozessen der Autorisierung hat im Fall von Gesprächspartnerin 2 eine körperliche und damit auch eine geschlechtlich geprägte Komponente.

Mit dem Argument der Authentizität – verstanden als möglichst akkurate Annäherung an die vergangene Wirklichkeit – rechtfertigt sie ferner die verstärkte Präsenz von Frauen in der Männerdomäne Reenactment: „You can't just put men in the field and be accurate." Sie verweist darauf, dass jeder Anspruch auf eine möglichst korrekte Nachstellung der Ereignisse des 18. Jahrhunderts, in der Frauen fehlen, ausschnitthaft und zwangsläufig inkorrekt bleiben muss. Es geht ihr zum einen um die basale Tatsache, dass auch zu dieser Zeit Frauen gelebt haben und viele von ihnen aktiv am Gelingen der Revolution Anteil hatten, zum anderen darum, dass die Revolution nicht allein auf dem Schlachtfeld gewonnen wurde, sondern auch dank der Versorgung und Verpflegung, die Zivilist*innen egal welchen Geschlechts geleistet haben: „You have to have people behind the scenes, the women and the men civilians who supported the armies. [...] It's the women in the house and in the camp that are doing the laundry and making sure that there's food to eat and keeping the garden up, you know, all that."

Gesprächspartnerin 2 weiß um die Wirkmächtigkeit von Reenactments in Bezug auf die Entstehung und Perpetuierung von Geschichtsbildern. Ihre Entscheidung, sich als Frau daran zu beteiligen, beruht überwiegend auf der Einsicht in die Potenziale, Möglichkeiten und die Reichweite dieser Darstellung von Vergangenheit und sie möchte die Deutungshoheit über die Vergangenheit in dieser publikumswirksamen, öffentlichen Repräsentation nicht allein Männern überlassen: „There is a lot of us [= Frauen] now in the hobby who are really pushing that. And the success of the past few years is that there is a breakthrough in that kind of ‚We are the guys, we run the thing' attitude." Frauen einen Platz in der Geschichte zu geben und sichtbar zu machen, dass es nicht allein die Männer auf den Schlachtfeldern waren, die den Sieg der Revolution errungen haben, ist zentral für die Motivation von Interviewpartnerin 2. Es ist ihre bewusste Entscheidung, Tätigkeiten nachzustellen, die dem weiblichen Wirkungsfeld zugeordnet sind, wie etwa Kochen, Waschen oder Nähen. Allerdings problematisiert sie die Dichotomie zwischen männlich/öffentlich und weiblich/privat im

Reenactment nicht. Vielmehr integriert sie diese durch eine Gleichsetzung der Wertigkeit männlicher und weiblicher Leistungen in ihre Narration über die Vergangenheit. Die Aufrechterhaltung der Versorgung der Soldaten ist in ihrer Perspektive dem Kampf auf den Schlachtfeldern ebenbürtig. Beides bedingte sich in ihrer Sichtweise gegenseitig und konnte nur in Kombination zum Erfolg führen.

Brüche in der kohärenten Darstellung von Gesprächspartnerin 2 kommen immer dann zum Vorschein, wenn sie die Übergänge zwischen der Jetztzeit und der gespielten Vergangenheit genauer beschreibt. In der Gegenwart arbeitet sie in verantwortungsvoller Position als Leiterin eines Kultur- und Geschichtszentrums und sieht sich als emanzipierte und gute ausgebildete Frau. Die Frauenrollen des 18. Jahrhunderts empfindet sie hingegen als den Männern untergeordnet. Es gelingt ihr nur bedingt, dies zu akzeptieren und während des Reenactments sucht sie – scheinbar als Ausgleich – die Augenhöhe mit den männlichen Darstellern. Paradoxerweise kommt ihrem Ansinnen die für das 21. Jahrhundert anachronistisch anmutende Trennung zwischen den Bereichen des Militärischen und des Häuslichen zugute. Dank der *Laundry Company* gilt sie als anerkannte Expertin auf ihrem Gebiet, das sich außerhalb des genuin militärischen Interessensbereichs der meisten männlichen Reenactors befindet.

Auch Interviewpartnerin 3 identifiziert sich in der Jetztzeit als Frau. Im Gegensatz zu den beiden *camp followern* legt sie ihre Geschlechtsidentität der Gegenwart zumindest äußerlich temporär ab und verkörpert einen Mann, wenn sie an Reenactments teilnimmt. Auf den ersten Blick weist das sogenannte Crossdressing emanzipatorische Züge auf, da es Frauen eine gleichberechtigte Teilnahme am Reenactment ermöglicht. Bei genauerer Betrachtung ist das weibliche Nachspielen männlicher Rollen jedoch voller Widersprüche, auch für die hier vorgestellten Akteurinnen. Der Fall von Interviewpartnerin 3 hat darüber hinaus noch eine weitere Ebene, da sie keinen beliebigen Soldaten nachstellt, sondern als Mann einen Teil ihrer eigenen Familiengeschichte verkörpert: „I portray my family history and I honor what they did by doing what I do. I use the name Samuel B. to honor my great-grandfather." Mit dem Rollenwechsel möchte sie sich in die Linie der Soldaten in ihrer Familie einschreiben, die während der Amerikanischen Revolution aktiv waren. Außerdem erklärt sie: „[...] it helps in the field to have a man's name." Sie führt weiterhin aus, warum eine Frauenrolle für sie während der Reenactments nicht infrage kommt: „Because honestly, when you go to a reenactment, there is not a lot for women to do." In ihrer Wahrnehmung treffen Frauen, die im Reenactment Frauen nachspielen, eine mit Nachteilen behaftete Entscheidung: „And what that follows out [to portray a woman] is doing all the work in the camp. Doing all the cooking and the food prep. [...] I cook and clean my house all day long. I don't need to go away on the weekend and do that again. I don't mind cooking. But I don't want that to be the only thing I do."

Die zitierte Aussage verdeutlicht, dass auch für Interviewpartnerin 3 eine klare Zuschreibung weiblicher und männlicher Wirkungs- und Tätigkeitsbereiche existiert – sowohl im Alltag ihrer gelebten Gegenwart als auch während der Reenactments. Mit dem Crossdressing und der Übernahme einer männlichen Rolle verbindet sie die Erwartung, ihren Erfahrungs- und Handlungsrahmen als Frau während der Reenactments kurzzeitig um die männliche Perspektive zu erweitern. Die Rolle des Samuel B. ermöglicht ihr Erfahrungen und Teilhabe an Praktiken, die jenseits ihrer gegenwartsbezogenen weiblichen Identität liegen: der gemeinsame gespielte Kampf mit der Waffe und die daraus resultierende Kameradschaft unter Männern.

Das Crossdressing erweitert zwar ihren Erfahrungs- und Handlungsspielraum in der imaginierten Vergangenheit, es ist für sie aber auch Mittel zum Zweck. Denn in ihrer Wahrnehmung ermöglicht nur die Rolle des kämpfenden Soldaten eine glaubwürdige Vermittlung der Bedeutung der Amerikanischen Revolution. Als Frau sieht Interviewpartnerin 3 keine Möglichkeit, an dieser Bedeutung zu partizipieren. Mögliche weibliche Rollen empfindet sie als den kämpfenden Soldaten nachgeordnet. Da sie den Frauen und ihrem Wirken in der Vergangenheit kein besonderes Gewicht zuschreibt, scheint es für sie nur folgerichtig, dass sie die Rolle eines Mannes annimmt. Deutlich wird diese innere Logik, wenn Gesprächspartnerin 3 die Relevanz der Revolution für die Gegenwart beschreibt: „I'd like people to understand that, what they [= die Revolutionär*innen] did – they were real people, facing very difficult choices. And we have it much easier today. [...] Thanks to them. I'm sure that our country, [...] this continent, would look different than it does today without that war [...] Otherwise we would look a lot like Europe. With small little countries and we would be having those kinds of battles all along."

Für Interviewpartnerin 3 ergibt sich aus dieser übergeordneten Bedeutung der Revolution die Notwendigkeit, eine männliche Rolle einzunehmen, um aktiver Teil der Nachstellung dieses Ereignisses sein zu können. Im Vergleich zu Gesprächspartnerin 2 fehlt ihrer Argumentation die emanzipatorische Komponente, die sie mit dem Wunsch verbindet, für Frauen einen Platz in der historischen Erzählung über die Revolution zu definieren. Stattdessen berichtet Interviewpartnerin 3 während des Gespräches sehr versiert und ausführlich von den wenigen historisch verbürgten Fällen, in denen Frauen sich als Männer verkleidet der Revolutionsarmee angeschlossen haben. Dabei bezieht sie sich etwa auf Molly Pitcher, die als Sammelbezeichnung für eine Reihe von Frauen in die amerikanische Kultur eingegangen ist, die als Mann verkleidet in der Amerikanischen Revolution mitgekämpft haben. Sie verweist aber auch auf weitere Fälle:

> So, Deborah Sampson is [one of] the most famous woman, who fought in the war. [...] And so, she was from a small town in Massachusetts. She left her town and wandered throughout eastern Massachusetts. Sitting in the corner of taverns and watching the men and how they behave and how they act. [...] She was studying them. Then she went back to her area, but to the next town over, so people weren't recognizing her and she enlisted. The war was already going on when this happened.

Im Interviewausschnitt beschreibt Interviewpartnerin 3, wie Deborah Sampson männliche Soldaten beobachtet und ihr Verhalten analysiert hat, bevor sie die Rolle eines männlichen Soldaten annahm. Für ihre eigene Situation thematisiert bzw. problematisiert sie dies jedoch nicht. Die Übergänge zwischen ihrer Geschlechterrolle in der Jetztzeit und der gespielten Vergangenheit im Reenactment erwähnt sie an keiner Stelle im Gespräch. In der europäischen Ethnologie wird darauf verwiesen, dass Geschlecht unter anderem durch Kleidung markiert wird. Da Kleidung als Mittel der Selbst-Inszenierung und der Identitätssicherung dient, ermöglicht der Kleiderwechsel einen Prozess der Identitätskonstruktion. Das Um- und Einkleiden kann als Initiation in die soziale Rolle innerhalb des Reenactments verstanden werden, mit dem die sozialen Bedingungen der Jetztzeit abgelegt werden – und damit auch politische Rechte und Kompetenzen. Die Kleidung versinnbildlicht darüber hinaus die eigenen Vorstellungen und Erwartungen an die Rolle in der gespielten Vergangenheit.[22] Diese Aspekte bleiben jedoch während des Gespräches mit Interviewpartnerin 3 sehr hintergründig. Weiteren Nachfragen, warum sie (abgesehen von ihrem Wunsch, eine Verbindung zur Familiengeschichte herzustellen) einen Mann darstellt, begegnet sie ausweichend: „And so I do what I do. [...] I'm well respected in the unit for working hard on my impression. For working hard to improve myself and for not being disruptive." Sie bezieht sich zwar darauf, dass sie in ihrer männlichen Rolle während des Reenactments wahrgenommen wird, verzichtet aber darauf, darüber zu berichten, wie sie sich äußerlich in einen Soldaten des 18. Jahrhunderts verwandelt oder was ihr bei dieser Transformation besonders leicht- oder schwerfällt. In der Narration von Gesprächspartnerin 3 bleibt dieser Aspekt eine Leerstelle, da die Annahme einer männlichen Rolle offenbar als unhinterfragte logische Notwendigkeit erscheint. Unerwähnt bleibt im Gespräch ferner, wie es sich für sie anfühlt, als Mann zu agieren und einen männlichen Körper zu imitieren, ob sie Unterschiede zu ihrer weiblichen Geschlechtsidentität der Jetztzeit wahrnimmt oder wie sie den Kleidertausch und die Erprobung anderer als im Alltag vertrauter sozialer Geschlechterrollen empfindet. Ihre Intentionen stehen nicht in Verbindung mit Fragen wechselnder Geschlechterrollen, ihr ist vielmehr die möglichst

---

22 Fenske, Hobbyhandwerker (wie Anm. 4), S. 288.

korrekte Darstellung der vergangenen Ereignisse wichtig. Dass sie dafür temporär die Identität eines Mannes annimmt, um teilhaben zu können, liegt für sie in der Natur der Sache: „Because the women didn't fight. They weren't allowed to fight."

Die Praxis des Crossdressings gewinnt zunehmend an Popularität und einige Reenactmentgruppen haben begonnen, Frauen in Männerrollen in ihre Reihen aufzunehmen. Gesprächspartnerin 3 berichtet, dass ihr eigenes Regiment sich noch vor einiger Zeit strikt gegen die Praxis des Crossdressings ausgesprochen habe: „I've been told that particularly my unit, the 6th [Pennsylvanian], way back wouldn't have ever allowed women to be in the ranks. At all! Because of the people who were running it. But times they've changed. And there are more and more women, who are participating as soldiers." Inzwischen sei sie ein angesehenes Mitglied ihrer *unit*. Die schwer erarbeitete Anerkennung für die perfektionierte Darstellung ihrer männlichen Rolle gehe auch damit einher, dass sie sich nicht in den Vordergrund dränge und sie sich aus den im Hobby gängigen Auseinandersetzungen heraushalte. Sie interessiere sich nicht für die persönlichen Konflikte, die sich innerhalb und vor allem zwischen den verschiedenen Gruppen, etwa um Fragen historischer Korrektheit, entspinnen. Gesprächspartnerin 3 kann ihre Motivation schließlich sehr knapp auf den Punkt bringen: „[I am] just simply interested in history."

Auch Interviewpartnerin 4 gehört der wachsenden Zahl der Crossdresserinnen an und artikuliert ihre Motive dafür sehr deutlich: „I knew I would be a soldier and not just a camp follower because of my degree in Women Studies." Die Rolle des *camp followers* ist für Interviewpartnerin 4 offensichtlich wenig attraktiv. Ähnlich wie Gesprächspartnerin 3 betrachtet sie allein die Verkörperung eines männlichen Soldaten als adäquate Form der Beteiligung an Reenactments. Sie begründet diese Einstellung mit ihrem Universitätsabschluss in Women Studies, eine Begründung, die unmittelbar weiteren Klärungsbedarf evoziert: So fungiert der Verweis auf ihren Abschluss einerseits als Marker für Reflexionstiefe in Bezug auf die Konstruktion und die Zuschreibungen von Männer- und Frauenrollen sowie das Machtgefälle zwischen den Geschlechtern. Andererseits steht die praktisch vollzogene Verkörperung eines kämpfenden Mannes in offensichtlichem Widerspruch zur emanzipierten, auf die Rolle von Frauen ausgerichteten Grundhaltung von Gesprächspartnerin 4. Dieser Widerspruch ist in ihrer Selbstwahrnehmung jedoch marginal, sie verweist vielmehr auf ihren Erfolg als Soldat: Dank harter Arbeit sei sie bis zum Sergeant in ihrem Regiment aufgestiegen und führe nun während der Reenactments das Kommando auf dem Schlachtfeld. Darüber hinaus ist sie Vorsitzende des Vereins (der Organisationsform des Regimentes in der Jetztzeit). Zur Komplexität ihrer Figur trägt außerdem bei, dass Gesprächspartnerin 4 zur Minderheit derer gehört, die nicht die amerikanische Seite der Revolution darstellt. Ihr Regiment ist Teil der kleinen Gruppe sogenannter Loyalisten. Diese verkörpern amerikanische Kolonisten, die sich der Revolution nicht angeschlossen, sondern gemeinsam mit den britischen Soldaten in den *crown forces* für den Erhalt der britischen Macht in den amerikanischen Kolonien gekämpft haben.

Im Gegensatz zu Interviewpartnerin 3 bieten historische Vorbilder wie Molly Pitcher für Gesprächspartnerin 4 keinen Anhaltspunkt. Sie kann ihre Rolle nicht aus der Vergangenheit herleiten: „There is no documentation that I'm aware of, ever, anywhere, that says women were in the crown forces." Diese fehlende Evidenz in der Überlieferung hindert Gesprächspartnerin 4 jedoch nicht daran, als Frau in der Rolle eines Mannes bei den *crown forces* mitzukämpfen: „As a woman it's important to me, because it's my history, too." Frauen haben nach Ansicht von Interviewpartnerin 4 das gleiche Recht darauf Vergangenheit nachzustellen wie Männer, auch wenn die überlieferten Quellen in diesem konkreten Fall eine weibliche Beteiligung am historischen Kampfgeschehen nicht verbürgen. Der schriftlichen Überlieferung der Vergangenheit traut Gesprächspartnerin 4 ohnehin nur sehr bedingt. Ihrer Meinung nach muss das Fehlen von Frauen innerhalb der *crown forces* auf einer Leerstelle in den Quellen, Dokumenten bzw. Akten beruhen, denn sie ist sich sicher, dass es auch bei den Loyalisten kämpfende Frauen gegeben haben muss. Allein, sie tauchen in den offiziellen Militärdokumenten nicht auf und wurden, so ihre Vermutung, absichtlich nicht verzeichnet. Da die offiziellen Quellen als Evidenzgrundlage ihr nicht den Platz in der Vergangenheit zuweisen, den sie für sich beansprucht, verlässt sie sich lieber auf ihre eigene historische Vorstellungskraft: „I do feel, honestly, like I'm probably representing something that was probably true." Historische Wahrheit besteht für Gesprächspartnerin 4 in der Überzeugung, dass Frauen in dem von ihr nachgespielten Regiment gekämpft haben müssen. Die fehlende Überlieferung, von Interviewpartnerin 4 als strukturelle Unterdrückung dieser Frauen interpretiert, verleiht ihr umso mehr das Recht als Frau – und sei es als Mann verkleidet – ihren Platz im Narrativ der Amerikanischen Revolution einzunehmen. „It gives me a sense of ownership of my history that is far deeper than what I got from history class where it was just patriotism, wave the flag and George Washington."

Die Forderung nach Teilhabe an der Darstellung eines der wichtigsten Ereignisse der Vergangenheit ihres Landes und der Anspruch einer gleichberechtigten Geschlechterrepräsentation bricht sich jedoch in der Praxis des Spiels. Eine Teilhabe am imitierten, vergangenen Geschehen jenseits des als weiblich konnotierten und für Frauen vorgesehenen Wirkungsradius der *camp follower* ist für Gesprächspartnerin 4 nur in einer männlichen Rolle möglich. Es mag auch an diesen Umständen liegen, dass sie über lange Zeit die einzige Frau in ihrem Regiment war. Ihre Erfahrungen und die Erwartungen, die an sie als Frau in dieser Situation gerichtet wurden, reflektiert sie sehr deutlich: „[...] it was a whole new world to me because it was the man's world. [...] They expected me to do everything they could do or get lost. That wasn't difficult for me. But I learned so much about how guys are and how they are together."

Die Praxis des Reenactment ist eine männlich geprägte und von den wenigen Frauen, die daran teilhaben, wird eine Anpassung an die von Männern gesetzten Standards gefordert. Gelingt dies, erhalten Frauen wie Gesprächspartnerin 4 viel Respekt und Anerkennung seitens der männlichen Akteure. Obwohl Interviewpartnerin 4 inzwischen sowohl im militärischen als auch im organisatorischen Bereich der Jetztzeit eine leitende Position innehat, bleibt bei ihr der Eindruck bestehen, das Hobby sei in Vergangenheit wie Gegenwart von Männern dominiert: „I was playing by their rules and still do." Dennoch unterstützt sie ihr Regiment mit allen ihr zur Verfügung stehenden Mitteln – mit Zeit, Energie und Geld. Sie agiert somit in der Spannung zwischen der erlebten männlichen Dominanz, die die Praxis des Reenactments strukturiert, und ihrer Zuversicht, diesen männlich dominierten Diskurs aktiv zu beeinflussen und um andere Perspektiven zu erweitern.

Im Gegensatz zu den anderen drei Reenactorinnen ist Authentizität – verstanden als weitgehende Annäherung an imaginierte Vergangenheitsverhältnisse – für Gesprächspartnerin 4 nicht der zentrale Wert, der ihr Handeln strukturiert. Im Gegenteil, sie lehnt das übergroße Streben, dem historischen Vorbild nahe zu kommen, ab. Diejenigen, die Authentizität zu ernst nehmen und mit größter Sorgfalt darauf achten, dass ihre Uniform mit genau der gleichen Anzahl von Stichen genäht wird wie die des historischen Originals, bezeichnet sie als „progressives" und bisweilen auch als „stich Nazis". In ihrer Logik ist eine distanzierte Haltung zu einer so verstandenen Authentizität nur folgerichtig. Müsste sie sich an die Quellen und Überlieferungen halten, wäre dies ein Ausschlusskriterium für sie und alle anderen Frauen, die in ihrer Reenactment-Vereinigung als kämpfende Soldaten auftreten. Dementsprechend ist sie überzeugt, dass nicht nur die „progressives" das Hobby weiterentwickeln, sondern auch ihre *unit* einen entscheidenden Beitrag leiste, indem sie Reenactments für alle Interessierten öffnet und anschlussfähig macht – auch für Menschen, die in den überlieferten Dokumenten keinen ausgewiesenen Platz haben. *Ownership* und Teilhabe sind die beiden zentralen Begriffe, die das Handeln von Gesprächspartnerin 4 prägen – in Bezug auf sich selbst und im Sinne einer Diversifizierung der Reenactment-Praxis, die mit dem Androzentrismus bricht. Dieses Vorgehen beschreibt sie als sehr erfolgreich: „When we come off the field and all of a sudden you see a woman's eyes get wide and she'll realize some of these are women. They couldn't see us close enough to see that when we were on the field fighting. And then they go ‚Oh my God [...] You mean I could do this too?' This is very empowering."

Jacqueline Tivers stellte 2002 fest: „It is rare for stereotyped and idealised, historical gender roles to be problematised [...] so that visitors' perceptions and assumptions can be challenged."[23] Der geschilderte Moment verdeutlicht, dass mit dem Crossdressing durchaus Geschlechterordnungen und -zuschreibungen hinterfragbar werden und ein kritisches Potenzial für Reflexionen besteht – sowohl seitens der Reenactorin als auch der Zuschauerin. Fragen der Konstruktion von Geschlechteridentität, die jenseits essentialistischer Zuschreibungen liegen, können in dieser von Interviewpartnerin 4 als kommunikativ beschriebenen Situation zur Sprache gebracht werden. Reenactment als Nachstellung und Imagination von Vergangenheit hat in Momenten wie diesem das Potenzial, historisch gewachsene Geschlechterrollen zu reflektieren.

Zusammenfassung

Die Reenactment-Szene ist eine männlich geprägte Welt, die nach wie vor eher Männer als Frauen anspricht. Die weibliche Beteiligung ist begrenzt und entsprechend wenige historische Frauenfiguren werden im Reenactment dargestellt. Die Untersuchung der Beteiligung von Frauen am *Revolutionary War*-Reenactment reflektiert die bisherige Forschung zum Thema Geschlecht und Reenactment, die sowohl kritisches Potenzial als auch Elemente der Stabilisierung hegemonialer Geschlechterdiskurse herausgearbeitet hat. Aus den beschriebenen Erfahrungen von Reenactorinnen werden teilweise widerständige Praktiken erkennbar, die Potenziale der Umdeutung geschlechtlich geprägter Narrative erkennen lassen. In der überwiegenden Mehrheit trägt das weibliche Engagement im Reenactment jedoch zur Stabilisierung hegemonialer Geschlechterordnungen und -repräsentationen bei und stützt die männlich geprägten Diskurse. Die Untersuchung verdeutlicht darüber hinaus, dass zentrale Kategorien der Reenactment-Forschung – in diesem Fall Authentizität – eine geschlechtlich geprägte Komponente aufweisen, die bei bisherigen Forschungen wenig bedacht wurde.

Ferner kann festgehalten werden, dass der Umgang mit dem Thema Geschlecht im Reenactment scheinbar in Abhängigkeit von der gegenwartsbezogenen (Be)Deutung des historischen Referenzereignisses steht. Der amerikanische Bürgerkrieg ist noch immer ein Kristallisationspunkt hybrider und konträrer Interpretationen – die von Patricia G. Davis beschriebene „resistant practice" afroamerikanischer Frauen in Bezug auf das historisch gewachsene weiße

---

23 Tivers, Jacqueline: Performing heritage: The use of 'live actors' in heritage presentations. In: Leisure Studies 21 (2002). S. 187–200, 193.

Weiblichkeitsideal der Südstaaten-Dame zeugt davon. Die Amerikanische Revolution und die Unabhängigkeitskriege wirken demgegenüber auch in der Gegenwart ungebrochen sinnbildend, was sich in den Schilderungen der Reenactorinnen widerspiegelt. Ihre Haltung ist geprägt von Anerkennung und Respekt gegenüber den Leistungen der Revolutionäre um die *Founding Fathers*.[24] Das aktive Teilnehmen am nachgespielten Revolutionsgeschehen, das körperlich-spielerische Einschreiben in das Narrativ der errungenen Unabhängigkeit, die als Grundlage für alle späteren Entwicklungen des Landes angesehen wird, lässt die Frage der Geschlechterrepräsentation in den Hintergrund treten. Überwiegendes Ziel der hier vorgestellten Frauen ist es, sich durch körperliche Teilhabe am Reenactment in das Narrativ der Revolution aktiv einzuschreiben. Es geht ihnen um den Versuch eines lebendig-körperlichen Nachempfindens und darum, der Bedeutung der historischen Ereignisse in der Gegenwart Rechnung zu tragen. Eine Ausnahme bildet Interviewpartnerin 2, deren Versuch, Frauen einen angemessenen Platz im Narrativ der Revolution zuzuweisen, durchaus emanzipatorische Züge trägt. Abgesehen davon sind Anknüpfungspunkte zu einer Umdeutung oder genderbewussten Öffnung dieses Narratives kaum erkennbar und Potenziale einer kritischen Haltung zur Neuverhandlung von (Be)Deutungen treten in den Hintergrund.

Paradoxerweise trifft dies auch für die Praktiken zu, die auf den ersten Blick subversives Potenzial beinhalten. Interviewpartnerin 1 und 3 fügen sich – trotz ihrer gänzlich unterschiedlichen Performance als *camp follower* und als Crossdresserin – beide in den männlich dominierten Diskurs ein. Interviewpartnerin 3 passt sich der männlich geprägten Vorstellung von Vergangenheit als Soldat sogar in ihrem äußerlichen Erscheinungsbild an und schreibt sich somit in einen von Männern gestalteten Diskurs und eine Praxis der Herstellung historischen Sinns ein. Das Crossdressing bringt viele diskussionswürdige Elemente mit sich. Hinter dem Anschein emanzipierter Teilhabe nehmen Frauen positiv geprägte männliche Rollen an. Bleibt diese „Maskulinisierung" von Frauen unreflektiert, reproduziert sie unhinterfragt die Annahme männlicher Überlegenheit über das Weibliche. Ansatzpunkte eines Hinterfragens heteronormativer Geschlechterverhältnisse

---

24 David Lowenthal beschreibt eingängig die Nutzung von Metaphern aus dem Bereich der familiären Beziehungen, mit denen die Ursprünge Amerikas häufig gefasst werden. So wird nicht nur das Verhältnis zwischen Großbritannien und Amerika in einer Eltern-Kind Logik dargestellt, sondern auch Washington in der Rolle der Vaterfigur der Nation gesehen: „Since paternal Britain denied American maturity, George Washington became the indulgent Father who raised the ‚infant country' to ‚manhood and strength'." George Washington sei für die Amerikaner eine Vaterfigur, gar der Ersatzvater, wenn er als „father-surrogate" beschrieben wird. Lowenthal, David: The past is a foreign country – revisited. Cambridge 2015. S. 186 f.

lassen sich am Beispiel von Gesprächspartnerin 4 erkennen. In der Interaktion mit der Zuschauerin trat deutliches Potenzial zutage, über komplexe, nicht-binäre Geschlechterverhältnisse sowohl in der Gegenwart als auch der Vergangenheit nachzudenken.

Literaturverzeichnis

Agnew, Vanessa u. Juliane Tomann: Authenticity. In: The Routledge Handbook of Reenactment Studies. Key Terms in the Field. Hrsg. von Vanessa Agnew, Jonathan Lamb u. Juliane Tomann. London 2020. S. 20–24.
Bruner, Edward: Abraham Lincoln as Authentic Reproduction. A Critique of Postmodernism. In: American Anthropologist 96 (1994). S. 397–415.
Carlà-Uhink, Filippo u. Danielle Fiore: Performing Empresses and Matronae. Ancient Roman Women in Re-enactment. In: Archäologische Informationen 39 (2016). S. 195–204.
Davis, Patricia G.: The Other Southern Belles. Civil War Reenactment, African American Women, and the Performance of Idealized Femininity. In: Text and Performance Quarterly 32 (2012). S. 308–331.
Fenske, Michaela: Vom Hobbyhandwerker zur feinen Dame. Doing Gender in Spätmodernen Zeitreisen. In: Geschlecht und Geschichte in populären Medien. Hrsg. von Elisabeth Cheauré, Sylvia Paletschek u. Nina Reusch. Bielefeld 2013 (Historische Lebenswelten in populären Wissenskulturen 9). S. 283–298.
Hart, Lain: Authentic recreation. Living history and leisure. In: Museum and Society 5 (2007). S. 103–124.
Hochbruck, Wolfgang: Geschichtstheater. Formen der „Living History". Eine Typologie. Bielefeld 2013 (Historische Lebenswelten in populären Wissenskulturen 10).
Holtorf, Cornelius: On the Possibility of Time Travel. In: Lund Archaeological Review 15 (2009). S. 31–41.
Hunt, Stephen J: But We're Men Aren't We? Living History as a Site of Masculine Identity Construction. In: Men and Masculinities 10 (2008). S. 460–483.
Jones, Gordon L.: „Little Families". The social fabric of Civil War Reenacting. In: Staging the Past. Themed Environments in Transcultural Perspectives. Hrsg. von Judith Schlehe, Michiko Uike-Bormann, Carolyn Oesterle u. Wolfgang Hochbruck. Bielefeld 2010 (Historische Lebenswelten in populären Wissenskulturen 2). S. 219–234.
Jureit, Ulrike: Magie des Authentischen. Das Nachleben von Krieg und Gewalt im Reenactment. Göttingen 2020 (Wert der Vergangenheit).
Lowenthal, David: The past is a foreign country – revisited. Cambridge 2015.
Paletschek, Sylvia u. Nina Reusch: Populäre Geschichte und Geschlecht. Einleitung. In: Geschlecht und Geschichte in populären Medien. Hrsg. von Elisabeth Cheauré, Sylvia Paletschek u. Nina Reusch. Bielefeld 2013 (Historische Lebenswelten in populären Wissenskulturen 9). S. 7–37.
Rambuscheck, Ulrike: Lebendige Archäologie – stereotype Geschlechterbilder? Archäologisches Reenactment und Living History in der Geschlechterperspektive. In: Archäologische Informationen 39 (2016). S. 193f.

Tivers, Jacqueline: Performing heritage: The use of 'live actors' in heritage presentations. In: Leisure Studies 21 (2002). S. 187–200.
Turner, Rory: Bloodless Battles. The Civil War Reenacted. In: The Drama Review 34 (1990). S. 123–136.
West, Brad: Historical re-enacting and affective authority. Performing the American Civil War. In: Annals of Leisure Research 17 (2014). S. 161–179.
Young, Elizabeth: Disarming the Nation. Women's writing and the American Civil War. Chicago 1999 (Women in culture and society).

Andreas Körber (unter Mitarbeit von Anna Bleer, Annika Kopisch, Dennis Ledderer und Otto Sehlmann)

Didaktische Perspektiven auf Reenactment als Geschichtssorte

Geschichtsdidaktische Interessen am historischen Reenactment

Die didaktische Relevanz von Geschichtssorten – also unterschiedlicher medialer Formen von Historiographie[1] – wird oft darin gesehen, ob und wie sie im Geschichtsunterricht eingesetzt werden können. Geschichtssorten, die Vergangenes in der Gegenwart dynamisch-bildlich oder durch aktive Aufführung präsentieren, wird dabei eine besondere Eingängigkeit und Unmittelbarkeit zugeschrieben. Dank ihrer Anschaulichkeit, so die Annahme, ermöglichen sie einen Zugang zum dargestellten Vergangenen, der ohne die Zuhilfenahme der im Geschichtsunterricht vorherrschenden abstrakten, kognitiven Sprache auskommt. Zu ihnen gehören diejenigen, die zuweilen mit dem Begriff des *Doing History*[2] zusammengefasst werden, in denen Vergangenes mittels körperlicher Handlungen im Raum (performativ) vorgeführt wird, darunter das Reenactment und die damit verwandte Living History.[3] So werden etwa als Römer verkleidete Personen in den

---

[1] Zum Begriff Geschichtssorte vgl. Logge, Thorsten: Geschichtssorten als Gegenstand einer forschungsorientierten Public History. In: Public History Weekly 6 (2018) 24. dx.doi.org/10.1515/phw-2018-12328 (6.12.2020); sowie sein Projekt zu Bausteinen einer Theorie der Public History. www.geschichte.uni-hamburg.de/arbeitsbereiche/public-history/personen/logge.html#8790774 (6.12.2020).

[2] Vgl. zum Konzept Samida, Stefanie, Sarah Willner u. Georg Koch: Doing History – Geschichte als Praxis. Programmatische Annäherungen. In: Doing History. Performative Praktiken in der Geschichtskultur. Hrsg. von Sarah Willner, Georg Koch u. Stefanie Samida. Münster 2016 (Edition Historische Kulturwissenschaften 1). S. 1–25. Der Begriff ist zu unterscheiden von der Verwendung des Terminus bei Barton, Keith C. u. Linda S. Levstik: Doing History. Investigating with Children in Elementary and Middle Schools. New York 2015.

[3] Vgl. zuletzt Onken, Björn u. Michael Striewe: Living History. In: Geschichtskultur – Public History – Angewandte Geschichte. Geschichte lernen in der Gesellschaft: Medien, Praxen, Funktionen. Hrsg. von Felix Hinz u. Andreas Körber. Göttingen 2020 (UTB). S. 167–183; Tomann, Juliane: Living History, Version: 1.0. docupedia.de/zg/Tomann_living_history_v1_de_2020 (6.12.2020); Dean, David: Living History. In: The Routledge Handbook of Reenactment Studies. Key Terms in the Field. Hrsg. von Vanessa Agnew, Jonathan Lamb u. Juliane Tomann. London 2020. S. 120–125.

Unterricht eingeladen, um Geschichte „zum Anfassen" zu präsentieren und so „begreifbar" zu machen.[4] Auch an außerschulischen Lernorten wird Geschichte performativ für und mit Besucher*innen nachgestellt.[5]

Gerade die vermeintliche Eingängigkeit solcher Darstellungen ist jedoch höchst problematisch. Nicht selten bleiben die ihre Produktion bestimmenden Deutungsabsichten und zugrunde liegenden Entscheidungen verdeckt und resultieren in einer unkritischen Rezeption oder gar Indoktrination.[6] Umso wichtiger erscheint es, die Darstellung von Vergangenem durch eine Thematisierung der jeweiligen Darstellung selbst zu ergänzen und damit zu durchbrechen. Gerade die gesprächsorientierten Formen der Living History, die die Kostümierung und Ausrüstung der Darsteller*innen in den Mittelpunkt stellen, böten dazu eine gute Möglichkeit. Berichte wie jener eines Gymnasiums[7] lassen jedoch vermuten, dass diese Möglichkeiten oft unausgeschöpft bleiben.

---

[4] So in einem für viele andere typischen Bericht auf der Homepage einer Schule (hier zum Lateinunterricht): Gymnasium Hohenlimburg: Römerkohorte erobert Klassenraum. Geschichte zum Anfassen. https://gymnasium-hohenlimburg.de/2017/11/21/roemerkohorte-erobert-klassenraum-geschichte-zum-anfassen/ (6.12.2020).

[5] Vgl. u.a. Anderson, Jay: Living History. Simulating Everyday Life in Living Museums. In: American Quarterly 34 (1982). S. 290–306; Keefer, Erwin: Lebendige Vergangenheit. Vom archäologischen Experiment zur Zeitreise. Stuttgart 2006 (Archäologie in Deutschland Sonderheft 2006); Duisberg, Heike (Hrsg.): Living History in Freilichtmuseen. Neue Wege der Geschichtsvermittlung. Rosengarten-Ehestorf 2008 (Schriften des Freilichtmuseums am Kiekeberg 59); Hochbruck, Wolfgang: Living History, Geschichtstheater und Museumstheater. Übergänge und Spannungsfelder. In: Living History in Freilichtmuseen. Neue Wege der Geschichtsvermittlung. Hrsg. von Heike Duisberg. Rosengarten-Ehestorf 2008 (Schriften des Freilichtmuseums am Kiekeberg 59). S. 23–36; Oesterle, Carolyn: Themed Environments – Performative Spaces. Performing Visitors in North American Living History Museums. In: Staging the Past. Themed Environments in Transcultural Perspectives. Hrsg. von Judith Schlehe, Michiko Uike-Bormann, Carolyn Oesterle u. Wolfgang Hochbruck. Bielefeld 2014 (Historische Lebenswelten in populären Wissenskulturen 2). S. 157–176; Brauer, Juliane: „Heiße Geschichte"? Emotionen und historisches Lernen in Museen und Gedenkstätten. In: Doing History. Performative Praktiken in der Geschichtskultur. Hrsg. von Sarah Willner, Georg Koch u. Stefanie Samida. Münster 2016 (Edition Historische Kulturwissenschaften 1). S. 29–44; Faber, Michael H.: Living-History-Formate in deutschen Museen. In: Handbuch Museum. Geschichte, Aufgaben, Perspektiven. Hrsg. von Markus Walz. Stuttgart 2016. S. 287–291; Onken/Striewe, Living History (wie Anm. 3).

[6] Vgl. z.B. in Bezug auf Bilder Bernhardt, Markus: Verführung durch Anschaulichkeit. Chancen und Risiken bei der Arbeit mit Bildern zur mittelalterlichen Geschichte. In: Bilder – Wahrnehmungen – Konstruktionen. Reflexionen über Geschichte und historisches Lernen. Festschrift für Ulrich Mayer zum 65. Geburtstag. Hrsg. von Markus Bernhardt, Gerhard Henke-Bockschatz u. Michael Sauer. Schwalbach am Taunus 2006 (Forum Historisches Lernen/Wochenschau Geschichte). S. 47–61.

[7] Gymnasium Hohenlimburg, Römerkohorte (wie Anm. 4).

Was ohne eine explizite Thematisierung ein Problem werden kann, bildet zugleich das besondere Potenzial der Geschichtssorte Living History. Dieses entfaltet sich dann, wenn die gesellschaftlich zugewiesenen Bedeutungen der dargestellten Vergangenheit und die ihr zugrunde liegenden Interessen, Motive und Vorstellungen thematisiert werden. Dann nämlich eröffnet der Einsatz dieser Geschichtssorte den Lernenden einen Einblick in Facetten und Merkmale individuellen und kollektiven Geschichtsbewusstseins und in Formen des Umgangs mit Vergangenheit. Auf diese Weise werden sie zu kritischem und selbstständigem historischen Denken befähigt.

Für das mit der Living History verwandte, oft von denselben Akteur*innen ausgeübte Reenactment gilt dies umso mehr.[8] Dort tritt als Element das aktive Handeln hinzu, das nicht so sehr der Veranschaulichung für ein Publikum dient, als vielmehr den Darsteller*innen selbst ein Erlebnis des Vergangenen ermöglichen soll.[9] Aus der (vermeintlichen) Unmittelbarkeit des immersiven Erlebens werden Ansprüche einer besonderen Befähigung zu authentischer Darstellung gegenüber einem Publikum abgeleitet. Zugleich wirken sich die entsprechenden Interessen und Überzeugungen der Darsteller*innen auch auf verschiedene Aspekte des gesellschaftlichen Geschichtsbewusstseins aus. Als solche müssen sie in historischen Lernprozessen thematisiert und von der Geschichtsdidaktik reflektiert werden. Denn modernem Geschichtsunterricht geht es nicht (allein) um die Stabilisierung der Gesellschaft mittels eines gemeinsamen Geschichtsbildes, sondern grundlegender um die Befähigung und Ermutigung der Lernenden zur aktiven und kritischen Teilhabe an einer – oft unübersichtlichen und kontroversen – Geschichtskultur. Außerschulische Lernorte sind dabei ebenso in den Blick

---

8 Zu Fragen der Definition des Genres vgl. u. a. Knipp, Raphaela: Nacherlebte Fiktion. Literarische Ortsbegehungen als Reenactments textueller Verfahren. In: Reenactments. Medienpraktiken zwischen Wiederholung und kreativer Aneignung. Hrsg. von Anja Dreschke, Ilham Huynh, Raphaela Knipp u. David Sittler. Bielefeld 2016 (Locating media 8). S. 213–236; zur Etymologie seiner Bestandteile v. a. Meiler, Matthias: Über das -en- in Reenactment. In: Reenactments. Medienpraktiken zwischen Wiederholung und kreativer Aneignung. Hrsg. von Anja Dreschke, Ilham Huynh, Raphaela Knipp u. David Sittler. Bielefeld 2016 (Locating media 8). S. 25–42. Zur Schwierigkeit der Abgrenzung unterschiedlicher innerer Genres auch Jureit, Ulrike: Tagungsbericht: Geschichte als Erlebnis. Performative Praktiken in der Geschichtskultur, 3.7.2014–5.7.2014 Potsdam. www.hsozkult.de/conferencereport/id/tagungsberichte-5594 (6.12.2020); Agnew, Vanessa, Jonathan Lamb u. Juliane Tomann: Introduction. What is reenactment studies? In: The Routledge Handbook of Reenactment Studies. Key Terms in the Field. Hrsg. von Vanessa Agnew, Jonathan Lamb u. Juliane Tomann. London 2020. S. 1–11.
9 Vgl. dazu die Ausführungen weiter unten.

zu nehmen, denn auch sie stellen Lerngelegenheiten dar, die es zu reflektieren gilt.[10]

In diesem Sinne skizziert der folgende Beitrag geschichtsdidaktische Perspektiven auf historisches Reenactment und Living History als zwei miteinander verwandte Geschichtssorten. Dazu werden unter Nutzung von in der deutschen geschichtsdidaktischen Forschung entwickelten Theoriekonzepten bestimmende Eigenschaften der jeweiligen Geschichtssorte analysiert und Facetten eines kompetenzorientierten Lernens skizziert. Es kann und soll dabei nicht darum gehen, Reenactment als Gegenstand für die Geschichtsdidaktik zu reklamieren. Vielmehr soll aufgezeigt werden, welche spezifischen Perspektiven die Geschichtsdidaktik als vornehmlich mit Prozessen historischen Lernens befasste Disziplin auf historisches Reenactment richten kann und umgekehrt. Welchen Stellenwert hat Reenactment im Forschungsfeld der Geschichtsdidaktik, die im Rahmen der sogenannten Kompetenzorientierung seit etwa 2005 die Befähigung Lernender zu verantwortlicher aktiver wie passiver Teilhabe an der Geschichtskultur betont?[11]

Anders als in anderen Beiträgen dieses Bandes steht hier nicht ein konkretes Fallbeispiel im Zentrum, sondern eine konzeptuelle Argumentation. Gleichwohl werden Erträge zweier Exkursionen mit Lehramts- und Fachwissenschafts-Studierenden der Universität Hamburg im Juli und August 2017 zu den Reenactments der Schlachten von Grunwald (1410) in Polen und Gettysburg (1863) in den USA herangezogen. Im Projekt haben Studierende didaktische Materialien zur (nicht nur) unterrichtlichen Erschließung einer ganzen Reihe unterschiedlicher Geschichtssorten erarbeitet. Zur Validierung und Erweiterung der zuvor anhand von Literatur erarbeiteten Facetten und Aspekte dienten dabei neben Beobachtungen

---

10 Vgl. u. a. fachübergreifend Erhorn, Jan u. Jürgen Schwier: Außerschulische Lernorte. Eine Einleitung. In: Pädagogik außerschulischer Lernorte. Eine interdisziplinäre Annäherung. Hrsg. von Jan Erhorn u. Jürgen Schwier. Bielefeld 2016. S. 7–13; für Geschichte Heuer, Christian: Historisches Lernen vor Ort – Skizze für ein zeitgenössisches Bild vom ausserschulischen historischen Lernen. In: Ausserschulische Lernorte – Positionen aus Geographie, Geschichte und Naturwissenschaften. Hrsg. von Kurt Messmer, Raffael von Niederhäusern, Armin Rempfler u. Markus Wilhelm. Wien 2011 (Ausserschulische Lernorte – Beiträge zur Didaktik 1). S. 50–82.
11 Vgl. Körber, Andreas: Kompetenzen historischen Denkens – Bestandsaufnahme nach zehn Jahren. In: Geschichtsdidaktischer Zwischenhalt. Beiträge aus der Tagung „Kompetent machen für ein Leben in, mit und durch Geschichte" in Eichstätt vom November 2017. Hrsg. von Waltraud Schreiber, Béatrice Ziegler, Christoph Kühberger. Münster 2018. S. 71–87; zu Geschichtsdidaktik als Orientierungsdisziplin vgl. Körber, Andreas: Geschichte im Internet. Zwischen Orientierungshilfe und Orientierungsbedarf. In: Zeitschrift für Geschichtsdidaktik 3 (2004). S. 184–197.

auch Gespräche und Interviews mit Aktiven und Zuschauer*innen, aus denen hier einzelne Passagen zur Verdeutlichung genutzt werden.[12]

Historisches Reenactment als Geschichtssorte und geschichtskulturelle Praxis

Der Begriff Geschichtssorte bezeichnet über die Resultate unterschiedlicher Umgangsweisen mit Geschichte hinaus die sie jeweils ermöglichende und rahmende mediale Form sowie die ihre Hervorbringung und Nutzung prägenden, nicht nur kognitiven Handlungen und Aktivitäten (Performativität). Alle geschichtskulturellen Praktiken erzeugen bedeutungshaltige Bezugnahmen auf Vergangenes, jedoch in je unterschiedlicher Art und Weise. Einige Charakteristika ihrer Medialität teilen sie mit jeweils anderen Geschichtssorten bzw. Praktiken.[13] Es ist die spezifische Konfiguration bestimmter Merkmale, die relevant für die Analyse der jeweils möglichen und realisierten Narrative ist. Die sprachlich, performativ bzw. enaktiv hervorgebrachten und in unterschiedlichem Maße flüchtigen Bezugnahmen auf Vergangenes sind weder durch das Vergangene einfach vorgegeben noch völlig beliebig. Vielmehr gehen in sie Aspekte des Dargestellten ebenso ein wie

---

12 Die Studienreisen im Rahmen des Projekts „Teaching Staff Resource Center" wurden geleitet von Thorsten Logge, Andreas Körber, Sabine Bamberger-Stemmann und Sebastian Kubon und gefördert durch das ProfaLe-Lehrlabor der Universität Hamburg. In Gettysburg entstanden dabei u. a. folgende hier verwendete Interviews: mit einer (anonymen) Zuschauerin (B1), einem (zuschauenden) Darsteller eines USCT-Soldaten (B3), einem Mitglied der Living History-Gruppe *Confederation of Union Generals* (B5), dem Darsteller von Martin Robinson Delany in derselben Gruppe (B7) und mit einem anderen männlichen Reenactor (B8).
13 Reenactments etwa teilen mit (einigen) historischen Computerspielen das Element der aktiven, performativen und somit prinzipiell flüchtigen Imitation konkreter historischer Ereignisse, wogegen sie sich von ihnen darin unterscheiden, dass der konkrete Handlungsraum der Agierenden nicht virtuell konstruiert wird. Mit der experimentellen Archäologie wiederum haben sie den Aspekt performativen Imitierens vergangener Handlungen gemeinsam, unterscheiden sich von ihr jedoch hinsichtlich der Bedeutung und dem Zweck dieses mimetischen Tuns: Letztere ermittelt anhand ständiger kritischer Reflexion argumentativ gesicherte Schlussfolgerungen über dessen Formen und Bedingungen. Im Reenactment hingegen folgt aus der Ausübung mehr oder weniger als triftig gesicherter Tätigkeiten eine nicht-argumentative, wohl aber konkrete Bedeutungszuweisung für individuelle und kollektive Identitäten und Orientierungen. Zum Verhältnis von Experimenteller Archäologie und Reenactment vgl. auch Schöbel, Gunther: Experimental Archaeology. In: The Routledge Handbook of Reenactment Studies. Key Terms in the Field. Hrsg. von Vanessa Agnew, Jonathan Lamb u. Juliane Tomann. London 2020. S. 67–73; sowie Jureit, Ulrike: Magie des Authentischen. Das Nachleben von Krieg und Gewalt im Reenactment. Göttingen 2020 (Wert der Vergangenheit). S. 12, dort Anm. 12.

solche der darstellenden Gegenwart inklusive bereits narrativ codierter Deutungen. Die geschichtskulturelle Relevanz und Bedeutung einer Geschichtssorte ergibt sich somit nicht aus der Summe der Einzelbetrachtungen der möglichen Elemente, sondern aus ihrer jeweiligen Konfiguration und der narrativen Logik der entstehenden Geschichten. Wie alle Formen des Umgangs mit Vergangenheit vergegenwärtigen auch Reenactments nicht die tatsächliche vergangene Wirklichkeit im Sinne einer unveränderten Aktualisierung. Vielmehr transferieren sie diese in neue Bedeutungskontexte bzw. erzeugen diese erst. Indem unterschiedlichen Zeitebenen zugehörige Elemente der Wahrnehmung und der normativen Auffassung von Welt miteinander verbunden werden, entstehen diverse neue und flüchtige Narrative.

Aufgrund seiner spezifischen Formen von Medialität und Performativität (bzw. Enaktivität) stellt das Reenactment somit eine eigene Geschichtssorte dar, die in der Gesellschaft vorhandene Vorstellungen und Bedeutungen von Geschichte nicht nur ausdrückt, sondern ihrerseits beeinflusst. Wie Wolfgang Hochbrucks *Geschichtstheater* konnotiert der Begriff Performativität tendenziell den Aspekt einer Aufführung gegenüber Dritten, die nicht bei allen Reenactments gegeben ist, etwa bei vielen *tacticals*.[14] Zentraler scheint vielmehr der begrifflich im Reenactment enthaltene Aspekt der Enaktivität im Sinne einer nicht so sehr nach außen, sondern vielmehr nach innen, auf Erleben gerichteten, handelnden Koinszenierung des Vergangenen im kognitionswissenschaftlich-konstruktivistischen Sinn sowie einer symbolischen „Wiedereinsetzung der vergangenen Situation in den vorigen Stand"[15] – gerade auch für zuweilen vorzufindende Fantasien der Hervorbringung alternativer Ausgänge von Ereignissen.

Pluralen und demokratischen Gesellschaften, die ihre Heterogenität und Diversität anerkennen, muss es ein Anliegen sein, der Vielfalt unterschiedlicher Geschichtskonzepte, -interessen und -deutungen nicht nur Raum zu lassen. Ihre Mitglieder müssen befähigt und ermutigt werden, an den gesellschaftlichen Auseinandersetzungen mit und über die Vergangenheit(en) und ihre Bedeutung

---

14 Als *tacticals* werden in der Szene solche (zumeist nicht öffentlichen) Reenactments bezeichnet, bei denen der Ablauf und das Ergebnis nicht vom geschickten Agieren der Teilnehmer*innen abhängen. Vgl. Courtney, Kent u. Al Thelin: Returning to the Civil War. Grand Reenactments of an Anguished Time. Salt Lake City 1997. S. 14.

15 Dieser Ausdruck bezeichnet im juristischen Verfahrensrecht die „Heilung" einer zumeist unverschuldeten Fristversäumnis. Hier soll er metaphorisch die symbolisch-imaginative Wieder-Eröffnung einer historisch entschiedenen Situation (etwa einer Schlacht) bezeichnen, die gerade *tacticals* zugrunde liegt. Die Kombination der tatsächlichen Entschiedenheit und konkreten Entscheidung einer solchen Situation und des Wissens darum bei den Beteiligten einerseits und ihrer medial und enaktiv-performativen Wieder-Öffnung andererseits, charakterisiert Reenactment, wenn auch in jeweils unterschiedlicher Weise.

für Gegenwart und Zukunft teilzuhaben, anstatt sie durch ein für alle verbindliches Geschichtsbild zu einer imaginierten Gemeinschaft zu formen. Zu den Aufgaben der Geschichtsdidaktik gehört es sowohl die für eine Befähigung zu kritischer und teilhabebezogener Reflexion wesentlichen Charakteristika der jeweiligen Geschichtssorten zu erforschen als auch Prinzipien und Methoden ihrer Thematisierung zu erarbeiten.

Über die Befähigung von Zuschauer*innen zum Verstehen konkreter Darstellungen (rezipientendidaktische Perspektive)[16] und zu valider Ausübung solcher Aktivitäten (produzentendidaktische Perspektive) hinaus geht es vorrangig um eine allgemeine reflexionsdidaktische Perspektive. Wie bei allen Geschichtssorten darf diese allerdings nicht darin bestehen, Reenactment mit der akademischen Historiographie zu vergleichen und anhand deren Standards als defizitär herauszustellen. Im Zentrum stehen vielmehr die von unterschiedlichen Beteiligten zugeschriebenen Potenziale und die in ihrer Ausübung tatsächlich emergierenden Formen narrativen Sinns. Eine solche Perspektive wird nicht ohne die Analyse der für Agierende und Wahrnehmende bedeutsamen Kategorien auskommen, darf sich aber nicht auf diese beschränken.

Aus geschichtsdidaktischer Sicht ist es wichtig, die von den Aktiven intendierten bzw. konstruierten und von den Zuschauenden wahrgenommenen Narrative herauszuarbeiten (De-Konstruktion).[17] Ferner müssen die im Reenactment kommunizierten Geschichtsdeutungen sowie die ihnen jeweils zugrunde liegenden geschichtssortenspezifischen Charakteristika analysiert werden.

Es kommt jedoch nicht nur im engeren Sinne historisches Reenactment in den Blick der Geschichtsdidaktik.[18] Nicht *ob* ein Reenactment historisch ist, ist ausschlaggebend, sondern *inwiefern*. Nur dann, wenn dessen Merkmale eine historische Dimension besitzen, ermöglicht der Umgang mit ihnen auch historische Lernprozesse. In diesem Sinne können selbst literarische Reenactments, also szenische Darstellungen fiktionaler Geschehnisse, in mehr als einer Dimension historisch sein und historisches Denken und Lernen erfordern und ermöglichen.

---

16 Vgl. zu diesen Perspektiven allgemeiner Hinz, Felix u. Andreas Körber: Warum ein neues Handbuch zu Geschichtskultur – Public History – Angewandter Geschichte? In: Geschichtskultur – Public History – Angewandte Geschichte. Geschichte lernen in der Gesellschaft: Medien, Praxen, Funktionen. Hrsg. von Felix Hinz u. Andreas Körber. Göttingen 2020 (UTB). S. 9 – 36, 31 f.
17 Vgl. Schreiber, Waltraud: Kompetenzbereich historische Methodenkompetenzen. In: Kompetenzen historischen Denkens. Ein Strukturmodell als Beitrag zur Kompetenzorientierung in der Geschichtsdidaktik. Hrsg. von Andreas Körber, Waltraud Schreiber u. Alexander Schöner. Neuried 2007 (Kompetenzen 2). S. 195 – 264.
18 Vgl. zur Abgrenzung von historischem Reenactment, Living History und Reenactment als Kunstform zuletzt Jureit, Magie (wie Anm. 13), S. 8 – 13.

Wenn etwa im Lübecker Heinrich-und-Thomas-Mann-Zentrum Elemente aus dem Roman *Buddenbrooks* dargestellt werden,[19] werden die im Buch geschilderten typischen Lebensverhältnisse und Verhaltensweisen der Vergangenheit vergegenwärtigt. Gleichzeitig werden dabei aber auch die Gesellschaftsvorstellungen des einer vergangenen Epoche angehörenden Autors enaktiv wieder in Kraft gesetzt. In diesem Sinne besitzt selbst das Nachspielen von Szenen literarischer oder filmischer Science Fiction eine historische Dimension, da sie eben nicht Zukunft darstellt, sondern Zukunftsvorstellungen von Autor*innen und Fans einer nicht mehr gegenwärtigen Subkultur verkörpert.

Theoriekonzepte

Zur Analyse der vielfältigen Geschichtskonzepte aller Beteiligten ist ein narrativ-konstruktivistisches Verständnis von Geschichte, wie es die moderne Geschichtsdidaktik überwiegend vertritt, besonders geeignet. Heutige Darstellungen von Vergangenem werden auf diese Weise weder als Abbildungen der Vergangenheit (wie in positivistischen Konzepten) begriffen noch wird jeglicher Bezug auf die vergangene Wirklichkeit als unmöglich oder bedeutungslos erklärt (radikaler Konstruktivismus bzw. Skeptizismus). Vielmehr verortet das narrativ-konstruktivistische Verständnis sowohl die Funktion historischen Denkens als auch die Logik seiner Vernunftkriterien in der narrativen Herstellung von Relationen zwischen Vergangenem und Gegenwärtigem.[20]

---

19 Knipp, Nacherlebte (wie Anm. 8), S. 213–215.
20 Im deutschen Zusammenhang tritt besonders Jörg van Norden für ein eher strikt konstruktivistisches Verständnis historischen Denkens als originäre Konstruktion (ohne „Re-") ein vgl. Norden, Jörg van: Was machst du für Geschichten? Didaktik eines narrativen Konstruktivismus. Herbolzheim 2015 (Reihe Geschichtsdidaktik 13). Große Teile der übrigen Geschichtsdidaktiker*innen hingegen vertreten einen „gemäßigten" Konstruktivismus – so auch die FUER-Gruppe mit ihrem Konzept der „Re-Konstruktion" als einem der beiden hauptsächlichen Modi historischen Denkens. Im internationalen Rahmen entsprechen diese beiden Positionen *cum grano salis* den von Chris Lorenz herausgearbeiteten und vom Positivismus abgegrenzten erkenntnistheoretischen Konzepten des Skeptizismus und narrativen Konstruktivismus. Vgl. hierzu und zu einer Parallelisierung mit den „epistemological beliefs" von Geschichtslehrkräften nach Maggioni, Liliana, Bruce van Sledright u. Patricia A. Alexander: Walking on the Borders. A Measure of Epistemic Cognition in History. In: The Journal of Experimental Education 77 (2009). S. 187–214; sowie die prägnante Zusammenstellung bei Nitsche, Martin: Geschichtstheoretische und -didaktische Überzeugungen von Lehrpersonen. In: Historisches Erzählen und Lernen. Historische, theoretische, empirische und pragmatische Erkundungen. Hrsg. von Martin Buchsteiner u. Martin Nitsche. Wiesbaden 2016. S. 159–196, 174 (Tab. 1).

Die Folge ist ein Verständnis aller Geschichtserzählungen als grundsätzlich kommunikativ,[21] mit dem sich einige Bedingungen der Bedeutungszuweisung erhellen lassen. Ähnlich der Analyse von Denkmälern[22] lohnt es bei der Analyse von Reenactments, die von Hans Jürgen Pandel aufgeworfene Frage, wer für wen wie Geschichte erzählt,[23] dahingehend zu erweitern, (a) „wer" (b) „als wer", (c) wem gegenüber (d) mit welcher Orientierungsabsicht welche Vergangenheit (e) in welcher narrativen Logik präsentiert und (f) wie beglaubigt. Das Theoriekonzept des narrativen Konstruktivismus bietet zugleich die Grundlage für eine Unterscheidung mehrere zeitliche Ebenen differenzierender Positionalitäten und Perspektiven. In der Geschichtsdidaktik fest etabliert hat sich hierbei das Modell dreier zeitlicher Ebenen, auf welchen jeweils multiple (u. a. soziale, kulturelle, politische) Perspektiven zu verorten sind.[24]

Die De-Konstruktion konkreter Narrative und der ihnen zugrunde liegenden geschichtssortenspezifischen Bedingungen erfordert auch eine Analyse der jeweils erkennbaren Konfigurationen der Perspektiven[25] sowohl der Akteur*innen

---

21 Röttgers, Kurt: Geschichtserzählung als kommunikativer Text. In: Historisches Erzählen. Formen und Funktionen. Hrsg. von Siegfried Quandt u. Hans Süssmuth. Göttingen 1982 (Kleine Vandenhoeck-Reihe 1485). S. 29–48; vgl. auch Körber, Andreas: De-Constructing Memory Culture. In: Teaching historical memories in an intercultural perspective. Concepts and methods. Experiences and results from the TeacMem project. Hrsg. von Helle Bjerg, Andreas Körber, Claudia Lenz u. Oliver von Wrochem. Berlin 2014 (Reihe Neuengammer Kolloquien 4). S. 145–151 und die dazugehörige CD; Körber, Andreas: Historical Thinking and Historical Competencies as Didactic Core Concepts. In: Teaching historical memories in an intercultural perspective. Concepts and methods. Experiences and results from the TeacMem project. Hrsg. von Helle Bjerg, Andreas Körber, Claudia Lenz u. Oliver von Wrochem. Berlin 2014 (Reihe Neuengammer Kolloquien 4). S. 69–96.
22 Körber, De-Constructing (wie Anm. 21).
23 Pandel, Hans-Jürgen: Wer erzählt wie für wen Geschichte? Geschichte von Sklaven und Sklavenhändlern. In: Geschichts-Erzählung und Geschichts-Kultur. Zwei geschichtsdidaktische Leitbegriffe in der Diskussion. Hrsg. von Ulrich Baumgärtner u. Waltraud Schreiber. München 2001 (Münchner geschichtsdidaktisches Kolloquium 3). S. 11–28.
24 Die Kurzformel für diese drei Ebenen lautet Multiperspektivität (im engeren Sinne) in Bezug auf zeitgenössische Quellen, Kontroversität unterschiedlicher späterer (historiographischer) Perspektiven auf die jeweils thematisierten Ereignisse und Pluralität der gegenwärtigen Perspektiven und Sinnbildungen. Vgl. grundlegend Bergmann, Klaus: Multiperspektivität. Geschichte selber denken. Schwalbach am Taunus 2000 (Methoden historischen Lernens/Wochenschau Geschichte); sowie weiterführend Lücke, Martin: Multiperspektivität, Kontroversität, Pluralität. In: Handbuch Praxis des Geschichtsunterrichts. Historisches Lernen in der Schule (Bd. 1). Hrsg. von Michele Barricelli u. Martin Lücke. Schwalbach am Taunus 2012 (Forum historischen Lernens/Wochenschau Geschichte). S. 281–288.
25 Hier wird deutlich, dass Perspektivität im Allgemeinen wie auch konkrete Perspektiven nicht allein darin begründet sind, aus welcher zeitlichen, sozialen, kulturellen, politischen Position

(„wer"), ihrer „Rollen" („als wer") als auch der intendierten und realen Rezipient*innen („wem") (Abb. 1).²⁶

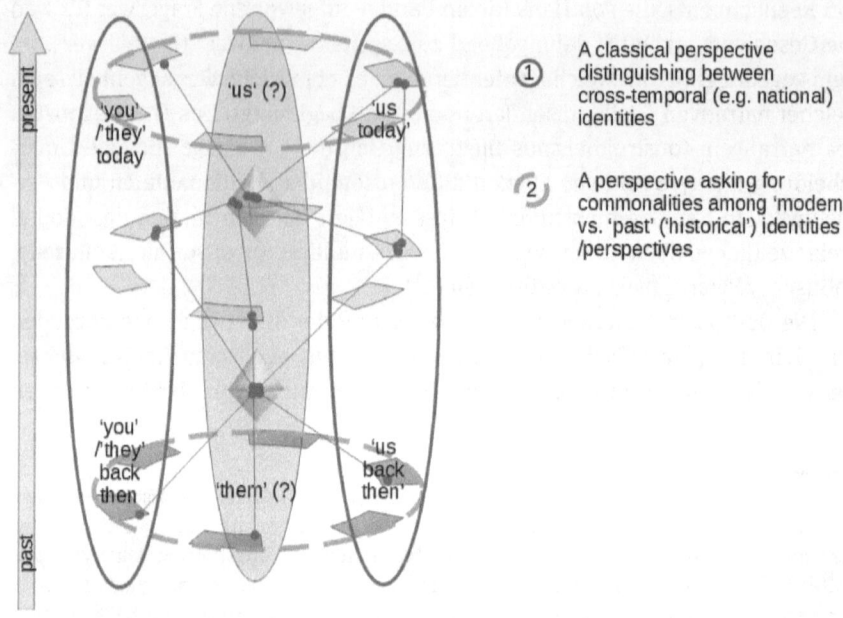

Abb. 1: Schema möglicher Perspektivenrelationen (verändert aus Körber, Transcultural [wie Anm. 26], S. 283)

Der Geschichtsdidaktik geht es darum, Lernende zur Analyse und Beurteilung von Narrationen zu befähigen. Dabei helfen Typologien unterschiedlicher narrativer Formen der Konstruktion historischen Sinns, unter denen wohl diejenige von Jörn Rüsen am bekanntesten ist.²⁷ Seine Differenzierung historischer Sinnbildung in

---

und mit ihnen verbundenen Weltsichten, Werthaltungen, Interessen etc. (eine) Vergangenheit betrachtet und interpretiert wird (etwa: „aus europäischer", „bürgerlicher" Perspektive), sondern auch dadurch, welche Facetten und Positionalitäten der Vergangenheit dabei in den Blick genommen werden (Perspektive auf Vergangenes). Perspektivität besteht somit aus einem Positionenverhältnis von bestimmten Bedingungen sowie Haltungen, Neigungen und Entscheidungen.
26 Vgl. Körber, Andreas: Transcultural history education and competence. Emergence of a concept in German history education. In: History Education Research Journal 15 (2018). S. 101–116.
27 Zuerst: Rüsen, Jörn: Die vier Typen des historischen Erzählens. In: Formen der Geschichtsschreibung. Hrsg. von Reinhart Koselleck, Heinrich Lutz u. Jörn Rüsen. München 1982 (Theorie der Geschichte. Beiträge zur Historik 4). S. 514–606; Rüsen, Jörn: Historik. Theorie der Geschichtswissenschaft. Köln 2013. S. 209–216; Körber, Andreas: Historische Sinnbildungstypen. Weitere

traditional, exemplarisch und genetisch[28] ermöglicht die Reflexion der narrativen Logiken konkreter, vergangenheitsbezogener Aktivitäten und somit auch von Reenactments. Insbesondere mit Blick auf die Beglaubigung gegenüber den Rezipient*innen bedarf die in der Geschichtsdidaktik etablierte Differenzierung unterschiedlicher Dimensionen von Triftigkeit bzw. Plausibilität[29] aber einer weiteren Ausdifferenzierung und Konkretisierung.

Geschichtsdidaktisch relevante Charakteristika des Reenactments als Geschichtssorte

Bei kollektiven Handlungen wie Reenactments kann nicht davon ausgegangen werden, dass die Anwendung der genannten theoretischen Perspektiven jeweils nur eine einzige Charakterisierung ergibt. Im Gegenteil ist von einem breiten Spektrum unterschiedlicher, jeweils Bedeutung tragender Vorstellungen und Realisierungen auszugehen, das – auch wegen der Flüchtigkeit des Geschehens – nicht immer als ein spezifisches Geschehen erkennbar ist. Ob das Verhältnis der Darsteller*innen zu den Rollen-Identitäten eine Bedeutung trägt oder ob es vornehmlich auf die Rollen selbst ankommt, bedarf der konkreten Beobachtung und Reflexion.

Ist es etwa für Darsteller*innen einer Schlacht bedeutsam, eine ihrer eigenen historisch-politischen Deutung nahestehende Rolle zu spielen, kann dies darauf hindeuten, dass in ihrer Vorstellung der zugrunde liegende Konflikt in kulturell sublimierter Form aufrechterhalten und somit zumindest ideell weitergeführt wird. Dies könnte so weit reichen, dass jene auf der Seite der früheren Verlierer*innen den vergangenen Konflikt nicht nur nachspielen, sondern ihn als symbolisches Re-Match neu austragen, also das Ereignis nicht nur nach-erleben, sondern – symbolisch – als offen wieder in Handlung setzen und gegebenenfalls ein anderes Ergebnis zu erreichen trachten. Deutlich wird das etwa in einem

---

Differenzierung. www.pedocs.de/volltexte/2013/7264/ (6.12.2020). Partiell vergleichbare Typologien sind u.a. zu finden bei Pandel, Hans-Jürgen: Erzählen und Erzählakte. Neuere Entwicklungen in der didaktischen Erzähltheorie. In: Neue geschichtsdidaktische Positionen. Hrsg. von Marko Demantowsky. Bochum 2002 (Dortmunder Arbeiten zur Schulgeschichte und zur historischen Didaktik 32). S. 39–55, S. 43; Wertsch, James: Specific Narratives and Schematic Narrative Templates. In: Theorizing historical consciousness. Hrsg. von Peter Seixas. Toronto 2004. S. 49–62.
28 Vgl. zur Modifikation der Typologie zunächst bei von Borries und später bei Rüsen: Körber, Historische Sinnbildungstypen (wie Anm. 27).
29 Rüsen, Historik (wie Anm. 27), S. 56–62.

Pressebericht über ein Reenactment der mittelalterlichen Schlacht von Hastings, in dem ein Protagonist mit den Worten zitiert wird, „[...] we're obviously hoping to get the right result", wobei „right" gerade nicht das „historische" Ergebnis meint,[30] aber auch in einer Äußerung eines schwarzen Nordstaaten-Reenactors am Rande des Gettysburg-Reenactments 2017: „Okay, you have some hard liners out there who are still fighting the Civil War." (Interview B8).

Für die auf der Verlierer-Seite spielenden Akteur*innen aktualisiert das Reenactment dann narrativ den Ursprung ihres Leides.[31] Für die Vertreter*innen der Sieger-Seite hingegen kann es darum gehen, den Erfolg der eigenen Seite und damit auch eine Bestätigung der eigenen Deutung zu erzielen:

> I: „Would you say there is a kind of memory war going on still?" B7: „Yeah, they just don't want to believe it they don't want to believe it. They won't want to believe what happened and exactly what you know they just don't wanna believe. They don't wanna they are mad because they still lost the war. [...] – and *they are still losing it* [...] and still losing still fighting." (Interview B7; Hervorhebung A.K.)

Spielt das Verhältnis der eigenen zur verkörperten Identität hingegen eine geringere Rolle, kann dies darauf hindeuten, dass das gespielte Ereignis weniger Relevanz besitzt. In diesem Fall scheint es eher um eine parteiübergreifend gültige Erfahrung der früheren Lebensumstände oder aber um eine zeitübergreifend gültige Herausforderung menschlichen Handelns zu gehen, die in der dargestellten Situation erfahren und bewältigt werden kann. Solche Motive und Deutungen entsprechen – wo sie nicht auf Vorstellungen anthropologischer Konstanz gründen (etwa „ewige Männlichkeit") – wohl weitgehend exemplarischen Sinnbildungen. Hinzutreten können Vorstellungen eines grundlegenden Fortschritts. Dieses genetische Sinnbildungsmuster liegt dann vor, wenn ein Reenactment ein vergangenes Ereignis und/oder vergangene Lebens- und Erlebnisumstände als Teil eines zwischenzeitlich überwundenen Zustandes vergegenwärtigt – etwa mit einer Betonung auf eine seither erfolgte und im Reenactment wieder bekräftigte Versöhnung. Alternativ sind ebenso Deutungen denkbar, die das vorgestellte Geschehen bzw. die damit verbundene Erlebniswelt als Verlust inszenieren. Solche Deutungen kombinieren die Wahrnehmung einer gerichteten zeitlichen Veränderung (genetisch) mit dem kontrafaktischen Wunsch der Fortgeltung.[32]

---

30 Ungoed-Thomas, Jon: 1066, the rematch. Harold loses again. www.thetimes.co.uk/article/1066-the-rematch-harold-loses-again-ghj37vr96s3 (20.8.2020).
31 Dies wird bei *Civil War*-Reenactments etwa greifbar in der Beschwörung des *Lost Cause*.
32 Diese spezifische Kombination zweier Sinnbildungsmuster nach Rüsen könnte somit als auch „nostalgische" oder gar „romantische" Sinnbildung bezeichnet werden.

Reenactment kann somit für Beteiligte den Charakter einer zumindest symbolischen Fortsetzung eines Konflikts annehmen, und so eine Art Sublimierung tatsächlich erkennbarer politischer und geschichtskultureller Differenzen darstellen, wie es in der oben zitierten Aussage deutlich wird. Ebenso findet sich aber auch die Betonung von Gemeinsamkeiten jenseits der dargestellten Differenzen und somit eine versöhnende und verbindende Funktion, wie in der folgenden Aussage eines Union-Reenactors bei derselben Veranstaltung in Gettysburg im Juli 2017 deutlich wird:

> They always teach the Civil War a little bit differently down in the South [...] It is kind of biased and it makes sense *they* were invaded. [...] It's a hobby, what we do, and *we are all on the same side*. And we're just trying to have fun and make people understand. (Interview B6)

Im Reenactment lässt sich somit wohl nur selten eine einzige, das vergangene Ereignis vergegenwärtigende Aussage erkennen. Vielmehr sind sie auch eine Arena für ein Spektrum unterschiedlicher Deutungen und Bedeutungszuschreibungen – von den eher „offiziellen", von Veranstalter*innen in Ankündigungen und Berichten sowie in etwaigen Teilnahmeregeln und Scripts erkennbaren, bis hin zu mehr oder weniger partikularen und gar privaten Überzeugungen.

Beteiligte an Reenactment- und Living History-Veranstaltungen (Organisator*innen, Aktive, Zuschauer*innen etc.) haben somit oft keine einheitliche, in sich konsistente Motivation für diese Form der Befassung mit Geschichte. Neben dem fast überall zu findenden Interesse an einer „authentischen" Darstellung des Gewesenen, gibt es durchaus auch solche geschichtspolitischer Art, wie etwa ein Interview mit dem Darsteller des ersten afroamerikanischen Offiziers der Nordstaaten-Armee Martin R. Delany in der Living History-Gruppe „Confederation of Union Generals" zeigt. Ihm gehe es nicht nur um die Bedeutung dieser Geschichte im Allgemeinen, sondern auch um seine Beteiligung an der Vergegenwärtigung, nämlich die Einschreibung der Geschichte und Perspektiven der Afroamerikaner*innen in das öffentlich wahrgenommene Bürgerkriegsnarrativ.[33]

Dass sich die oben skizzierten möglichen Motive nicht nur zwischen Beteiligten mischen, sondern sich über die Zeit auch verändern, haben etwa Wolfgang Hochbruck und Ulrike Jureit gezeigt.[34] Allerdings reicht die Interpretation der

---

33 Interview 7. Er spricht von seiner „race".
34 Hochbruck, Wolfgang: Die Geschöpfe des Epimetheus. Veteranen, Erinnerung und die Reproduktion des amerikanischen Bürgerkrieges. Trier 2011 (Mosaic 39); Hochbruck, Wolfgang: Reenacting Across Six Generations. 1863–1963. In: Doing History. Performative Praktiken in der Geschichtskultur. Hrsg. von Sarah Willner, Georg Koch u. Stefanie Samida. Münster 2016 (Edition Historische Kulturwissenschaften 1). S. 97–116; Jureit, Magie (wie Anm. 13), S. 59–77.

Perspektivenkonstellationen auf der Seite der Darsteller*innen nicht aus. Eine zweite Dimension betrifft daher die kommunikative Struktur gegenüber den Rezipient*innen der enaktiv entstehenden Narrative. Dabei können transitive und intransitive Formen des Erzählens durch Wiederaufführung unterschieden werden. Bei näherer Betrachtung vermengen sich diese kommunikativen Aspekte und interagieren miteinander. In kommunikativer Hinsicht sind als *transitiv* vornehmlich solche Formen der agierenden Vergegenwärtigung vergangener Lebensweisen oder Ereignisse zu verstehen, bei denen eine Darstellungsabsicht gegenüber nicht-agierendem Publikum beabsichtigt wird. Dies dürfte für viele größere Reenactments ein Teil der Normalität sein. In diesen Konstellationen sind jedoch die Vorstellungen, Interessen und Kriterien beider Seiten zu beachten. Imitierend-spielend getätigte Äußerungen über Vergangenes treffen dabei auf entsprechende antizipierte und tatsächliche Erwartungen seitens der Zuschauer*innen und werden entsprechend miteinander ausgehandelt.[35] Davon zu unterscheiden sind allerdings solche Reenactments, bei denen Publikum gar nicht gewünscht ist, die also eher dem eigenen Erleben der Darsteller*innen dienen – wie etwa die besondere Form der *tacticals*. Bei diesen ist der Aspekt der genauen Darstellung des aus der Retrospektive bekannten Ablaufs suspendiert zugunsten eines „authentischen" Erlebens der offenen Situation. Nicht das historisch gegebene Ergebnis steht demnach im Mittelpunkt, sondern die ausagierte taktische und kämpferische Fähigkeit. Auch hier ist eine zumindest latente Verschiebung von traditionaler im ersteren zu exemplarischer Sinnbildung im letzteren Fall zu erkennen – sofern es um die Kriterien Taktik, Kampferfolg und den Anforderungen an Leiden und Handeln in „solchen Situationen" geht.[36] Zugleich aber wohnt auch diesen nicht-öffentlichen Reenactments ein nicht unbedeutendes transitives Element inne. Das Handeln der Akteur*innen wie auch ihre Ausrüstung können als Statements gegenüber den anderen Mitgliedern der Gruppe gelten. Auch hier werden ständig Vorstellungen über die Vergangenheit und ihre Bedeutung miteinander ausgehandelt sowie zwischen den Darsteller*innen (zumindest einer Gruppe) stabilisiert.

Das ist aber keineswegs zwingend so. Gerade beim Reenactment von Konflikten, deren Interpretation und Wertung bis heute strittig ist, können mehrere solcher kommunikativen Beziehungen nebeneinander und ineinander verschränkt bestehen. Die Frage, inwiefern die heutigen Darsteller*innen und

---

35 „I: 'And what is the point of being accurate? Could you not just do it in any kind of [...] uniform or so?' B1: 'You could but, then it wouldn't be passing history along the way it truly was. [...] And I don't think people, especially middle to older age would really appreciate it as much.'" (Interview B1).
36 Courtney/Thelin, Returning (wie Anm. 14), S. 14.

Zuschauer*innen eher eine gemeinsame gegenwärtige Perspektive als Menschen des 21. Jahrhunderts auf den damaligen Konflikt und seine Parteien einnehmen (Abb. 1, rot markierte Perspektivenkonfigurationen) oder inwiefern zeitübergreifende Identitäten eine sinnbildende Bedeutung tragen (blaue Markierungen), ist für die geschichtskulturelle und -politische Interpretation von großer Bedeutung. Aussagen von Akteur*innen in *Civil War*-Reenactments, wonach es um die Vergegenwärtigung der US-amerikanischen Geschichte für ein US-amerikanisches Publikum gehe, deuten in diesem Sinne letztlich auf die Stabilisierung einer gemeinsamen Identität hin: „To pass the history on. To be able to say this is what happened, this is how our country got sorted." (Interview B1) Wenn somit einzelne Events von Aktiven und Zuschauer*innen außer an der Qualität der Organisation auch danach beurteilt werden, inwiefern die „authentische" Darstellung des Ereignisses gelungen ist, dürften dabei zum einen durchaus unterschiedliche Interpretationen im Spiel sein. Zum anderen dürfte aber auch die Frage berücksichtigt werden, inwiefern die jeweils eigene Interpretation und das eigene Darstellungsbedürfnis zur Geltung gekommen ist. Für die Beurteilung der Rolle von Reenactment als Geschichtssorte hingegen ist nicht nur ihr gewissermaßen offiziöser und gut sichtbarer Charakter von Bedeutung, sondern auch das Spektrum der anwesenden Einzelperspektiven und vor allem die Ausgestaltung ihrer Beziehungen zueinander. So ist es ebenso denkbar, dass Reenactment-Veranstaltungen ein Spektrum unterschiedlicher privater Interessen an Geschichte zur – gewollten oder ungewollten – Propagierung bestimmter Deutungen funktionalisieren – etwa der Versöhnungs-Erzählung des US-Bürgerkriegs als überstandene Prüfung der gemeinsamen Nation. Ebenso aber können auch problematische Geschichtsbilder überwiegen – gegebenenfalls auch gegen die Intentionen der Veranstalter*innen. Entscheidend wird somit nicht nur sein, inwiefern unterschiedliche Perspektiven und Deutungen ihren Platz finden, ohne direkt konflikthaft zu werden, sondern auch, inwiefern die Reenactment-Kultur es ermöglicht, Unterschiede und Gemeinsamkeiten sowie Prinzipien und Bedeutungen zu thematisieren und zu diskutieren.

Eine weitere Dimension betrifft die Beglaubigung der Ereignisdarstellungen. Wie alle Narrationen erheben Reenactments einen Anspruch auf Geltung. Obwohl Agierende nicht selten auch andere Motivationen nennen und sich ebenso zeigen lässt, dass sie sich oftmals der Grenzen bewusst sind, besteht der Geltungsanspruch im Falle des Reenactments zumeist in der Behauptung, das Geschehene „authentisch" wiederzugeben – und trotz dieses allseitig geteilten Ansinnens bedarf diese Behauptung offenkundig der immer neuen Beglaubigung sowohl gegenüber Mit-Aktiven wie auch insgesamt und gegenüber einem Publikum.

Bei näherem Hinsehen erweist sich der Authentizitätsanspruch allerdings als ein Konzept mit mehreren, miteinander nur teilweise zu vereinbarenden Facetten und Aspekten. Abgesehen von dem Wissen der Agierenden und Beobachtenden um die Begrenztheit der Spielsituation und die Möglichkeit einer Entschärfung von Schlachtsituationen durch die Abwesenheit tatsächlichen Waffengebrauchs, existiert eine offensichtliche Spannung zwischen den Ansprüchen, eine vergangene Ereignis- bzw. Handlungskette auf Basis retrospektiven Wissens nachzustellen und gleichzeitig die vergangene Situation – gekennzeichnet durch ihre Offenheit[37] – selbst nachzuerleben. Der von Ulf Otto erkannte Effekt, „räumliche und zeitliche Grenzen, zumindest für den Moment" aufzuheben, wodurch „das Gefühl" entstehe, „ein Teil der Geschichte" zu werden, „weil die Bilder der Vergangenheit in eine persönlich konkrete Erfahrung der Gegenwart überführt" werden,[38] wird dabei in einer bestimmten Richtung noch gesteigert. Ohne dass dies deutlich kommuniziert oder erkennbar wird, ergeben sich für Außenstehende wie Beteiligte unterschiedliche Authentizitätsvorstellungen. Die Schnittmengen zwischen einem Vor-Führen und Nach-Stellen einerseits und einem Wieder-Erleben andererseits müssen erschlossen werden.

Das ist gar nicht einmal auf die enaktiven Formen des Reenactments beschränkt, sondern findet sich in etwas anderer Form auch in Formen der Living History, bei denen nicht ein Ereignis dargestellt oder (wieder-)aufgeführt wird, sondern eher Perspektiven Beteiligter eingenommen werden. So berichtete der Darsteller eines Union-Generals bei unserer Beobachtung in Gettysburg:

> [...] part of becoming a Civil War Living Historian is not only knowing the information about the person, but trying to get to know that person personally. So, when you walk out to talk about that person *or become that person*, you sense what he was like and you know what he did. And you know how he would react. [...] I achieve that by textual, sort of understanding. I have the privilege of working, the general that I work for, I have the privilege of working with his great granddaughter. So, I had the chance to talk to her. I get a chance to read all his original documents that she has. He was a Medal of Honor recipient, from the Civil War. So, I

---

37 Eine Fokussierung der letzteren Facette – dann oft ohne Publikum – findet sich etwas bei den *tacticals*, bei denen nicht ein historischer Verlauf nachgestellt wird, sondern das taktische Geschick der einzelnen Einheiten maßgeblich ist (Vgl. oben Anm. 14). Kent Courtney und Al Thelin schreiben dazu: „More than make-believe, Civil War reenacting is total immersion into the time period of the War. It is the feeling, the guts, the fears, the spirit of actually being in the 1860s." Courtney/Thelin, Returning (wie Anm. 14), S. 8.
38 Otto, Ulf: Re: Enactment. Geschichtstheater in Zeiten der Geschichtslosigkeit. In: Theater als Zeitmaschine. Zur performativen Praxis des Reenactments. Theater- und kulturwissenschaftliche Perspektiven. Hrsg. von Jens Roselt. Bielefeld 2014 (Theater 45). S. 229–254, 234. Vgl. auch Halls Formulierung: „In reenacting the imitation of history tends to become the primary reality of history. Reenacting seeks to compress the past into the overwhelming personal, concrete experience of the present." Hall, Dennis: Civil War Reenactors and the Postmodern Sense of History. In: The Journal of American Culture 17 (1994). S. 7–11, 10.

can kind of get a feel for him. I'm also retired military. So, I have a sense, a feel military wise and how thinking goes on in military. So, I think I have a pretty good sense, what my particular individual, I portray was like. [...] We do have people who try and stump us, [...] but again you have to answer within a 19th Century concept. hey try and ask you questions about the 21st century and then you say well I'm sorry I never heard of that. For because it's something from the 21st century, which *we* never heard of in the 19th century. (Interview B5; Hervorhebung A.K.)

Noch eindrücklicher wurde dies bei einer öffentlichen Präsentation der Gruppe, in welcher die Darstellerin der ersten Militärärztin, Dr. Mary Walker, im realen Leben selbst Ärztin war und mehrfach die Horizonte von ihrem Leben und dem ihrer Protagonistin, also von Gegenwart und Vergangenheit, verschwimmen ließ, etwa indem sie davon sprach, dass sie („I") schon damals Symptome des Passivrauchens und von Posttraumatischer Belastungsstörung beschrieben habe, ohne noch über einen Begriff dafür zu verfügen.

Die für Reenactments oft in Anspruch genommene Authentizität kombiniert offenkundig Ansprüche einer äußerlichen Ähnlichkeit (Faksimile) mit solchen eines gewissermaßen „inneren" Nacherlebens, die für jeweils andere Beteiligte spezifische Relevanz gewinnen können. Akteur*innenseitige Anliegen und Erlebnisse des Nach-, Wieder- und vermeintlich authentischen Erst-Erlebens existieren somit neben- und ineinander verschränkt mit Zuschauer*innenseitigen Erwartungen an die Darstellung, die auch in unterschiedlicher Form bedient werden. So entsteht oftmals ein „komplexes Netzwerk aus einzelnen Geschichtsbildern"[39] und -konzepten mit uneinheitlichen Bedeutungszuweisungen.

Zum Potenzial von Reenactment für Historisches Lernen

Wie andere Geschichtssorten auch stellt das Reenactment eine spezifische Form des deutenden Umgangs mit Vergangenheit dar. Es bedient in unserer Geschichtskultur bestimmte Bedürfnisse und kommuniziert Deutungen. Seine spezifische kollektive Natur, die sich aus der Heterogenität der miteinander verwobenen Sinnbildungen ergibt, hat weitreichende Folgen für die Analyse ebenso wie den didaktischen Einsatz von Reenactments mit dem Ziel, die Lernenden zur Reflexion zu befähigen. Die wohl größte Herausforderung besteht dabei in der

---

[39] Sehlmann, Jan Otto Holger: Konzepte der Geschichtsvermittlung durch Living History und Reenactment. Eine qualitative Auswertung von Interviews von Akteuren und Zuschauern. Bachelorarbeit. Hamburg 2018. S. 18.

Dominanz nicht retrospektiv-sprachlicher, sondern enaktiver bzw. performativer Ausdrucksformen und dem damit verbundenen Anspruch einer nicht explizit-kognitiven, sondern implizit-immersiven Überbrückung der zeitlichen (und gegebenenfalls sozialen und kulturellen) Distanz zwischen Darstellenden und Dargestellten.[40] Im Reenactment wird also nicht explizit, wohl aber implizit narrativ Sinn gebildet. Es geht deshalb darum, Mitglieder einer Gesellschaft, in denen solche Formen der Präsentation von Geschichte eine nennenswerte Facette der Geschichtskultur darstellen, zu befähigen, dies wahrzunehmen und zu reflektieren.

Die Zielgruppe der im Folgenden vorgestellten didaktischen Potenziale beschränkt sich daher keineswegs auf Schüler*innen. Angesichts der hohen, gerade auch deutenden Wirkmächtigkeit performativer Praktiken durch Emotionalisierung, (scheinbare) Distanzverringerung und „Anschaulichkeit", geht es vielmehr um ein Empowerment unterschiedlicher Publika, sich zu dargestellten Deutungen zu verhalten. Dies entspricht dem übergreifenden Anspruch der Geschichtsdidaktik, deren Methoden zur Ausbildung de-konstruktiver Kompetenzen auch als Maßnahmen zur Entwicklung einer demokratischen Geschichtskultur pluraler und post-traditionaler Gesellschaften zu verstehen sind.[41] Die Zielgruppe für didaktische Reflexionen sind daher in erster Linie die allgemeine Öffentlichkeit und nur in zweiter Linie konkrete Akteur*innen.

Vor diesem Hintergrund gerät Reenactment nicht vornehmlich als Medium im instrumentellen Sinne, also als Werkzeug einer (transitiven) Vermittlung historischen Wissens an eine Gruppe von Lernenden in den Blick, auch wenn das bei manchen Akteur*innen eine deutliche Motivlage zu sein scheint. Aus didaktischer Perspektive liegt sein Wert vielmehr darin, dass in ihm (teil-)gesellschaftliche Geschichtsvorstellungen und -bedeutungen ausgehandelt werden.[42] Reenactment ist demnach:

(1) Gegenstand einer de-konstruierenden Analyse von jeweils hergestellten (bzw. aktivierten) und wahrgenommenen Geschichtsbildern, der diesen zugrunde liegenden Geschichtsvorstellungen und der ihnen zugehörigen Konzepte,

---

40 Vgl. die Passage aus Interview B5 oben.
41 Zum Konzept der post-traditionalen Gesellschaft und seiner Bedeutung für Bildung siehe auch Girmes, Renate: Sich zeigen und die Welt zeigen – Bildung und Erziehung in posttraditionalen Gesellschaften. Bildung und Erziehung in posttraditionalen Gesellschaften. Wiesbaden 1997.
42 Vgl. zur Differenzierung des Medienbegriffs u. a. Rückriem, Georg: Mittel, Vermittlung, Medium. Bemerkungen zu einer wesentlichen Differenz. Golm 2010 (Vortrag im Graduiertenkolloquium der Universität Potsdam).

(2) ein zu analysierender Prozess der Vermittlung zwischen solchen Vorstellungen bei unterschiedlichen Beteiligten, sowie
(3) Gegenstand einer auf die Befähigung zum kritischen Umgang mit diesen Formen zielenden historischen Bildung.

Analytisch ist hierbei nach mehreren Aspekten zu fragen:
- Welches konkrete (narrative) Verhältnis von Vergangenheit, Gegenwart und Zukunft unterstellen Aktive, Zuschauende und weitere Beteiligte jeweils dem imitativen Handeln, und wie wird dieses in der konkreten Aktivität jeweils konstruiert, wahrgenommen und bewertet (etwa in Bezug auf eigene und fremde Identitäten)?
- Welche fachunspezifischen und welche fachspezifischen Begriffe[43] ziehen die Beteiligten jeweils für die Konstruktion bzw. Perzeption der Deutungen heran?
- Welche Qualitätskriterien für das Gelingen eines geschichtsbezogenen, performativen Akts nutzen die (unterschiedlichen) Beteiligten jeweils, und wie begründen sie sie?
- Inwiefern sind dabei spezifische Konfigurationen mehrerer Merkmale für die Produktion und Rezeption der konkreten Handlungen und ihrer Bedeutung relevant, etwa:
  - Wie denken Beteiligte das Verhältnis von „Fiktionalität" und „Faktizität" (Pandels „Wirklichkeitsbewusstsein")[44] konkret?
  - Inwiefern schreiben sie Aspekten menschlichen Handelns und menschlicher Identität Wandlungsfähigkeit oder Stabilität zu („Historizitätsbewusstsein")?
  - Wie setzen sie gegenwärtige und verkörperte Identitäten zueinander (narrativ) in Beziehung („Identitätsbewusstsein")?

In normativer Hinsicht ist zu erkunden, welche Bedeutung die jeweils bei den Beteiligten zu erkennenden Konzepte und Vorstellungen sowie Interessen und

---

[43] Gemeint sind hier sowohl gegenstandsbezogene (*first-order* oder *substantive concepts*) als auch erkenntnistheoretische Begriffe (*second-order concepts*). Vgl. Lee, Peter J. u. Rosalyn Ashby: Progression in Historical Understanding among Students Ages 7 – 14. In: Knowing, teaching, and learning history. National and international perspectives. Hrsg. von Peter N. Stearns, Peter Seixas u. Sam Wineburg. New York 2000. S. 199 – 222, 199 f.
[44] Pandel, Hans-Jürgen: Dimensionen des Geschichtsbewusstseins. Ein Versuch, seine Struktur für Empirie und Pragmatik diskutierbar zu machen. In: Reader: Historische und politische Bildung. Hrsg. von Reinhold Hedtke u. Dietmar von Reeken. Bielefeld 2005 [1987]. www.sowi-online.de/reader/historische_politische_bildung.html (6.12.2020).

Motive vor dem Hintergrund gesellschaftlich verbreiteter Vorstellungen einerseits und des fachwissenschaftlichen Erkenntnisstandes andererseits besitzen. Pragmatisch ist schließlich von Interesse, wie die Reflexion der Charakteristika des Reenactments als Geschichtssorte genutzt werden kann, um die Kompetenzen unterschiedlicher Zielgruppen zum Umgang mit Geschichte zu fördern.

Es darf also bei einer Thematisierung von Reenactment im Rahmen des allgemeinen Geschichtslernens nicht darum gehen, der vergangenen Wirklichkeit „so nahe wie möglich zu kommen", sie „wieder aufleben zu lassen", „in sie" (bzw. in das handwerklich-phantasiehaft erstellte Surrogat) einzutauchen oder auch nur Eindruck der Immersion zu erwecken. Reenactment ist in intentionalen Lernprozessen niemals nur als Medium oder Methode, sondern immer als zu reflektierender Gegenstand anzusprechen. In besonderem Maße gilt das dort, wo Lernende selbst Geschichte nachstellen oder nacherleben sollen.[45] Ähnlich wie bei Rollen- und Planspielen gilt auch hier, dass die Durchführung von Reenactments ohne eine Reflexion der Voraussetzungen und Konsequenzen des imitativen Tuns die Gefahr einer Indoktrination oder Überwältigung birgt.

Eine Anwendung imaginativer und imitativer Methoden auch im schulischen Unterricht ist damit keineswegs ausgeschlossen, erfordert aber eine didaktische Brechung der Rollensituation. Die nachträgliche Reflexion der gemachten Erfahrungen sollte somit nicht vornehmlich die Perspektive ihres „Gelingens" betonen (also die Frage danach, wie „echt" das Spiel war), sondern einer Aufarbeitung des individuellen Erlebens, der wahrgenommenen Anforderungen und der gemachten Erfahrungen dienen.

Der Versuch, eine fremde Perspektive zu übernehmen, resultiert bei Autor*innen einer Nachspiel-Aufgabe, der Lehrkraft wie den Schüler*innen in neuen Vorstellungen von historischer Andersartigkeit. Die (emotionalen) Erfahrungen ermöglichen Einsichten in die Spezifik des heutigen Seins und Handelns. Um diese Erfahrungen zu thematisieren, bieten sich folgende Fragen an: (1) Welche Eigenschaften des vergangenen Zusammenhangs sind gegenüber gegenwärtigem Denken und Handeln besonders aufgefallen und welche nicht? (2) Welche kognitiven Operationen und emotionalen Haltungsveränderungen waren nötig, um

---

[45] Zur steigenden Beliebtheit handlungsorientierter und erlebnispädagogischer Angebote für den Unterricht vgl. Sénécheau, Miriam u. Stefanie Samida: Living History als Gegenstand historischen Lernens. Begriffe – Problemfelder – Materialien. Stuttgart 2015 (Geschichte und Public History); Neu, Tim: Vom Nachstellen zum Nacherleben? Vormoderne Ritualität im Geschichtsunterricht. In: Echte Geschichte. Authentizitätsfiktionen in populären Geschichtskulturen. Hrsg. von Eva Ulrike Pirker, Mark Rüdiger, Christa Klein, Thorsten Leiendecker, Carolyn Oesterle, Miriam Sénécheau u. Michiko Uike-Bormann. Bielefeld 2010 (Historische Lebensentwürfe in populären Wissenskulturen/History in Popular Cultures 3). S. 61–74.

einen „authentischen" Eindruck von Andersartigkeit zu erzeugen und eine Distanzierung von den selbstverständlichen Charakteristika heutigen Lebens zu erreichen? (3) Welche der beim Versuch wahrgenommenen Abweichungen des nachgestellten Denkens und Handelns vom eigenen, gegenwärtigen Leben können nicht einfach auf individuelle Unterschiede und/oder zeitneutral soziale oder kulturelle Prägungen zurückgeführt werden, sondern sind als zeitspezifisch anzusehen? Es sind also nicht allein Fragen danach, was „die Menschen damals" so anders sein lässt, sondern vielmehr Fragen nach den Leistungen und Grenzen imitativer Gewinnung von Erkenntnissen darüber, wie man unter anderen zeitlichen Umständen („früher") gelebt, gedacht und gehandelt hätte. Streng genommen sind es erst diese Fragen, die auch den Umgang mit „klassischen" Quellen zu wahrhaft historischem Denken machen. In der Quelleninterpretation treten sie aber aufgrund ihrer das historisch denkende Subjekt nur sehr abstrakt involvierenden Natur kaum zutage.

Das eigentliche Potenzial des Reenactments liegt also vornehmlich in der Funktion als Gegenstand didaktischer Reflexion und Planung. Es mit wissenschaftlichen Erkenntnissen zu kontrastieren hieße, seinen eigentlichen Erkenntniswert zu verschenken. Bei intentionalem Lernen über und mit Reenactments muss es somit immer auch um die Vergegenwärtigung der Bedingungen, Voraussetzungen, Möglichkeiten, Grenzen und Effekte solcher Vergegenwärtigungsversuche gehen. Materialien dazu dürften daher nicht nur die Wieder-Aufführung selbst (oder Abbildungen davon) sein. Es sollten vielmehr die Perspektiven unterschiedlicher Beteiligter zugänglich werden. In diesem Sinne ist Historisches Lernen vornehmlich *an* und *über* Reenactments als *durch* Reenacting sinnvoll zu konzipieren. Aufgrund des hohen organisatorischen und materiellen Aufwands sind wohl allenfalls kleinere begrenzte, performative Versuche in Verkleidung denkbar. Sie können die für die Geschichtssorte kennzeichnenden Erlebens- und Erfahrungsversprechungen kaum einlösen und daher allenfalls als probeweise, punktuelle Einblicke in die Erwartungs- und Denkweisen von Darsteller*innen dienen. Allerdings muss deutlich werden, dass dabei gerade kein Wechsel in die Perspektive der historischen Personen und Rollen stattfindet, sondern in diejenige eines*einer gegenwärtig Aktiven.

Sie sollten somit allenfalls ein ergänzender Bestandteil sein von Ansätzen, welche anhand anderer Materialien die Besonderheiten dieses Umgangs mit Geschichte und dabei die Perspektiven verschiedener Beteiligter thematisieren. Geeignet sein dürften daher insbesondere Erkundungen, bei welchen (arbeitsteilig) sowohl schriftliche Dokumente (z. B. öffentliche Ankündigungen, Presseberichte, Erfahrungsberichte, Presseartikel) gesammelt als auch Interviews mit Organisator*innen, Aktiven, Zuschauer*innen und gegebenenfalls auch etwa protestierenden Gegner*innen geführt und ausgewertet werden.

Geschichtsdidaktische Fragen zu konkreten Reenactments können folgende Aspekte fokussieren:
- Inwiefern sind die Eigenschaften, die der Vergangenheit zugeschrieben und ausagiert werden, Ausdruck spezifischer Deutungen des Verhältnisses zwischen wahrgenommener Vergangenheit und eigener Gegenwart?
- In welcher Form prägen diese zugeschriebenen Qualitäten der Vergangenheit bzw. Verhältnisse zur Gegenwart die Form ihrer Vergegenwärtigung?
- Inwiefern ist den Beteiligten bewusst, dass das Historische des im Reenactment performativ vergegenwärtigten Zusammenhangs nicht in seiner „Faktizität", sondern seinem Verhältnis zu unserer heutigen Welt liegt?
- Inwiefern ist dieses Verhältnis einer narrativen Analyse (De-Konstruktion) zugänglich?
- Wie drücken sich im performativen Handeln bestimmte Bedürfnisse, etwa nach Identität und Orientierung, aus?

Indem möglichst unterschiedliche Vorstellungen anhand verschiedener Materialien reflektiert werden, kann die Spezifik des historischen Denkens in dieser Geschichtssorte für Lernende einsichtig werden. Folgt man der Struktur des *Kompetenzmodells Historischen Denkens* der FUER-Gruppe[46] lassen sich folgende Aufgaben formulieren: Mittels verschiedener didaktischer Arrangements wird die umstandslose Identifikation des Beobachteten oder selbst Erlebten mit der vergangenen Wirklichkeit gezielt verunsichert. Auf diese Weise entwickelt sich die reflexive Kompetenz der Lernenden von einem basalen über ein intermediäres hin zu einem elaborierten Niveau.[47] Mittels einfacher Fragen nach dem Grad der Authentizität des Dargestellten werden die Lernenden zunehmend in die Lage versetzt, danach zu forschen, von wem eine gegenwärtige Handlung unter welchen Umständen als authentisch angesehen wird.[48] Dazu müssen naiv-

---

46 Körber, Andreas; Waltraud Schreiber u. Alexander Schöner (Hrsg.): Kompetenzen historischen Denkens. Ein Strukturmodell als Beitrag zur Kompetenzorientierung in der Geschichtsdidaktik. Neuried 2007 (Kompetenzen 2).
47 Körber, Andreas: Graduierung. Die Unterscheidung von Niveaus der Kompetenzen historischen Denkens. In: Kompetenzen historischen Denkens. Ein Strukturmodell als Beitrag zur Kompetenzorientierung in der Geschichtsdidaktik. Hrsg. von Andreas Körber, Waltraud Schreiber u. Alexander Schöner. Neuried 2007 (Kompetenzen 2). S. 415–472; Körber, Andreas: Graduierung historischer Kompetenzen. In: Handbuch Praxis des Geschichtsunterrichts. Historisches Lernen in der Schule (Bd. 1). Hrsg. von Michele Barricelli u. Martin Lücke. Schwalbach am Taunus 2012 (Forum historischen Lernens/Wochenschau Geschichte). S. 236–254.
48 Es wurde versucht, einige solcher möglichen Entwicklungen in der Tabelle (Tab. 1) zu skizzieren.

alltagssprachliche Konzepte durch wissenschaftlich-anschlussfähigere, differentielle Begriffe ergänzt werden. Es gilt, naive Wahrheitsvorstellungen („so war es wirklich") herauszufordern und durch kategorial definierbare Konzepte – etwa aus dem Begriffsfeld von Authentizität und Akkuratesse – zu ergänzen bzw. zu ersetzen.[49] Diese Begriffe sollen nicht allein theoretisch gelernt, sondern Lernende darüber befähigt werden, ihre Beobachtungen und Fragen zunehmend anschlussfähig und differenziert zu formulieren. Indem neben eigene oder mediatisierte Beobachtungen unterschiedlicher Reenactments auch schriftliche und mündliche Aussagen aus ihrem Umfeld – etwa Werbung, Rezensionen, Kritiken, Interviews mit Aktiven und Publika – untersucht und verglichen werden, kann die Frage- und Sachkompetenz weiter ausgebaut werden.

Mit Blick auf die Methodenkompetenz(en) werden somit insbesondere die dekonstruktiven Fähigkeiten zur Analyse vorgefundener Geschichtsdarstellungen operationalisiert. Wo (auf basalem Niveau) das im Reenactment Dargestellte und Gesehene zunächst vielleicht (befördert durch den Authentizitäts-Anspruch) für bare Münze genommen und eigene Vorstellungen des Geschehens anhand dessen verändert werden, oder (auf schon etwas höherem Niveau) die Darstellung selbst anhand anderen (etwa aus Quellen erschlossenen) Wissens beurteilt wird, ist die Entstehung der Fähigkeit zur vergleichenden Analyse und Interpretation unterschiedlicher Darstellungen und der in ihnen sichtbaren Motive und Konzepte auch als ein Gewinn an Anschlussfähigkeit des eigenen historischen Denkens an gesellschaftliche Formen der Geschichtskommunikation zu sehen. Damit werden schließlich auch naive (basale) Konzepte der Bedeutung von Geschichte insgesamt, der eigenen historischen Identitäten, sowie der Wahrnehmung von Alterität aufgebrochen und für Reflexionen geöffnet. Eine in den Materialien und Präsentationen erkennbare Pluralität an Perspektiven und Meinungen kann zudem dafür sorgen, die Vorstellung einer einzigen „richtigen" Form der Geschichtsdarstellung zugunsten mehrdimensionaler Überlegungen zu relativieren. Unterrichtsmethodisch kommen somit vornehmlich problem- und projektorientierte Verfahren infrage, bei denen eine Mehrzahl von Wahrnehmungen und Äußerungen aus unterschiedlichen Perspektiven erhoben und unter kategorialen Gesichtspunkten analysiert und reflektiert werden.

---

49 „[...] reenactment has appropriated the language of relativism – each reenactor offers his or her own version of the past – but not its lessons about the constructedness of history." Agnew, Vanessa: Introduction. What is Re-Enactment? In: Criticism 46 (2004). S. 327–339, 332.

Tab. 1: Einige mögliche Niveaus der Kompetenzen im Umgang mit Reenactments (Entwurf: Andreas Körber)

	Allgemein	Fragekompetenz	Re-Konstruktions-kompetenz	De-Konstruktions-kompetenz	Orientierungs-kompetenz	Sachkompetenz
Elaboriertes Niveau	– Fähigkeit, Fertigkeit und Bereitschaft, Reenactments als spannungsreiche gegenwärtige Bezugnahmen auf eine nicht erkennbar gegebene, sondern im Reenactment re-konstruierte und gedeutete Vergangenheit zu erkennen und zu analysieren; – Fähigkeit, Fertigkeit und Bereitschaft, mit Akteur*innen und Zuschauer*innen sowie allgemein	– Fähigkeit, Fertigkeit und Bereitschaft, differenziert nach Kriterien für „Authentizität" zu fragen; – Fähigkeit, Fertigkeit und Bereitschaft, nach unterschiedlichen Verständnissen der zentralen Konzepte zwischen und innerhalb der Gruppen von Beteiligten zu fragen; – ...	– Fähigkeit, Fertigkeit und Bereitschaft, die eigenes Reenacten als spezifisch perspektivische, voraussetzungs- und entscheidungs-reiche Re-Konstruktion vergangener Ereignisse mit spezifischen Grenzen und Leistungen zu erkennen und zu kommunizieren; – Fähigkeit, Fertigkeit und Bereitschaft, mittels Reflexion auf zentrale Konzepte (etwa	– Fähigkeit, Fertigkeit und Bereitschaft, die von Aktiven und Publika sowie in der Theorie verwendeten Konzepte zu hinterfragen; – Fähigkeit, Fertigkeit und Bereitschaft, mittels Reflexion auf zentrale Konzepte sowie auf die Perspektiven der Beteiligten zwischen verschiedenen Wahrnehmungen und Deutungen der jeweils dargestellten Ereignisse bei	– Fähigkeit, Fertigkeit und Bereitschaft, bei der Analyse und Diskussion der Bedeutung von spezifischen Reenactments für die (Geschichts-) Kultur der Gesellschaft die jeweils angewandten Begriffe zu reflektieren; – Fähigkeit, Fertigkeit und Bereitschaft, mittels Reflexion auf zentrale Konzepte zwischen verschiedenen Aspekten und	– Einsicht in die Komplexität und innere Widersprüchlichkeit von spezifischen Handlungs- und Beglaubigungskonzepten, in ihre Leistungen und Grenzen; – Einsicht in Spannung zwischen Nachstellen und Nacherleben; – Einsicht in die Abhängigkeit zentraler Konzepte von Geschichts-, Gesellschafts- und Wissenschafts-vorstellungen

Tab. 1: Einige mögliche Niveaus der Kompetenzen im Umgang mit Reenactments (Entwurf: Andreas Körber) *(Fortsetzung)*

	Allgemein	Fragekompetenz	Re-Konstruktions-kompetenz	De-Konstruktions-kompetenz	Orientierungs-kompetenz	Sachkompetenz
←	über die Bedeutungen und Grenzen von Eigenschaften und Kriterien für Reenactments zu diskutieren; – z. B. Fähigkeit, Fertigkeit und Bereitschaft, das Spannungsverhältnis von „Immersion" und „Vergegenwärtigung" zu reflektieren; – …		„Immersion" und „Vergegenwärtigung" sowie „Wahrheit") die (relative) Subjektivität von Beglaubigungen und Qualitätsurteilen über Reenactments zu reflektieren; – …	und unter Akteur*innen, Zuschauer*innen etc. zu unterscheiden und diese zu vergleichen; – …	Dimensionen performativ dargestellter Geschichte zu unterscheiden und zu differenzierten Sach- und Werturteilen über die Bedeutungen (etwa für die Akteur*innen, die Zuschauer*innen, die Gesellschaft) zu gelangen; – …	unterschiedlicher Beteiligter; – …
Intermediäres Niveau	– Fähigkeit, Fertigkeit und Bereitschaft, bestimmte Dimensionen von „Authentizität"	– Fähigkeit, Fertigkeit und Bereitschaft, bestimmte Dimensionen von „Authentizität"	– Fähigkeit, Fertigkeit und Bereitschaft, bei eigenem Reenacten die zu produzierende Deutung mit Hilfe	– Fähigkeit, Fertigkeit und Bereitschaft, Reenactments mit Hilfe eingeführter Kriterien und	– Fähigkeit, Fertigkeit und Bereitschaft, die in konkreten Reenactments produzierten Deutungen und	– Konsistente Verfügung über Konzepte wie z. B. „Imitation", „Immersion" (als Distanzierung von der

Tab. 1: Einige mögliche Niveaus der Kompetenzen im Umgang mit Reenactments (Entwurf: Andreas Körber) *(Fortsetzung)*

Allgemein	Fragekompetenz	Re-Konstruktionskompetenz	De-Konstruktionskompetenz	Orientierungskompetenz	Sachkompetenz
begrifflich zu unterscheiden; — Fähigkeit, Fertigkeit und Bereitschaft, unter Anwendung definierter Begriffe und Kriterien über Charakteristika und Qualitäten sowie Bedeutung von Reenactments zu sprechen; — z. B. Fähigkeit, Fertigkeit und Bereitschaft, die Vorstellungen einer „Immersion" *in die* Vergangenheit und einer	begrifflich zu unterscheiden; — Fähigkeit, Fertigkeit und Bereitschaft, unter Verwendung von sowohl szenetypischen wie theoretischen Begriffen nach Motiven, Interessen, Perspektiven, Qualitäts- und Beglaubigungskriterien zu fragen; — Fähigkeit, Fertigkeit und Bereitschaft, unter Nutzung dieser Begriffe nach Leistungen	eingeführter Begriffe und in Anwendung eingeführter Konzepte (etwa hinsichtlich spezifischer Dimensionen von „Authentizität") differentiell zu konstruieren; — ...	Begriffe zu analysieren, und ggf. unterschiedliche Deutungen zu entnehmen; — Fähigkeit, Fertigkeit und Bereitschaft, Reenactments unter unterschiedlichen Gesichtspunkten zu beurteilen; — ...	Be-Deutungen unter Nutzung eingeführter Konzepte zu bewerten; — Fähigkeit, Fertigkeit und Bereitschaft, mit Hilfe eingeführter Begriffe die Wahrnehmung und Bedeutung konkreter Reenactments in ihrer jeweiligen Form für die Gesellschaft zu analysieren; — ...	„Gegenwart") und „Vergegenwärtigung" (als Reproduktion des Vergangenem), „Authentizität", „Akkuratesse", „farb" etc.; — über Begriffe wie „First Person" / „Third Person" Perspektive, „period", — ...

Tab. 1: Einige mögliche Niveaus der Kompetenzen im Umgang mit Reenactments (Entwurf: Andreas Körber) *(Fortsetzung)*

	Allgemein	Fragekompetenz	Re-Konstruktions-kompetenz	De-Konstruktions-kompetenz	Orientierungs-kompetenz	Sachkompetenz
	– „Vergegenwärti-gung" *der* Vergangenheit zu unterscheiden; – ...	und Grenzen der Darstellbarkeit zu fragen; – ...				
Basales Niveau	– Naives, unbegriffliches Abbildungsver-ständnis, etwa: Gleichsetzung von Anschaulichkeit und Detailtreue mit Wirklichkeits-treue; – vorbegriffliche Nicht-Unterscheidung der Zeitverhältnisse „Immersion" und „Vergegenwärti-gung"; – ...	– Situatives, naives Fragen nach der „Wahrheit" des Dargestellten; – ...	– Naive Übertragung eindrucksvoller (Detail-) Erfahrungen auf den Gesamtzusam-menhang des Reenactments; – ...	– Naive Übernahme der in Reenactments produzierten Deutungen als wahr; bzw. naive Kritik an Reenactments aufgrund Nicht-Übereinstim-mung von Details mit eigenem Wissen und eigenen Überzeugungen – ...	– Naive Übertragung bei Reenactments verwandter Begriffe („Darstellung, wie es gewesen") auf die Bedeutung dieser Reenactments für die Kultur; – ...	– Nicht-Verfügung über gesellschaftlich eingeführte Begriffe; – Nutzung situativer, nicht-konsistenter Termini und Konzepte; – ...

Schluss: Reenactment als Brennglas für Reflexionen über Geschichte

Obwohl Reenactments zuweilen mit großer Skepsis begegnet wird, können sie bei entsprechender Thematisierung für die Geschichtsdidaktik besonders wertvoll sein. Für die vielen Klein- und Kurzformen des Ausprobierens vergangener Praktiken im Rahmen von Living History-Präsentationen etwa beim Besuch von (Freilicht-)Museen[50] liegt dieser Wert vornehmlich in der Anschaulichkeit und der Möglichkeit, diese zeitnah und fokussiert zu reflektieren. Die „Großformen" von Reenactment mit ihrem hohen Anspruch an Authentizität sowie ganzheitlichem Erlebnis- und Erfahrungscharakter eignen sich besonders dadurch, dass Lernende an ihnen durch eine kognitive bzw. theoriegeleitete Analyse und Reflexion wesentliche Einsichten in Bedingungen, Formen und Bedeutungen historischen Denkens gewinnen können. Sie erweitern so ihre Kompetenzen für eine kritische Teilhabe am gesellschaftlichen Umgang mit Geschichte, was anhand der oftmals nüchternen Texte der üblichen Geschichtspräsentationen aus Wissenschaft und Schule deutlich mühsamer gelingt. Trotz hohen organisatorischen und logistischen Aufwands können Erkundungen von Reenactments eine gute Bereicherung der curricularen Angebote des kompetenzorientierten Geschichtsunterrichts darstellen. Allerdings bedarf es dazu sowohl strukturierender Untersuchungshilfen[51] als auch unterstützenden Materials, das Intentionen, Hintergründe, Prinzipien und Wahrnehmungen möglichst multiperspektivisch-kontrastiv zugänglich macht.

Nicht nur die pragmatische Perspektive der Konzeption von Unterricht, sondern auch die wissenschaftliche Erforschung gesellschaftlicher Praktiken im Umgang mit Vergangenheit erfordert eine empirische Bestandsaufnahme konkreter Lernprozesse im Zusammenspiel von Vergegenwärtigung, Rezeption und Aushandlung historischer Vorstellungen. Sowohl die tatsächlichen

---

50 Ein mehrfach zu findendes Beispiel für eine solche Kurzform, die – wenn auch zumeist nicht als Reenactment, sondern als „Theaterstück" (Hamburg) bzw. als „Unterrichtsspiel" (Bremen) bezeichnet – wesentliche Elemente enthält, sind die Nachstellungen von Unterricht vergangener Zeiten, etwa aus der Zeit Wilhelms II. in Schulmuseen. Siehe dazu die Homepages des Hamburger Schulmuseums (www.hamburgerschulmuseum.de/index.php?option=com_content&view=article&id=32&Itemid=20 (15.4.2018)) und des Schulmuseums Bremen (www.schulmuseum-bremen.de/311/pb.htm (15.4.2018)).

51 Vgl. für ein Beispiel Bleer, Anna; Annika Kopisch; Dennis Ledderer u. Otto Sehlmann: Handreichung zur Erschließung von Reenactments. geschichtssorten.blogs.uni-hamburg.de/reenactment/ (6.12.2020).

Ausprägungen von einschlägigen Konzepten als auch der unterschiedliche gesellschaftliche Umgang mit Vergangenheit und Geschichte sowie geschichtsbezogene Aushandlungsprozesse sind zu erforschen. Hierzu kann die Geschichtsdidaktik mit ihren eigenen Konzepten des Geschichtsbewusstseins, der historischen Identitäten[52] und der Kompetenzen nicht nur pragmatisch, sondern auch empirisch beitragen.

Literaturverzeichnis

Agnew, Vanessa, Jonathan Lamb u. Juliane Tomann: Introduction. What is reenactment studies? In: The Routledge Handbook of Reenactment Studies. Key Terms in the Field. Hrsg. von Vanessa Agnew, Jonathan Lamb u. Juliane Tomann. London 2020. S. 1–11.

Agnew, Vanessa: Introduction. What is Re-Enactment? In: Criticism 46 (2004). S. 327–339.

Anderson, Jay: Living History. Simulating Everyday Life in Living Museums. In: American Quarterly 34 (1982). S. 290–306.

Barton, Keith C. u. Linda S. Levstik: Doing History. Investigating with Children in Elementary and Middle Schools. New York 2015.

Bergmann, Klaus: Multiperspektivität. Geschichte selber denken. Schwalbach am Taunus 2000 (Methoden historischen Lernens/Wochenschau Geschichte).

Bergmann, Klaus: Geschichtsunterricht und Identität. In: Aus Politik und Zeitgeschichte 23 (1975). S. 19–25.

Bernhardt, Markus: Verführung durch Anschaulichkeit. Chancen und Risiken bei der Arbeit mit Bildern zur mittelalterlichen Geschichte. In: Bilder – Wahrnehmungen – Konstruktionen. Reflexionen über Geschichte und historisches Lernen. Festschrift für Ulrich Mayer zum 65. Geburtstag. Hrsg. von Markus Bernhardt, Gerhard Henke-Bockschatz u. Michael Sauer. Schwalbach am Taunus 2006 (Forum Historisches Lernen/Wochenschau Geschichte). S. 47–61.

Bleer, Anna; Annika Kopisch; Dennis Ledderer u. Otto Sehlmann: Handreichung zur Erschließung von Reenactments. https://geschichtssorten.blogs.uni-hamburg.de/reenactment/ (6.12.2020).

Brauer, Juliane: „Heiße Geschichte"? Emotionen und historisches Lernen in Museen und Gedenkstätten. In: Doing History. Performative Praktiken in der Geschichtskultur. Hrsg. von Sarah Willner, Georg Koch u. Stefanie Samida. Münster 2016 (Edition Historische Kulturwissenschaften 1). S. 29–44.

Courtney, Kent u. Al Thelin: Returning to the Civil War. Grand Reenactments of an Anguished Time. Salt Lake City 1997.

---

52 Zum Konzept der historischen Identität vgl. noch immer grundlegend Bergmann, Klaus: Geschichtsunterricht und Identität. In: Aus Politik und Zeitgeschichte 23 (1975). S. 19–25; sowie Meyer-Hamme, Johannes: Historische Identitäten und Geschichtsunterricht. Fallstudien zum Verhältnis von kultureller Zugehörigkeit, schulischen Anforderungen und individueller Verarbeitung. Idstein 2009 (Schriften zur Geschichtsdidaktik 26).

Dean, David: Living History. In: The Routledge Handbook of Reenactment Studies. Key Terms in the Field. Hrsg. von Vanessa Agnew, Jonathan Lamb u. Juliane Tomann. London 2020. S. 120–125.

Duisberg, Heike (Hrsg.): Living History in Freilichtmuseen. Neue Wege der Geschichtsvermittlung. Rosengarten-Ehestorf 2008 (Schriften des Freilichtmuseums am Kiekeberg 59).

Erhorn, Jan u. Jürgen Schwier: Außerschulische Lernorte. Eine Einleitung. In: Pädagogik außerschulischer Lernorte. Eine interdisziplinäre Annäherung. Hrsg. von Jan Erhorn u. Jürgen Schwier. Bielefeld 2016. S. 7–13.

Faber, Michael H.: Living-History-Formate in deutschen Museen. In: Handbuch Museum. Geschichte, Aufgaben, Perspektiven. Hrsg. von Markus Walz. Stuttgart 2016. S. 287–291.

Girmes, Renate: Sich zeigen und die Welt zeigen – Bildung und Erziehung in posttraditionalen Gesellschaften. Bildung und Erziehung in posttraditionalen Gesellschaften. Wiesbaden 1997.

Gymnasium Hohenlimburg: Römerkohorte erobert Klassenraum. Geschichte zum Anfassen. https://gymnasium-hohenlimburg.de/2017/11/21/roemerkohorte-erobert-klassenraum-geschichte-zum-anfassen/ (6.12.2020).

Hall, Dennis: Civil War Reenactors and the Postmodern Sense of History. In: The Journal of American Culture 17 (1994). S. 7–11.

Heuer, Christian: Historisches Lernen vor Ort – Skizze für ein zeitgenössisches Bild vom ausserschulischen historischen Lernen. In: Ausserschulische Lernorte – Positionen aus Geographie, Geschichte und Naturwissenschaften. Hrsg. von Kurt Messmer, Raffael von Niederhäusern, Armin Rempfler u. Markus Wilhelm. Wien 2011 (Ausserschulische Lernorte – Beiträge zur Didaktik 1). S. 50–82.

Hinz, Felix u. Andreas Körber: Warum ein neues Handbuch zu Geschichtskultur – Public History – Angewandter Geschichte? In: Geschichtskultur – Public History – Angewandte Geschichte. Geschichte lernen in der Gesellschaft: Medien, Praxen, Funktionen. Hrsg. von Felix Hinz u. Andreas Körber. Göttingen 2020 (UTB). S. 9–36.

Hochbruck, Wolfgang: Reenacting Across Six Generations. 1863–1963. In: Doing History. Performative Praktiken in der Geschichtskultur. Hrsg. von Sarah Willner, Georg Koch u. Stefanie Samida. Münster 2016 (Edition Historische Kulturwissenschaften 1). S. 97–116.

Hochbruck, Wolfgang: Die Geschöpfe des Epimetheus. Veteranen, Erinnerung und die Reproduktion des amerikanischen Bürgerkrieges. Trier 2011 (Mosaic 39).

Hochbruck, Wolfgang: Living History, Geschichtstheater und Museumstheater. Übergänge und Spannungsfelder. In: Living History in Freilichtmuseen. Neue Wege der Geschichtsvermittlung. Hrsg. von Heike Duisberg. Rosengarten-Ehestorf 2008 (Schriften des Freilichtmuseums am Kiekeberg 59). S. 23–36.

Jureit, Ulrike: Magie des Authentischen. Das Nachleben von Krieg und Gewalt im Reenactment. Göttingen 2020 (Wert der Vergangenheit).

Jureit, Ulrike: Tagungsbericht: Geschichte als Erlebnis. Performative Praktiken in der Geschichtskultur, 3.7.2014–5.7.2014 Potsdam. https://www.hsozkult.de/conferencereport/id/tagungsberichte-5594 (6.12.2020).

Keefer, Erwin: Lebendige Vergangenheit. Vom archäologischen Experiment zur Zeitreise. Stuttgart 2006 (Archäologie in Deutschland Sonderheft 2006).

Knipp, Raphaela: Nacherlebte Fiktion. Literarische Ortsbegehungen als Reenactments textueller Verfahren. In: Reenactments. Medienpraktiken zwischen Wiederholung und kreativer Aneignung. Hrsg. von Anja Dreschke, Ilham Huynh, Raphaela Knipp u. David Sittler. Bielefeld 2016 (Locating media 8). S. 213–236.

Körber, Andreas: Historische Sinnbildungstypen. Weitere Differenzierung. https://www.pedocs.de/volltexte/2013/7264/ (6.12.2020).

Körber, Andreas: Kompetenzen historischen Denkens – Bestandsaufnahme nach zehn Jahren. In: Geschichtsdidaktischer Zwischenhalt. Beiträge aus der Tagung „Kompetent machen für ein Leben in, mit und durch Geschichte" in Eichstätt vom November 2017. Hrsg. von Waltraud Schreiber, Béatrice Ziegler, Christoph Kühberger. Münster 2018. S. 71–87.

Körber, Andreas: Transcultural history education and competence. Emergence of a concept in German history education. In: History Education Research Journal 15 (2018). S. 101–116.

Körber, Andreas: De-Constructing Memory Culture. In: Teaching historical memories in an intercultural perspective. Concepts and methods. Experiences and results from the TeacMem project. Hrsg. von Helle Bjerg, Andreas Körber, Claudia Lenz u. Oliver von Wrochem. Berlin 2014 (Reihe Neuengammer Kolloquien 4). S. 145–151.

Körber, Andreas: Historical Thinking and Historical Competencies as Didactic Core Concepts. In: Teaching historical memories in an intercultural perspective. Concepts and methods. Experiences and results from the TeacMem project. Hrsg. von Helle Bjerg, Andreas Körber, Claudia Lenz u. Oliver von Wrochem. Berlin 2014 (Reihe Neuengammer Kolloquien 4). S. 69–96.

Körber, Andreas: Graduierung historischer Kompetenzen. In: Handbuch Praxis des Geschichtsunterrichts. Historisches Lernen in der Schule (Bd. 1). Hrsg. von Michele Barricelli u. Martin Lücke. Schwalbach am Taunus 2012 (Forum historischen Lernens/Wochenschau Geschichte). S. 236–254.

Körber, Andreas: Graduierung. Die Unterscheidung von Niveaus der Kompetenzen historischen Denkens. In: Kompetenzen historischen Denkens. Ein Strukturmodell als Beitrag zur Kompetenzorientierung in der Geschichtsdidaktik. Hrsg. von Andreas Körber, Waltraud Schreiber u. Alexander Schöner. Neuried 2007 (Kompetenzen 2). S. 415–472.

Körber, Andreas; Waltraud Schreiber u. Alexander Schöner (Hrsg.): Kompetenzen historischen Denkens. Ein Strukturmodell als Beitrag zur Kompetenzorientierung in der Geschichtsdidaktik. Neuried 2007 (Kompetenzen 2).

Körber, Andreas: Geschichte im Internet. Zwischen Orientierungshilfe und Orientierungsbedarf. In: Zeitschrift für Geschichtsdidaktik 3 (2004). S. 184–197.

Lee, Peter J. u. Rosalyn Ashby: Progression in Historical Understanding among Students Ages 7 – 14. In: Knowing, teaching, and learning history. National and international perspectives. Hrsg. von Peter N. Stearns, Peter Seixas u. Sam Wineburg. New York 2000. S. 199–222.

Logge, Thorsten: Geschichtssorten als Gegenstand einer forschungsorientierten Public History. In: Public History Weekly 6 (2018) 24. dx.doi.org/10.1515/phw-2018–12328 (6.12.2020).

Lücke, Martin: Multiperspektivität, Kontroversität, Pluralität. In: Handbuch Praxis des Geschichtsunterrichts. Historisches Lernen in der Schule (Bd. 1). Hrsg. von Michele Barricelli u. Martin Lücke. Schwalbach am Taunus 2012 (Forum historischen Lernens/Wochenschau Geschichte). S. 281–288.

Maggioni, Liliana, Bruce van Sledright u. Patricia A. Alexander: Walking on the Borders. A Measure of Epistemic Cognition in History. In: The Journal of Experimental Education 77 (2009). S. 187–214.

Meiler, Matthias: Über das -en- in Reenactment. In: Reenactments. Medienpraktiken zwischen Wiederholung und kreativer Aneignung. Hrsg. von Anja Dreschke, Ilham Huynh, Raphaela Knipp u. David Sittler. Bielefeld 2016 (Locating media 8). S. 25–42.

Meyer-Hamme, Johannes: Historische Identitäten und Geschichtsunterricht. Fallstudien zum Verhältnis von kultureller Zugehörigkeit, schulischen Anforderungen und individueller Verarbeitung. Idstein 2009 (Schriften zur Geschichtsdidaktik 26).

Neu, Tim: Vom Nachstellen zum Nacherleben? Vormoderne Ritualität im Geschichtsunterricht. In: Echte Geschichte. Authentizitätsfiktionen in populären Geschichtskulturen. Hrsg. von Eva Ulrike Pirker, Mark Rüdiger, Christa Klein, Thorsten Leiendecker, Carolyn Oesterle, Miriam Sénécheau u. Michiko Uike-Bormann. Bielefeld 2010 (Historische Lebensentwürfe in populären Wissenskulturen/History in Popular Cultures 3). S. 61–74.

Nitsche, Martin: Geschichtstheoretische und -didaktische Überzeugungen von Lehrpersonen. In: Historisches Erzählen und Lernen. Historische, theoretische, empirische und pragmatische Erkundungen. Hrsg. von Martin Buchsteiner u. Martin Nitsche. Wiesbaden 2016. S. 159–196.

Norden, Jörg van: Was machst du für Geschichten? Didaktik eines narrativen Konstruktivismus. Herbolzheim 2015 (Reihe Geschichtsdidaktik 13).

Oesterle, Carolyn: Themed Environments – Performative Spaces. Performing Visitors in North American Living History Museums. In: Staging the Past. Themed Environments in Transcultural Perspectives. Hrsg. von Judith Schlehe, Michiko Uike-Bormann, Carolyn Oesterle u. Wolfgang Hochbruck. Bielefeld 2014 (Historische Lebenswelten in populären Wissenskulturen 2). S. 157–176.

Onken, Björn u. Michael Striewe: Living History. In: Geschichtskultur – Public History – Angewandte Geschichte. Geschichte lernen in der Gesellschaft: Medien, Praxen, Funktionen. Hrsg. von Felix Hinz u. Andreas Körber. Göttingen 2020 (UTB). S. 167–183.

Otto, Ulf: Re: Enactment. Geschichtstheater in Zeiten der Geschichtslosigkeit. In: Theater als Zeitmaschine. Zur performativen Praxis des Reenactments. Theater- und kulturwissenschaftliche Perspektiven. Hrsg. von Jens Roselt. Bielefeld 2014 (Theater 45). S. 229–254.

Pandel, Hans-Jürgen: Dimensionen des Geschichtsbewusstseins. Ein Versuch, seine Struktur für Empirie und Pragmatik diskutierbar zu machen. In: Reader: Historische und politische Bildung. Hrsg. von Reinhold Hedtke u. Dietmar von Reeken. Bielefeld 2005 [1987]. https://www.sowi-online.de/reader/historische_politische_bildung.html (6.12.2020).

Pandel, Hans-Jürgen: Erzählen und Erzählakte. Neuere Entwicklungen in der didaktischen Erzähltheorie. In: Neue geschichtsdidaktische Positionen. Hrsg. von Marko Demantowsky. Bochum 2002 (Dortmunder Arbeiten zur Schulgeschichte und zur historischen Didaktik 32). S. 39–55.

Pandel, Hans-Jürgen: Wer erzählt wie für wen Geschichte? Geschichte von Sklaven und Sklavenhändlern. In: Geschichts-Erzählung und Geschichts-Kultur. Zwei geschichtsdidaktische Leitbegriffe in der Diskussion. Hrsg. von Ulrich Baumgärtner u. Waltraud Schreiber. München 2001 (Münchner geschichtsdidaktisches Kolloquium 3). S. 11–28.

Röttgers, Kurt: Geschichtserzählung als kommunikativer Text. In: Historisches Erzählen. Formen und Funktionen. Hrsg. von Siegfried Quandt u. Hans Süssmuth. Göttingen 1982 (Kleine Vandenhoeck-Reihe 1485). S. 29–48.

Rückriem, Georg: Mittel, Vermittlung, Medium. Bemerkungen zu einer wesentlichen Differenz. Golm 2010 (Vortrag im Graduiertenkolloquium der Universität Potsdam).
Rüsen, Jörn: Historik. Theorie der Geschichtswissenschaft. Köln 2013.
Rüsen, Jörn: Die vier Typen des historischen Erzählens. In: Formen der Geschichtsschreibung. Hrsg. von Reinhart Koselleck, Heinrich Lutz u. Jörn Rüsen. München 1982 (Theorie der Geschichte. Beiträge zur Historik 4). S. 514–606.
Samida, Stefanie, Sarah Willner u. Georg Koch: Doing History – Geschichte als Praxis. Programmatische Annäherungen. In: Doing History. Performative Praktiken in der Geschichtskultur. Hrsg. von Sarah Willner, Georg Koch u. Stefanie Samida. Münster 2016 (Edition Historische Kulturwissenschaften 1). S. 1–25.
Schöbel, Gunther: Experimental Archaeology. In: The Routledge Handbook of Reenactment Studies. Key Terms in the Field. Hrsg. von Vanessa Agnew, Jonathan Lamb u. Juliane Tomann. London 2020. S. 67–73.
Schreiber, Waltraud: Kompetenzbereich historische Methodenkompetenzen. In: Kompetenzen historischen Denkens. Ein Strukturmodell als Beitrag zur Kompetenzorientierung in der Geschichtsdidaktik. Hrsg. von Andreas Körber, Waltraud Schreiber u. Alexander Schöner. Neuried 2007 (Kompetenzen 2). S. 195–264.
Sehlmann, Jan Otto Holger: Konzepte der Geschichtsvermittlung durch Living History und Reenactment. Eine qualitative Auswertung von Interviews von Akteuren und Zuschauern. Bachelorarbeit. Hamburg 2018.
Sénécheau, Miriam u. Stefanie Samida: Living History als Gegenstand historischen Lernens. Begriffe – Problemfelder – Materialien. Stuttgart 2015 (Geschichte und Public History).
Tomann, Juliane: Living History, Version: 1.0.
http://docupedia.de/zg/Tomann_living_history_v1_de_2020 (6.12.2020).
Ungoed-Thomas, Jon: 1066, the rematch. Harold loses again.
www.thetimes.co.uk/article/1066-the-rematch-harold-loses-again-ghj37vr96s3 (20.8.2020).
Wertsch, James: Specific Narratives and Schematic Narrative Templates. In: Theorizing historical consciousness. Hrsg. von Peter Seixas. Toronto 2004. S. 49–62.

Nico Nolden
Digitales Spielen als Reenactment

Kollaboratives historisches Handeln durch Verkörperung in digitalen Räumen

Spiel mit der Geschichte

Im Online-Rollenspiel *The Secret World* begeben sich Spielende in eine zeithistorische Spielwelt etwa um das Jahr 2010, in der Mythen, Legenden und historische Überlieferungen buchstäblich zum Leben erwachen.[1] Um die Ursachen zu erforschen, bereisen sie als Feldagent*innen für Geheimgesellschaften diverse Weltregionen. Zu Beginn führt sie diese Reise in eine Interpretation von Neuengland an die nordamerikanische Ostküste. Dort treffen sie auf untote Wiedergänger aus der skandinavischen Mythologie, manifestierte Vorstellungen der indigenen *Wabanaki* oder auch Insektenartige, deren mittelamerikanische Herkunft sich erst nach und nach erschließt. Nicht allein die jüngsten Ereignisse und die Kreaturen spielten der Gegend jedoch übel mit. Die neuenglische Spielwelt atmet die Atmosphäre des *Rust Belt* in den USA. Erkennbar an einem ramponierten Küstenstädtchen, einem verlassenen Freizeitpark sowie heruntergekommenen Fabrik- und Minenanlagen hat die Spielumgebung den Strukturwandel seit den 1980er Jahren kaum bewältigt. Entsprechend geben sich die Überlebenden schroff und leidgeprüft. In Gesprächen mit ihnen erfahren die Spielenden mehr über die kürzlichen Entwicklungen, wofür die Einwohner*innen historische Ebenen einbeziehen. So traf etwa die indigene Bevölkerung im Mittelalter auf skandinavische Nordmänner. Ereignisse der frühneuzeitlichen Kolonisierung wirken sich bis in die Gegenwart aus.

Gut einhundert ausgearbeitete Persönlichkeiten sind in dieser Spielwelt verteilt. Nachvollziehbar aus ihrem persönlichen Lebensumfeld offenbaren sie gegenüber denselben Ereignissen unterschiedliche Haltungen. Nach und nach verknüpfen diese Figuren sich nicht nur zu einem Beziehungsgeflecht. Aus dem Zusammenspiel von Missionen und der spielweltlichen Anlage entsteht eine

---

[1] *The Secret World* (FunCom / FunCom, Electronic Arts) 2012 ff. (Relaunch als *Secret World Legends*, 2017). Die Spielform und das Fallbeispiel überblickt das Video: Nolden, Nico: DissTSW1 – Erinnerungskulturelle Wissenssysteme – 1 Technikkulturelle Geschichte und Methodik. youtu.be/h8uznxe-XJ4 (5.4.2020).

https://doi.org/10.1515/9783110734430-006

komplexe, multiperspektivische Umgebung, die stets auf mehrschichtig verschränkte historische Ebenen verweist. In der lebensweltlich plausibel dargestellten Spielumgebung handeln die Spielenden somit unter Rahmenbedingungen, die von historischen Informationen bestimmt werden. Wie andere digitale Spielerfahrungen rückt auch *The Secret World* den spielerischen Akt in den Mittelpunkt: Ihre mediale Kernkompetenz besteht im aktiven Handeln der Spielenden in der reagierenden Umgebung. Prozedurale Regelsysteme legen dafür einen Rahmen spielmechanischer Funktionalität zugrunde, in dem sie nach eigenen Interessen und Vorlieben diese Umgebungen erkunden. Deshalb weichen die Erfahrungen der Spielenden mit und in der Spielwelt voneinander ab.[2] Ist die Spielwelt historisch geprägt, fügt sich aufgrund ihrer Spielweise entlang eines individuellen Pfades entsprechend auch eine historische Deutung zusammen.[3] Dieser fluide Charakter mit flüchtigen, individuellen Erfahrungen stellt die Geschichtswissenschaft vor zahlreiche methodische Herausforderungen.[4] Zugleich versprechen geschichtswissenschaftliche Studien zu den Spielenden als aktiver Teil der medialen historischen Inszenierung Erkenntnisse über die Konstruktion von Geschichte, Authentizitätsprinzipien und zur Rezeption.[5]

Online-Rollenspiele werden als *Massively Multiplayer Online Role-Playing Games* (MMORPG) bezeichnet. Dort treffen Spielende auf zahlreiche weitere Nutzer*innen. Die verwendeten Technologien bei Multiplayer-Titeln verbinden Spieler*innengemeinschaften über nationale Grenzen hinweg, manche sogar

---

[2] Chatfield, Tom: Special Difficulties, Special Opportunities. Prelude. In: Early Modernity and Video Games. Hrsg. von Tobias Winnerling u. Florian Kerschbaumer. Newcastle upon Tyne 2014. S. xxi–xxiii, S. xxii.

[3] Sandkühler, Gunnar: Der Historiker und Silent Hill. Prospektives Quellenstudium. In: „See? I'm real...". Multidisziplinäre Zugänge zum Computerspiel am Beispiel von „Silent Hill". Hrsg. von Britta Neitzel, Matthias Bopp u. Rolf F. Nohr. 3. Aufl. Münster 2010 (Medien'welten. Braunschweiger Schriften zur Medienkultur 4). S. 213–226, 220f.

[4] Nolden, Nico: Geschichte und Erinnerung in Computerspielen. Erinnerungskulturelle Wissenssysteme. Berlin 2019. S. 74–85. Zur geschichtswissenschaftlichen Relevanz digitaler Spiele bei Pfister, Eugen u. Tobias Winnerling: Digitale Spiele. Version: 1.0. docupedia.de/zg/Pfister_Winnerling_digitale_spiele_v1_de_2020 (5.4.2020). Empfehlungen für den geschichtswissenschaftlichen Umgang mit digitalen Spielen im Arbeitskreis Geschichtswissenschaft und Digitale Spiele (AKGWDS): Geschichtswissenschaft und Digitale Spiele. Ein Manifest für geschichtswissenschaftliches Arbeiten mit digitalen Spielen, Version 1.1. gespielt.hypotheses.org/manifest_v1–1 (5.4.2020).

[5] Giere, Daniel: Computerspiele – Medienbildung – historisches Lernen. Zu Repräsentation und Rezeption von Geschichte in digitalen Spielen. Frankfurt am Main 2019; Houghton, Robert: Where did you learn that? The self-perceived impact of historical computer games on undergraduates. In: gamevironments 5 (2016). S. 8–45. nbn-resolving.de/urn:nbn:de:gbv:46–00105656–16 (8.3.2021).

weltumspannend. Miteinander diskutieren sie Spielinhalte, lösen Aufgaben und bilden soziale Gruppen. Dabei tauschen sie sich, wie sich an *The Secret World* nachweisen ließ, über eine Vielzahl historischer Elemente ihrer Spielerfahrungen aus.[6] Mit ihren Äußerungen kommunizieren sie erlernte Geschichtsbilder ihrer jeweiligen gesellschaftlichen und kulturellen Umgebung. Dieser Austausch lässt eine spezifische Erinnerungskultur im Umfeld des Spieles entstehen.

Verkörpert durch ihre Spielfigur handeln Spielende demnach eigenständig in prozeduralen, räumlichen Umgebungen, die historische Erfahrungen versprechen. Durch die spielmechanische Anlage orchestrieren sie in Ko-Autorenschaft mit Entwickler*innen sowie anderen Spielenden eine individuelle historische Inszenierung. Welche Parallelen solche Inszenierungen zum analogen historischen Reenactment aufweisen, diskutiert dieser Beitrag deshalb in einem Forschungsüberblick. Anhand des Fallbeispiels *The Secret World* wird daraufhin herausgearbeitet, was die spielweltlichen Handlungsräume als historische Umgebungen kennzeichnet. Auf dieser Basis erläutert der nächste Schritt, in welchen Formen sich Spielende diese Räume aneignen. Da Reenactments in hohem Maße kollaborative, soziale Aktivität sind, bettet der letzte Abschnitt die individuelle Wahrnehmung einzelner Spielender in mögliche Gruppenerfahrungen im Mehrspieler-Modus ein.

Digitales Spielen als Form des Reenactments

Geschichtswissenschaftlich lässt sich Reenactment aus zwei Gründen nicht ganz einfach greifen: Dass Forschende den Begriff unscharf verwenden, stellt Juliane Tomann in einem aktuellen Überblick fest.[7] Reenactments sind mehr oder weniger akribische Versuche, die Abläufe von historischen Ereignissen, wie etwa von militärischen Schlachten, zu rekonstruieren und mithilfe von Objekten wie Uniformen und Gerät als historisch zu authentifizieren. Auch bei digitalen Spielen behandeln geschichtswissenschaftliche Studien divergierende Phänomene unter einem lockeren Verständnis von Reenactment. Neben didaktischen und künstlerischen Ansätzen betrachtet Annette Vowinckel etwa Reenactments und digitale Spiele als fachliche, historische Simulationen.[8] Unter dem gleichen Begriff

---

[6] Nolden, Geschichte (wie Anm. 4), S. 510–533, bes. 520–530.
[7] Tomann, Juliane: Living History. Version: 1.0. docupedia.de/zg/Tomann_living_history_v1_de_2020 (28.6.2020), bes. der erste Abschnitt.
[8] Vowinckel, Annette: Past Futures. From Re-enactment to the Simulation of History in Computer Games. In: Historical Social Research 34 (2009). S. 322–332. nbn-resolving.org/urn:nbn:de:0168-ssoar-286848 (8.3.2021).

untersucht Gareth Crabtree das sogenannte *Modding*, bei dem Communities gemeinschaftlich Spielinhalte und Spielmechaniken modifizieren, um historische Szenarien akkurater zu machen.[9] Sogar auf andere digitale Medien wird der Begriff ausgeweitet: Als „Virtuelles Reenactment" bezeichnet Daniel Bernsen, wenn auf Social Media-Kanälen wie Blogs, Instagram oder Twitter synchron zu einem historischen Verlauf Ereignisse entlang eines historischen Zeitstrahls gepostet werden.[10] Communities in Multiplayer-Spielen können sogar Reenactments im traditionellen Sinne – auf einer digitalen Bühne innerhalb der Spielwelten – realisieren.[11]

Die digitale Spielerfahrung als eine Form von Reenactment rückt Brian Rejack in den Fokus.[12] Vier Kerncharakteristika historischen Reenactments stellt er den geschichtlichen Erfahrungen in kommerziellen, digitalen Spielen gegenüber: Beide Formen versetzten ihre Nutzer*innen (1) in räumliche Umgebungen, in denen sie (2) aktiv eingreifen müssten, um eine historische Inszenierung ins Leben zu rufen und Prozesse voranzutreiben. Gegenüber (3) der sozialen und kollaborativen Erfahrung eines analogen Reenactments vereinzelten digitale Spiele die Spielenden allerdings eher. Analoge Reenactments versprächen zudem historische Einsicht durch (4) sinnlich-körperliche Erfahrungen. Diese körperlichen und emotionalen Komponenten fehlten den digitalen Spielerfahrungen.

Ähnlich wie im historischen Reenactment, beim Live Action Role Playing (LARP) oder bei Veranstaltungen zu historischen Gedenktagen umrahmt somit die Umgebungsstruktur auch das Handeln in digitalen Spielen. Örtlichkeiten und spielmechanische Verhaltensregeln konstituieren diese Umgebung wie eine Bühne. Reenactor*innen im analogen Fall oder computergestützte Figuren in der digitalen Spielwelt beleben eine solche Szenerie, laden zum Mitmachen ein und bieten dem Publikum Aufgaben an, um sich einzubringen. Ein wichtiger Aspekt des Reenactments, den Rejack bei der Schilderung der Spielumgebung seines Fallbeispiels nur implizit aufgreift, liegt deshalb in einer kollaborativen Erzeugung der historischen Inszenierung. Die Teilnehmenden oder Spielenden auf der

---

9 Crabtree, Gareth: Modding as Digital Reenactment. A Case Study of the Battlefield Series. In: Playing with the Past. Digital Games and the Simulation of History. Hrsg. von Matthew W. Kapell u. Andrew B. R. Elliott. London 2013. S. 199–212, 202–207.
10 Bernsen, Daniel: Virtuelles Reenactment. In: Praxishandbuch Historisches Lernen und Medienbildung im digitalen Zeitalter. Hrsg. von Daniel Bernsen u. Ulf Kerber. Berlin 2017. S. 373–382.
11 Bewusst auf ein authentisches Reenactment bis zu koordinierten Kommandoketten in einer Schlacht des amerikanischen Bürgerkriegs zielt etwa *War of Rights* (Campfire Games) 2018.
12 Rejack, Brian: Toward a Virtual Reenactment of History. Video Games and the Recreation of the Past. In: Rethinking History. The Journal of Theory and Practice 11 (2007). S. 411–425, 412f. Sein Blickwinkel basiert auf Agnew, Vanessa: Introduction. What is Reenactment? In: Criticism 46 (2004). S. 327–340.

einen Seite und die Organisierenden beziehungsweise Entwickler*innen auf der anderen Seite bringen sie gemeinsam hervor.[13] Adam Chapman erhebt diese Ko-Autorenschaft bei seiner Untersuchung von digitalen Spielen als Reenactment zu einem zentralen Scharnier für die Spielerfahrung.[14] Denn den Akt des digitalen Spielens füge zusammen, dass Spielende fluide Vorgänge in der Spielumgebung lesen und, diesen Beobachtungen entsprechend, innerhalb der prozeduralen Regelsysteme handeln.[15] Dadurch sei zwar bedeutsam, wie Entwickler*innen den Spielenden das Handeln strukturell und konzeptionell vorgeben. Weil aber die Spielenden aus den angebotenen historischen Inhalten eine individuelle Erfahrung zusammenfügen, entstehe eine gemeinsame Hoheit über die Spielerfahrung.[16] Die Entwickler*innen erschaffen für die Spielenden Räume aus Möglichkeiten, welche diese in erster Linie eigenständig und selektiv kombinieren. Als Auftrag der Geschichtswissenschaft sieht Pieter van den Heede daher zurecht, an digitalen Spielen die Mechanismen zu untersuchen, mit denen Entwickler*innen diese Ko-Autorenschaft vorstrukturieren.[17]

Chapmans zentrales Argument für den Vergleich von analogen Reenactments mit digitalen Spielen liegt in Ähnlichkeiten der Wahrnehmung beim Ausführen historischer Praktiken.[18] Auf diese Weise könne spielerisches Handeln Herausforderungen, wie sie historische Akteure erfuhren, greifbar machen, die Fertigkeiten zu ihrer Bewältigung zeigen und die relevanten historischen Informationen zu diesen Vorgängen beisteuern. Sein wahrnehmungspsychologischer Ansatz aus der Ecological Psychology unterscheidet Formen des Reenactments mithilfe von Wahrnehmungsfeldern bzw. Erfahrungshorizonten sowie den Handlungsmöglichkeiten von Beteiligten.[19] Als „actualised reenactment" bezeichnet er historische Handlungen mit Experimentalwert, wie sie zum Beispiel die Experimentelle Archäologie oder museale Inszenierungen verwirklichen.[20] Als „traditional reenactment" betrachtet Chapman Inszenierungen, die historische Praktiken mit

---

13 Rejack, Toward a Virtual Reenactment (wie Anm. 12), S. 415f.
14 Chapman, Adam: Digital Games as History. How Videogames Represent the Past and Offer Access to Historical Practice. New York 2016; zu digitalen Spielen als Reenactment insbesondere S. 198–225.
15 Chapman, Digital Games (wie Anm. 14), S. 30–37.
16 Chapman, Digital Games (wie Anm. 14), S. 211, 222. Durch das aktive Komponieren historischer Eindrücke schreibt Chapman von *player-historians* und *developer-historians*.
17 Heede, Pieter van den: Gaming. In: The Routledge Handbook of Reenactment Studies. Key Terms in the Field. Hrsg. von Vanessa Agnew, Jonathan Lamb u. Juliane Tomann. London 2020. S. 84–88.
18 Chapman, Digital Games (wie Anm. 14), S. 186.
19 Chapman, Digital Games (wie Anm. 14), S. 198–225.
20 Chapman, Digital Games (wie Anm. 14), S. 201–203.

einer Choreografie wie bei Schlachtinszenierungen oder Rahmenhandlungen wie im LARP überbauen und dadurch neu interpretieren.[21] Digitale Spiele als Teilsphäre von Reenactments nennt er „digital-ludic reenactment".[22] Dessen historische Szenarien würden durch den Detailreichtum an Gebäuden, Artefakten und Dokumenten in den konstruierten Umgebungen, in denen die Spielenden handeln, als historisch wertvoll wahrgenommen. Den Begriff fixiert er deshalb an präsentierten Objekten und einer realitätsnahen Inszenierung.[23] Automatisierte Systeme geben Spielenden kontinuierlich Rückmeldung über ihre Handlungen, um sie zu historisch plausiblem Verhalten in der Spielwelt anzuhalten.[24] Diese Regelsysteme und Handlungsanweisungen seien ihnen mit „traditional reenactments" gemein.

Sein „ökologischer" Ansatz, der die Wechselwirkung zwischen Mensch und (digitaler) Umwelt fokussiert, reduziert die Kerneigenschaften des Reenactments allerdings auf visuelle Eindrücke von Spielformen mit einer Ego-Perspektive.[25] Bewusst blendet er dadurch sinnlich-körperliche Erfahrungen und Emotionalität als unwissenschaftlich aus. Die Analogie der Wahrnehmungsfelder beschränkt die untersuchbaren Spielformen letztlich auf die – meist militärischen – Spielinhalte bei Shootern und Simulationen.[26] Chapman räumt ein, dass er konzeptionelle Handlungsumgebungen, die nicht dem idealisierten Wahrnehmungsfeld entsprechen, vereinfachend ausblendet.[27] Zum Beispiel lassen sich diplomatische Handlungen am Kartentisch seinem Zugang zufolge nicht als Reenactment in digitalen Spielen erfassen, weil Spielende dann keine Individuen, sondern ein Staatswesen mit überpersönlichen Handlungsmöglichkeiten verkörpern. Wie Chapman schließt Rejack so einen großen Teil existierender historischer Spielerfahrungen aus. Deshalb kritisiert Pieter van den Heede zurecht, dass ein solcher Blick auf digitale Spiele Einsichten in soziokulturelle oder wirtschaftliche Kontexte historischer Szenarien nicht ermögliche.[28]

Insbesondere übergehen die Autor*innen durch ihre Vorannahmen eine Vielzahl kollaborativer und sozialer Spielformen. Obwohl Rejack die soziale Kollaboration als unzureichend einstuft, räumt er selbst ein, dass viele Spiele

---

21 Chapman, Digital Games (wie Anm. 14), S. 200.
22 Chapman, Digital Games (wie Anm. 14), S. 186–188.
23 Chapman, Digital Games (wie Anm. 14), S. 203, 208.
24 Chapman, Digital Games (wie Anm. 14), S. 206.
25 Chapman, Digital Games (wie Anm. 14), S. 186.
26 Chapman, Digital Games (wie Anm. 14), S. 199.
27 Chapman, Digital Games (wie Anm. 14), S. 187f.
28 Heede, Gaming (wie Anm. 17), S. 88.

über eine Vereinzelung der Spielenden hinausreichen.[29] Schon zum Zeitpunkt seiner Veröffentlichung integrierten viele einen Modus für Mehrspieler. Multiplayer-Shooter und Online-Rollenspiele boten beliebte Spielerfahrungen mit vielfältigen, historischen Anleihen und waren weitgehend auf Gruppen ausgelegt.[30] Im Militär-Shooter *Battlefield 1942* etwa mussten die Spielenden als Teams im Zweiten Weltkrieg taktieren, und in *Battlefield 2* gemeinsam in einem zeithistorischen Konflikt zwischen den USA und China.[31] In kleinen Gemeinschaften führten Spielende im MMORPG *Dark Age of Camelot* ihre individualisierten Avatare durch die dem Artus-Mythos nachempfundene, fantastische Spielwelt.[32] Rejacks reserviertes Urteil folgt so eher aus der Spielform seines gewählten Fallbeispiels: Der Militär-Taktikshooter *Brothers in Arms: Road to Hill 30* beginnt mit der Landung alliierter Truppen in der Normandie, bietet einen recht linearen Ablauf historischer Schlachten und konzentriert sich auf Einzelspieler*innen.[33] Gesteht Chapman auch eine diskursive Ko-Autorenschaft zwischen Spielenden sowie Entwickler*innen zu, unterschätzt er den kollaborativen Charakter des digitalen Spielens erheblich, weil er Interaktionen unter Spielenden einseitig als kompetitiv bewertet.[34] Die beiden oben genannten Militär-Shooter basieren aber auf gut abgestimmter Zusammenarbeit von Squads aus vier Spielenden. Auch wenn diese Kollaboration im Rahmen einer übergeordneten, kompetitiven Struktur erfolgt, müssen die Squads sich koordinieren, um gegenüber den Gegner*innen zu bestehen.

In Online-Rollenspielen bilden (Wett-)Kämpfe von Spieler*innen gegen Spieler*innen (PvP) von jeher nur eine untergeordnete Rolle. Warum Chapman 2016 solche Spielformen nicht einbezieht, bleibt unverständlich. Sicherlich verstellt seine Annahme über identische Wahrnehmungsfelder den Blick auf sie. Diese Multiplayer Online-Rollenspiele verschieben die Spieler*innenperspektive minimal in eine leicht erhöhte Außenansicht hinter und über den gesteuerten Avatar. Dass dieser Blickwinkel aufgrund des leicht verschobenen Wahrnehmungsfeldes gänzlich ausgeschlossen bleibt, überzeugt nicht. Schließlich prägen heute kompetitive und kollaborative Spielformen das Angebot digitaler Spiele umfassend. In vielen von ihnen fließen Mehrspieler- und Einzelspieler-Modi

---

29 Rejack, Toward a Virtual Reenactment (wie Anm. 12), S. S. 413.
30 Online-Rollenspiele überblickt Nolden, Geschichte (wie Anm. 4), S. 344–358.
31 Battlefield 1942 (Digital Illusions Creative Entertainment (DICE) / Electronic Arts) 2002; Battlefield 2 (Digital Illusions Creative Entertainment (DICE) / Electronic Arts) 2005.
32 Dark Age of Camelot (Mythic Entertainment / Wanadoo, Vivendi, Electronic Arts) 2001 ff.
33 *Brothers in Arms. Road to Hill 30* (Gearbox Software LLC / Ubisoft) 2005; Rejack, Toward a Virtual Reenactment (wie Anm. 12), S. 420.
34 Chapman, Digital Games (wie Anm. 14), S. 211.

ineinander. Zeithistorische Themen über den „War on Terror" und den „Patriot Act" verarbeitend, führt zum Beispiel in *Tom Clancy's The Division* ein terroristischer Biowaffenangriff zum Zusammenbruch der sozialen Ordnung.[35] Die Spielenden dringen in dem Agenten-MMO zwar auch auf Einzelmissionen in das Krisengebiet vor, manche Aufträge erfordern jedoch, mit Mitspieler*innen zusammen zu arbeiten. Eigentlich ein Singleplayer-Spiel, nimmt auch *Watch_Dogs* auf viele politische und historische Themen Bezug, um die Auswirkungen eines überbordenden Überwachungsstaates im an die Gegenwart angelehnten Chicago zu zeigen. Passend zum Szenario greifen andere Spielende über Online-Netzwerke aber aktiv in die Spielwelt ein.[36] Mehr denn je ermöglichen digitale Spielformen also soziale Erfahrungen und nähern sich damit diesem Aspekt von Reenactment an.

Ob Rejacks Argument greift, demnach digitale Spielerfahrungen nicht körperlich seien und sich deshalb von analogen Reenactments unterscheiden, hängt stark vom wissenschaftlichen Blickwinkel ab. Einen erheblichen Unterschied macht für die Bewertung, ob Körper als physische Objekte angesehen werden oder als Konstrukte von Vorstellungen über Körper. Auch Chapman betrachtet den „body based discourse" als wichtiges Merkmal des Reenactments, das digitalen Spielen nicht zu erzeugen gelinge.[37] Rejack hebt als positives Gegenbeispiel zu seinem militärischen Fallbeispiel die performative Beziehungssimulation *Façade* hervor.[38] Der wesentliche Aspekt der Körperlichkeit einer Erfahrung im Reenactment besteht für ihn in der gefühlsbasierten Identifikation mit der bespielten Situation.[39] Durch Interaktion mit einem computergesteuerten Paar und Kommunikation über dessen Konflikte entstehe bei *Façade* eine bemerkenswerte emotionale Bindung im Spielverlauf. Sicherlich muss man Rejack und Chapman zustimmen, dass digitale Spiele keinen physisch greifbaren Körper mit all seinen Sinnen realisieren. Allerdings lässt sich die Körpererfahrung auch so beschreiben, dass Avatare der Spielenden Konstrukte von Vorstellungen über Körper in der Spielumgebung sind. Beispielsweise überlässt eine aufwändige Charaktererstellung insbesondere bei Rollenspielen den Spielenden bewusst zahlreiche Details der Spielfigurengestaltung. Akustische Inszenierungen rufen ein Gefühl hervor, in der Spielumgebung verkörpert zu sein. Auch wenn ein Spiel somit nicht in einem physischen Sinne einen Körper simuliert, steuert es sehr wohl gezielt

---

35 *Tom Clancy's The Division* (Massive Entertainment / Ubisoft) 2016.
36 Vertieft in Nolden, Geschichte (wie Anm. 4), S. 200f.
37 Chapman, Digital Games (wie Anm. 14), S. 200, 223.
38 Rejack, Toward a Virtual Reenactment (wie Anm. 12), S. 420–422; *Façade* (melon / melon) 2006.
39 Rejack, Toward a Virtual Reenactment (wie Anm. 12), S. 422.

Selbstwahrnehmungen über körperliche Konstrukte. Insofern ist die Hoffnung auf neue Technologien, die Chapman zum Beispiel in „motion control, and augmented and virtual reality" ausmacht, vielleicht gar nicht nötig, wendet man den Blick zunächst geeigneteren Spielformen zu.[40]

Durchaus lassen sich alle vier Kerneigenschaften von Reenactments, die Rejack formuliert, auch an digitalen Spielen nachvollziehen: In (1) prozeduralen, räumlichen Umgebungen, die ihnen die historischen Szenarien unterbreiten, handeln (2) ihre Nutzer*innen eigenständig. Ihre individuelle historische Inszenierung orchestrieren sie in einer Ko-Autor*innenschaft zusammen mit Entwickler*innen. Zahlreiche Formen digitaler Spiele bieten (3) soziale und kollaborative Erfahrungen. Die genannten Methoden in den Spielsystemen ermöglichen den Spielenden, sich (4) gefühlsbasiert mit ihrer oft individuell angepassten Verkörperung im digitalen Raum zu identifizieren.

Das historische Wissenssystem als Möglichkeitenraum

Grundlegend auch für Reenactments in digitalen Spielen sind die Möglichkeiten für Spielende, mit historischen Wissensangeboten zu interagieren.[41] Diesen Angeboten liegt eine prozedurale räumliche Umgebung zugrunde, die Entwickler*innen als Spielsystem anlegen. Äußerungen von Entwickler*innen geben Einblicke, inwiefern sie die Settings explizit als historische entwickeln.[42] Diese Komponenten sollen im Folgenden näher betrachtet werden: Ein großer Anteil konstruiert den historischen Eindruck durch Objekte. Andere konzipieren Geschichte mithilfe von narrativen Netzwerken. Drittens transportieren sie modellhafte Vorstellungen über Geschichte. Kleinskalige Weltentwürfe realisieren zudem eine alltagshistorische Umgebung auf überschaubaren Arealen.

Beim konkreten Beispiel *The Secret World* codieren ikonische Objekte Schauplätze in aller Welt zu einer historischen Spielumgebung.[43] Vorwiegend westlich gekleidete Figuren und Fahrzeuge ordnen sie einem Zeithorizont um das Jahr 2010 zu. Damit nimmt die Spielwelt eine der Gegenwart entlehnte Perspektive

---

40 Chapman, Digital Games (wie Anm. 14) S. 223.
41 Einen Überblick mit audiovisuellen Eindrücken gibt Nolden, Nico: DissTSW2 – Erinnerungskulturelle Wissenssysteme – 2 Das historische Wissenssystem. youtu.be/jh3ex3WZG5s (5.4. 2020).
42 Nolden, Geschichte (wie Anm. 4), S. 54f.
43 Nolden, Geschichte (wie Anm. 4), S. 382–424.

ein, aus der Spielende auf Manifestationen der Kulturgeschichte blicken. Sie bereisen Regionen in Neuengland, Ägypten und Rumänien und kehren regelmäßig in Bezirke von New York, London, Seoul und Tokio zurück. Entwickler*innen rufen dort einen lebensweltlich plausiblen Eindruck hervor und passen historische Bezüge darin ein. Dafür nutzen sie gezielt Architektur von Gebäuden und Infrastruktur, Fahrzeuge, Bekleidung und Alltagsobjekte. Im Londoner Spielgebiet unterstreicht die Architektur des späten 19. Jahrhunderts einen imperialen Anspruch auf weltweite Vorherrschaft durch die dortige Gruppierung. Während schwarze Cabs auf die Stadt verweisen, markieren Land Rover Defender die ägyptischen Gebiete als Orte von Safaris und Forschungsreisen. Der Erhaltungszustand der Bekleidung zeigt nicht nur ein Wohlstandsgefälle zwischen Zentren und der Peripherie, sondern hebt durch Stil und Accessoires beispielsweise der indigenen *Wabanaki* historische Kontexte von Personen und Kreaturen hervor. Je wichtiger Objekte für das spielerische Handeln sind, umso historisch akkurater sind sie angelegt: Sind zum Beispiel viele Hieroglyphen ornamental, so öffnet sich den Spielenden eine geheime Kammer nur, wenn sie die tatsächlichen Symbole für Lebensphasen eines Pharaos korrekt anordnen. Viele Objekte besitzen zudem glaubwürdige Funktionen in der Spielwelt, wenn etwa Spielfiguren auf einem Smartphone mit Auftraggebern telefonieren und an Computern der Spielwelt recherchieren.

Eine zweite wichtige Säule besteht aus den narrativen Fragmenten,[44] welche vielseitig zu spielweltlichen, historischen und der Gegenwart entlehnten Ebenen verknüpft sind. Zentral dafür ist ein Beziehungsgeflecht von über hundert ausgearbeiteten Persönlichkeiten. Sie bewerten Gruppierungen, spielweltliche Ereignisse, kulturhistorische Inhalte und Haltungen Dritter aufgrund ihrer jeweiligen demografischen, sozialen und ethnischen Lebensumstände sehr unterschiedlich. Beispielsweise zerstritten sich die Witwe des Vorarbeiters und die indigenen *Wabanaki* wegen eines Minenunglücks in Neuengland. Proteste entzündeten sich am Konflikt zwischen wirtschaftlichen Interessen, immer tiefer in den Berg vorzudringen, und traditionellen Überzeugungen, damit Unheil zu wecken, was auch die *Wabanaki* untereinander spaltete. Hinein spielen die koloniale Vorgeschichte und der wirtschaftliche Niedergang der jüngeren Zeit. Ein paar Dekaden nach den Ereignissen überdenken viele der Beteiligten ihre damaligen Überzeugungen selbstkritisch.

Bei Spielbeginn müssen sich die Spielenden für die Weltanschauung einer spielweltlichen Gruppierung entscheiden. Diese färbt die Wahrnehmung der Spielwelt erheblich. In New York residieren *Illuminati*, die utilitaristisch mit

---

[44] Nolden, Geschichte (wie Anm. 4), S. 424–443.

Kreaturen oder Artefakten ihre kommerzielle und politische Macht ausweiten. Selbstherrlich inszenieren sich die Londoner *Templer* als Wahrer des Guten und fordern dafür Gehorsam. Von Korea aus entschlüsseln die *Drachen* mithilfe von Chaostheorie das Weltgeschehen, um punktuell Einfluss zu nehmen. Weitere Perspektiven fügen kleinere Fraktionen hinzu, die Spielende vorwiegend bei Missionen kennenlernen. Spielweltliche Persönlichkeiten geben ihnen Aufträge, mit welchen sie die Spielgebiete erkunden. Deren Bestandteile, darunter Berichte über erfolgreiche Missionen an die Zentralen der Spielenden und eine aufwändige Einbettung in Filmsequenzen, ergänzen weitere narrative Fragmente.

Konventionelle Einsätze verlangen Kämpfe und Sabotagen, Investigativ-Missionen reichen jedoch weit über spielweltliche Inhalte hinaus. Selten nur sind die nächsten Auftragsschritte offensichtlich. Spielende müssen sie aus lückenhaften Informationen aus Gesprächen oder in Unterlagen selbst erschließen. Weil dafür externe Wissensangebote des Internets einzubeziehen sind, greift die Spielwelt über die eigentlichen Spielinhalte hinaus, was ihr zusätzliche Glaubwürdigkeit und Tiefe verleiht. Fragmente von Wissen lassen sich auch als leuchtende Waben in der Spielwelt finden. Jede bietet wenige Sätze zu diversen Themen und trägt dieses Hintergrundwissen Stück für Stück zu einer enzyklopädischen Wissensdatenbank zusammen. Kryptisch aus der Perspektive eines kollektiven Weltwissens formuliert, erschließen sich Inhalte erst durch den Spielfortschritt, weil die Elemente sich aufeinander beziehen. Das Wissensangebot dieser Datenbank verändert sich zudem fluide durch Updates im Spielbetrieb oder saisonale Inhalte etwa zu Weihnachten.

Die spielweltliche Gestaltung unterliegt drittens makrohistorischen Modellannahmen über die Gesellschaft, Funktionsweisen von Wirtschaft und politischem Einfluss sowie der Rolle von Wissenschaften, speziell der Geschichtswissenschaft.[45] Inszeniert wird eine westlich gekleidete, global verknüpfte Gesellschaft, die Kennzeichen ihrer Kulturräume sporadisch als Accessoires ausweist. Großen Wert legt die Spielwelt auf Diversität bezüglich Geschlecht, Demografie, Sozialisation, Kulturen und ethnischen Wurzeln. Die genannte Vielfalt bei den Perspektiven der dargestellten Persönlichkeiten ist ein Ausdruck dessen. Viele Äußerungen der anzutreffenden Persönlichkeiten zeugen von einer Majoritätsgesellschaft außerhalb, die Andersartiges nicht begrüßt, sondern eher ausschließt. Merklich leiden die Persönlichkeiten im Spiel darunter, weil sie aufgrund ihrer komplexen Lebenslagen in mehreren Parallelwelten leben müssen. Je weiter Vertreter*innen aus Politik und Wirtschaft geografisch oder hierarchisch entfernt sind, desto stärker wächst das Misstrauen der spielweltlichen

---

45 Nolden, Geschichte (wie Anm. 4), S. 443–452.

Persönlichkeiten. Grundsätzlich nehmen sie an, dass staatliche Institutionen der überwältigenden Macht globaler Konzerne wenig entgegensetzen können.

Unter Vorstellungen über Wissenschaften sind insbesondere jene zur Geschichtswissenschaft bemerkenswert. Die Gruppierungen tragen unablässig Konflikte über den Nutzen von Wissenschaften und einer ethischen Verantwortung aus. So instrumentalisieren *Illuminaten* jeden Wissenszuwachs für kommerziellen Profit, die *Templer* lassen jene teilhaben, die sich ihrer traditionalistischen Weltsicht nach Gut und Böse unterordnen. Über den Charakter historischen Wissens vertreten allerdings sowohl die Spielsysteme als auch die spielweltlichen Persönlichkeiten aufgeschlossene, konstruktivistische Haltungen. Sie zeichnen eine fluide, variable Geschichte wechselhafter, multiperspektivischer Interpretationen, die, abhängig von ihren jeweiligen historischen Kontexten, neu bewertet und umgedeutet werden. Einen Erkenntnisprozess simuliert zudem, wie der Spielprozess angelegt ist: Die Spielenden dringen auf der Suche nach historischem Wissen in die Spielwelt vor, erschließen ihre Geheimnisse und erweitern die genannte Enzyklopädie als Wissensspeicher. Den geschichtswissenschaftlichen Berufsstand verorten Spielfiguren in einem universal gedachten Feld zwischen Historiografie, Archäologie und Ethnologie. Deshalb schätzen sie Sagen und Legenden wie die Geschichtswissenschaft gleichermaßen wert. Verbreitet vertreten die Persönlichkeiten in der Spielwelt daher die Haltung, dass sich die akademische Geschichtsschreibung volksmündlichen Überlieferungen stärker öffnen müsse, um nicht die Wissensspeicher diverser Weltregionen zu verlieren.

Mikrohistorisch konzentrieren sich viertens Weltentwürfe auf kleinskalige, lebensweltliche Umgebungen.[46] Dynamische Systeme fügen atmosphärische Inszenierungen aus Topografie, Flora und Fauna, Wetter und Klima, Sound und Lichtverhältnissen sowie automatisierten Routinen zusammen, um alltagshistorische Umgebungen zu plausibilisieren. Topografische und geologische Merkmale wie weit auslaufende Sandstrände vor schroffen Klippen mit einem hügeligen, düster bewaldeten Hinterland markieren die neuenglische Atlantikküste. Herrscht dort ein diesiges Küstenklima, gehen in den ägyptischen Gebieten kühle, bläuliche Nächte in flirrende Tageshitze über. Als Wetterphänomene donnern beispielsweise Gewitter durch die rumänischen Karpaten. Licht trägt zur atmosphärischen Stimmung bei. Beim Übertritt von einem Wiesennebel, den Sonnenstrahlen durchbrechen, in ein gedämpft grünliches Waldgebiet verschiebt sich fließend das Lichtspektrum. Geräusche, Klänge und Musik bilden komplexe Soundkulissen. Das Annähern von Rotoren oder der Hall eines fernen,

---

46 Nolden, Geschichte (wie Anm. 4), S. 452–467.

gedämpften Gewehrschusses verleihen der Spielwelt zudem räumliche Tiefe. Auf dem Weg von einer hölzernen Brücke über einen Kiesweg und Waldboden zu einer asphaltierten Straße, rufen Schritte unterschiedliche Geräusche hervor.

Zudem greift die Spielwelt auf die externe Lebenswelt der Spielenden aus. Die Entwickler*innen verwischen die Grenzen zwischen Spiel- und Lebenswelt der Spielenden. Sie legen zum Beispiel Internetseiten für spielweltliche Firmen im Internet an oder platzieren Blogs, Twitter- oder Foto-Accounts für die Persönlichkeiten in sozialen Medien.[47] Diese Wirkung potenziert sich zudem durch Beiträge Dritter, weil nicht erkennbar ist, ob die Betreiber kommentieren, verlinken oder Beiträge ergänzen, oder ob Dritte spielen, sie wären Teil der Spielwelt. Die lebensweltliche Simulation gerät so zu einem bewussten Bestandteil der Spielwelt, tangiert dabei viele geschichtliche Inhalte und prägt maßgeblich die historische Erfahrung mit.

Die vier Kernaspekte wirken zu einem Wissenssystem zusammen, das den Spielenden eine historische Erfahrung plausibel macht. Jede der genannten Komponenten verleiht der historischen Information Glaubwürdigkeit, gemeinsam fügen sie sich zu einer Bühne für die spielerische Erfahrung zusammen.[48] Die bestehenden Optionen, um mit all diesen Elementen zu interagieren, legen den historischen Möglichkeitenraum an.

Spielerisches Handeln im Möglichkeitenraum

In diesem Raum handeln die Spielenden weitgehend selbstbestimmt im Rahmen der Regeln des Spielsystems. Nach Rejacks Kriterien für ein Reenactment bestätigt sich eine prozedurale, räumliche Umgebung, in der ein System aus historischen Wissenselementen den Spielenden eine geschichtliche Inszenierung unterbreitet. In einer solchen lebensweltlich plausiblen Spielwelt untersuchen die Spielenden ein feinmaschiges, geschichtliches Gewebe aus einer an die Gegenwart angelehnte Perspektive. Dafür nehmen sie von Persönlichkeiten Missionen an, kämpfen, rätseln und erkunden die Spielwelt. Die Fragmente dieses Wissensangebots, getragen von den vier skizzierten Kernaspekten, bestehen aus historisch gesicherten Befunden, überlieferten Sagen und Mythen, Popkultur und Verschwörungstheorien. Dabei thematisieren die jeweiligen Spielregionen viele historische Epochen, wie die Einleitung für das neuenglische Beispiel skizzierte.

---

[47] Siehe bspw. Orochi Group: Offizielle Webseite, 2012. www.orochi-group.com; Freeborn, Tyler: Monsters of Maine. An Investigation into the Cryptozoological and Occult Events Occuring on Solomon Island, 2009. monstersofmaine.blogspot.com/ (9.3.2021).
[48] Nolden, Geschichte (wie Anm. 4), S. 91f., 332f., dort insbes. Tabelle 4–2.

Ägypten, Rumänien und die großstädtischen Regionen führen durch ein Spektrum von der ägyptischen Frühgeschichte über die römische Spätantike zu mittelalterlichen Referenzen, weiter in das frühneuzeitliche Transsylvanien bis hin zum Ost-West-Konflikt der Zeitgeschichte und in eine globalisierte Gegenwart nach der Jahrtausendwende.[49] Die historischen Themen sind weltweit verwoben. So verbindet etwa die britische Imperialzeit den Schauplatz London mit den neuenglischen Kolonien, aber auch mit Archäologie und Rohstoffwirtschaft in Ägypten. Hinzu kommen die widerstreitenden Interpretationen zu historischen Entwicklungen, wodurch die Spielumgebung eurozentristische Deutungen durch globalhistorische und postkoloniale Perspektiven aufbricht.

In diesem historischen Themenfeld bieten sich den Spielenden zahlreiche Möglichkeiten zu handeln. Online-Rollenspiele wie *The Secret World* erwachsen aus Traditionen zwischen *Pen & Paper*-Rollenspielen (basierend auf Papier, Stift und Würfeln), *Live Action Role Playing* (LARP) und improvisierenden Performances. Computertechnische Vorstufen bilden Multi-User Dungeons (MUDs).[50] MMORPGs eröffnen online meist fantastische Spielwelten, in denen Menschen zusammenkommen, um Abenteuer zu bestehen, Kämpfe auszufechten und Rätsel zu lösen. Spielende statten einen Avatar mit körperlichen Attributen aus wie einer kräftigen oder zierlichen Statur, Frisuren und Bekleidung. Hinzu wählen sie Talente und Eigenschaften, die ihrem gewünschten Spielstil entsprechen. So lassen sich manche Waffen nur mit genügend Kraft heben, Schlösser zu knacken oder sich anzuschleichen erfordert entsprechendes Geschick. An Zahlenwerten dieser Fähigkeiten bemisst das Spiel, ob Handlungen scheitern oder gelingen. Erledigen die Spielenden ihre Aufträge erfolgreich, verdienen sie sich Erfahrungspunkte, mit denen sie Fertigkeiten und Charakterwerte verbessern. Angelegte Ausrüstung verbessert zusätzlich ihr verkörpertes Selbst. Besser ausgestattet, dringen ihre Avatare tiefer in neue Spielgebiete vor, erschließen narrative Hintergründe und bewältigen schwierigere Missionen. Im Rahmen der technischen und spielemechanischen Vorgaben entwickeln sie den spielweltlichen Vertreter ihres Selbst nach individuellen Vorlieben.

Die Gestaltung dieses individuellen Charakters ist eine bedeutende Handlungssphäre, um den Zugriffsweg auf die Spielwelt zu formen. Das Setting von *The Secret World* bietet eine an die Gegenwart angelehnte Auswahl an Kleidung und

---

49 Nolden, Geschichte (wie Anm. 4), S. 469–471 stellt detailliert Epochenbezüge und Themenfelder zusammen.
50 Zur Einordnung in Vorgänger, die Entwicklung zum globalen Massenphänomen sowie die spezifische Unternehmensgeschichte des Fallbeispiels siehe Nolden, Geschichte (wie Anm. 4), S. 336–381.

Accessoires.[51] Spielende können männliche oder weibliche Avatare mit Frisuren, Gesichtsformen und Hautfarben gestalten, von mittlerem Alter und durchschnittlichen Körpergrößen.[52] Diese äußeren Attribute lassen sich später nur ändern, wenn Spielende Bekleidungs- bzw. Friseurgeschäfte oder einen plastischen Chirurgen aufsuchen.[53] Kleidungsstilen und Accessoires kommen bei der Inszenierung des spielweltlichen Selbst eine besondere Rolle zu. Manche Kleidungsstücke weisen aus, dass ihre Träger*innen bestimmte Missionen gemeistert haben oder innerhalb ihrer Fraktion zu höherem Prestige aufgestiegen sind.[54] Welche Aspekte die Spielenden betonen, bleibt ihren Vorlieben überlassen. Manche legen witterungsbedingt geeignete Bekleidung an, wenn sie zu den verschneiten Karpaten oder in die ägyptischen Wüsten reisen.

Viele Spielsysteme konzentrieren sich also auf die Spielfigur und ihren Ausbau.[55] Ganz gleich, welchen Spielstil Spielende verfolgen, beruhen fast alle Interaktionen auf Handlungen mittels ihrer Avatare. Für dreidimensional animierte Spiele, die wie das Fallbeispiel aus einer halbsubjektiven Perspektive gespielt werden, gilt, dass „the player character's design significantly structures both the player's cognitive orientation and his or her understanding of the fictional world […]."[56] Avatare dienen somit als Brücke zwischen den Spielenden und der Spielwelt, und zwar nicht nur mental, sondern als Verlängerung des physischen Körpers in die Spielwelt.[57] Beispielsweise ruft die akustische Inszenierung, wie sie der Abschnitt zu Weltentwürfen erläutert, das Gefühl dieser Verkörperung in der Spielumgebung hervor.[58] Sie erleichtert den Spielenden durch räumliche Tiefe, sich in der Spielwelt zu verorten. Laufen ihre Avatare über Untergründe wie Kies und Waldboden, übertragen die Soundeffekte körperliche Wirksamkeit durch Gewicht und die physische Konsistenz der Materialien mithilfe von Reminiszenzen der Spielenden an ihre Lebenswelt.

---

51 Nolden, Geschichte (wie Anm. 4), S. 444 f.
52 Nolden, Geschichte (wie Anm. 4), S. 484.
53 Nolden, Geschichte (wie Anm. 4), S. 501.
54 Nolden, Geschichte (wie Anm. 4), S. 501.
55 Nolden, Geschichte (wie Anm. 4), S. 504.
56 Fahlenbrach, Kathrin u. Felix Schröter: Embodied Avatars in Video Games. Metaphors in the Design of Player Characters. In: Embodied Metaphors in Film, Television, and Video Games. Cognitive Approaches. Hrsg. von Kathrin Fahlenbrach. London 2016 (Routledge research in cultural and media studies 76). S. 251–268, 252, 256.
57 Schröter, Felix: Walk a Mile in My Shoes. Subjectivity and Embodiment in Video Games. In: Subjectivity Across Media. Interdisciplinary and Transmedial Perspectives. Hrsg. von Maike S. Reinerth u. Jan-Noël Thon. London 2016 (Routledge research in cultural and media studies). S. 196–213, 197, 201.
58 Nolden, Geschichte (wie Abm. 4), S. 456–461, bes. 457, 459.

Entwickler*innen ermöglichen bewusst unterschiedliche Spielweisen.[59] Dabei unterscheiden sie Spielende in *Achiever, Socializer, Explorer* und *Impostors*.[60] Grob dargestellt, treibt erstere an, Ziele zu erreichen. *Socializer* genießen eher, dass sie mit Spielenden zusammentreffen. Erkundung von Geschichten und Spielwelt fokussieren *Explorer*, und *Impostors* versuchen bewusst, Regeln zu brechen. Dazwischen bestehen Mischformen, wobei in der Regel eine dieser Spielweisen dominiert.[61] Die jeweilige Einstellung verändert, wie die Spielenden auf das skizzierte historische Wissenssystem zugreifen.[62] Am offensichtlichsten erscheint der historische Bezug bei *Explorern*, weil sie die Winkel der Spielwelt erkunden und nach narrativen Wissensfragmenten fahnden. Auf ihrer Suche nach Herausforderungen aber füllen auch *Achiever* die enzyklopädische Wissensdatenbank, in der sie spezifische Erfolge abarbeiten. Ein intensiver historischer Eindruck kann dann entstehen, wenn sie sich mit mythologischen Kreaturen und Orten auseinandersetzen, Erfolge erringen und Missionen bewältigen. *Socializer* mögen gerade ein historisches Verständnis herausbilden, weil sie stärker mit Spielenden in der und über die Spielwelt kommunizieren. Zugleich sind sie durch die Art, in der sie die Verkörperung ihres Avatars inszenieren, intensiver als andere mit der Spielwelt verbunden.

Mithilfe der aufgeführten Handlungsoptionen und verkörpert durch ihren gestalteten Avatar, orchestrieren die Spielenden ihre historische Inszenierung in einer Ko-Autorenschaft mit den Entwickler*innen. Letztere legen die genannten thematischen Inhalte zwar mithilfe des skizzierten Wissenssystems an. Die Spielenden aber wählen aus diesem Angebot für sie interessante Bestandteile aus und kombinieren sie zu einer individuellen historischen Erfahrung. Der Akt des digitalen Spielens ermöglicht also eine sinnlich-körperliche Erfahrung innerhalb des geschilderten historischen Möglichkeitsraums, in dem die Spielenden aus der Gegenwart heraus aktiv und individuell handeln.[63] Diese atmosphärische Präsenzerfahrung spielt dabei mit Beziehungen zu Objekten und deren Bedeutung zusammen. Spielende interagieren in Gesprächen mit dem Netz aus

---

[59] Koster, Raph: Ultima Online's Influence [=Answering Questions for UO's 20th Anniversary]. www.raphkoster.com/2017/09/28/ultima-onlines-influence/ (5.4.2020); Garriott, Richard u. David Fisher: Explore/Create. My Life in Pursuit of New Frontiers, Hidden Worlds, and the Creative Spark. New York 2017. S. 151–192.

[60] Nolden, Geschichte (wie Anm. 4), S. 497f.; Bartle, Richard A.: Designing Virtual Worlds. Berkeley 2006. S. 128–157. Vgl. die Ursprünge bei Bartle, Richard A.: „Hearts, Clubs, Diamonds, Spades". Players Who Suit MUDs, April 1996. mud.co.uk/richard/hcds.htm (5.4.2020).

[61] Yee, Nick: The Proteus Paradox. How Online Games and Virtual Worlds Change Us – And How They Don't. Yale 2014. S. 29.

[62] Nolden, Geschichte (wie Anm. 4), S. 499–504.

[63] Nolden, Geschichte (wie Anm. 4), S. 506.

Persönlichkeiten. Artefakte können sie nicht nur aktivieren oder bewegen, auch ihre Beleuchtung und ihre Klänge sind interaktive Bestandteile von Missionen. Auf der Suche nach dem Leichnam der historischen Figur des St. Nikolaus von Myra müssen Spielende zum Beispiel Motive aus Mozarts *Zauberflöte* entschlüsseln, um mit den musikalischen Elementen die Umgebung zu beeinflussen.[64] Eine derartige sinnlich-körperliche Erfahrung kann eindrucksvolle „subjektiv-kulturell hergestellte Imaginationen von Vergangenheit"[65] hervorbringen.

Multiplayer, Kollaboration und interkulturelle Globalisierung

Rejacks letzter Aspekt betrifft die Frage sozialer und kollaborativer Erfahrungen im Reenactment. MMORPGs werden bewusst als soziale Erfahrungen konstruiert.[66] Für wesentliche Anteile der Spielerfahrung treffen die Spielenden daher in Gruppen aufeinander. Einige Gruppierungen von Spielenden konzentrieren sich darauf, kompetitiv gegeneinander anzutreten, andere kollaborieren miteinander, um Aufgaben zu lösen. Wieder andere bevorzugen es, in Schlachtzügen, sogenannten Dungeons und Raids, gegen spielweltliche Kreaturen anzutreten. Zeitweilige Gruppen bilden sich spontan aus wenigen Personen, sogenannte *Parties* spielen regelmäßig lose zusammen, ein *Clan* oder eine *Gilde* bilden größere soziale Netzwerke, die sich auch abseits der Spielwelt organisieren. In Allianzen kooperieren sogar mehrere Gilden.[67] Einerseits ist ihre Organisation durch die Anlage der Spielumgebung festgelegt. Andererseits bestimmen sie auch traditionelle Gewohnheiten, welche die Spielenden außerhalb auf eigenen Webseiten pflegen. Zwischen utopischen Vorstellungen, konkreten Organisationsstrukturen, Prozessen der Streitschlichtung, Geschenkökonomien und der Bedeutung von sozialem Kapital lassen ihre Gemeinschaften komplexe soziale Phänomene erkennen – sie kommen daher nicht nur zusammen, um zu spielen, sondern spielen, um zusammenzukommen.[68] Die Kommunikationsstruktur sozialer Gruppen weist auf eine Verortung des historischen Austauschs weniger in

---

64 Nolden, Geschichte (wie Anm. 4), S. 438.
65 Samida, Stefanie; Sarah Willner u. Georg Koch: Doing History – Geschichte als Praxis. Programmatische Annäherungen. In: Doing History. Performative Praktiken in der Geschichtskultur. Hrsg. von Sarah Willner, Georg Koch u. Stefanie Samida. Münster 2016 (Edition Historische Kulturwissenschaften 1). S. 1–25, 17.
66 Nolden, Geschichte (wie Anm. 4), S. 512–514.
67 Nolden, Geschichte (wie Anm. 4), S. 513.
68 Inderst, Rudolf T.: Vergemeinschaftung in MMORPGs. Boizenburg 2009. S. 316 f.

Spontangruppen oder höheren Organisationsformen wie Gilden und Allianzen als vielmehr in mittelgroßen, aber sozial enger verbundenen *Parties* hin.[69]

Aufgrund dieser Anlage der Spielumgebung nimmt Kommunikation unter den Spielenden eine zentrale Funktion ein.[70] Für verbale Kommunikation nutzen sie spielinterne, hybride und externe Mittel. Intern tippen sie zum Beispiel im Textchat kurze Nachrichten. Enger verbundene Gruppen nutzen Sprach-Telefonie (VoIP) von diversen externen Anbietern. Weil diese Kommunikation weitgehend zeitgleich und zum Anlass des Spielens abläuft, handelt es sich weder um eine rein spielinterne, noch allein um externe Kommunikation. Zudem organisieren sich hierarchisch höhere Gruppenformen mithilfe eigener Webseiten und eigenen Internetforen. Ihre Spielenden kommunizieren auch unabhängig von der eigentlichen Spielerfahrung und -umgebung miteinander. Kommunikationswege verlaufen jedoch nicht nur verbal. Viele Spielende genießen es, ausgefallene Ausrüstung, ihr Prestige durch Ränge oder andere Erfolge zur Schau zu stellen. Sogenannte *Emotes* helfen zudem dabei, sich durch Mimik und Gestik ihrer Spielfigur gegenüber anderen Spielenden auszudrücken. Sie definieren einen non-verbalen, symbolhaften Standard der Kommunikation, obwohl Gesten je nach kulturellem Raum durchaus unterschiedliche Bedeutungen besitzen können.

Für die Jahre 2007 bis 2017 lässt sich im offiziellen Forum zu *The Secret World* eine kontinuierliche Kommunikation über historische Inhalte nachweisen.[71] In schwankender Dichte und Intensität diskutierten Spielende in hunderten von Foren-Beiträgen eine Vielzahl von historischen Aspekten. Entlang der Angebote des skizzierten Wissenssystems reichten ihre Diskussionen von der Objektkultur über narrative Netzwerke bis hin zu mikrohistorischen Weltentwürfen. Makrohistorische Modelle thematisierten sie hingegen seltener. Die Elemente des historischen Wissenssystems setzten sie in Beziehungen zu Geschichtsbildern und eigenen lebensweltlichen Erfahrungen, zogen historische Belege von außerhalb heran und verständigten sich darüber mit den anderen Diskutierenden. Im Ergebnis entsteht so zwischen den angelegten Spielinhalten, dem spielerischen Handeln und den Rückkopplungen auf die Wissensangebote ein komplexes erinnerungskulturelles Wissenssystem als sozialer historischer Handlungsraum. In Bezug auf die Kategorien von Rejack lässt sich demnach auch die soziale, kollaborative Komponente für ein digitales Spiel nachweisen.

---

69 Nolden, Geschichte (wie Anm. 4), S. 515.
70 Nolden, Geschichte (wie Anm. 4), S. 516–518.
71 Nolden, Geschichte (wie Anm. 4), S. 519–532.

Im Lauf der Zeit geht das kommunikative Gedächtnis nach Harald Welzer in das kulturelle Gedächtnis einer Gemeinschaft über.[72] Kulturelle Erinnerungsspeicher passen im Fortgang der Geschichte ihre Form den Bedürfnissen einer jeweiligen Gesellschaft an, weshalb Aleida Assmann festhält: „Individuen und Kulturen [...] organisieren ihr Gedächtnis mit Hilfe externer Speichermedien und kultureller Praktiken."[73] Das historische Wissenssystem eines Online-Rollenspieles lässt sich so als technische Form eines kollektiven Gedächtnisses auffassen, das sich den Bedürfnissen des digitalen Netzwerkzeitalters angepasst hat.[74] Treffen soziale Gruppen aus Nutzer*innen auf das historische Angebot des Wissenssystems, handeln gemeinsam in der Spielumgebung und tauschen sich miteinander darüber aus, deuten sie aus ihren Spielerfahrungen auch Vergangenheiten.[75]

Ein genauerer Blick auf die technische Entwicklung des digitalen Spielens in Multiplayer Online-Formen lässt drei bedeutsame Globalisierungsprozesse für diesen kulturellen Erinnerungsspeicher erkennen.[76] Gerade im Hinblick auf den interkulturellen Austausch sind diese weltweiten Phänomene untersuchenswert. Denn sie entwickelten erstens einen technischen Standard, der weltweit die Spielerfahrungen rahmt und überall wiedererkannt wird. Diese technikkulturelle Globalisierung trennt die Spielenden in *The Secret World* nicht mehr auf einzelne Server nach Nationalitäten. Das MMORPG führt stattdessen alle Spielenden in einer gemeinsamen, übergreifenden Spielumgebung zusammen. Zweitens verknüpft das Online-Rollenspiel historische Überlieferungen vieler Kulturen zu einer interdependenten, überregionalen und multiperspektivischen Struktur, die einem globalhistorischen Geschichtsverständnis nahesteht.[77] Diese Struktur umfasst also technisch den Globus, differenziert das Deutungsangebot durch viele Perspektiven und globalisiert dadurch die historische Inszenierung. Da auf die historische Inszenierung von überall auf der Welt gleichzeitig und gemeinsam zugegriffen werden kann, errichtet das Spiel drittens eine weltweite, digitale

---

72 Welzer, Harald: Das kommunikative Gedächtnis. Eine Theorie der Erinnerung. 3. Aufl. München 2008. S. 225, 235.
73 Assmann, Aleida: Erinnerungsräume. Formen und Wandlungen des kulturellen Gedächtnisses. 5. Aufl. München 2010. S. 19.
74 Nolden, Geschichte (wie Anm. 4), S. 510f.
75 Nolden, Geschichte (wie Anm. 4), S. 512.
76 Nolden, Nico: Keimzellen verborgener Welten. Globalisierungsprozesse beim MMORPG The Secret World als globalhistorische Zugriffswege. In: Weltmaschinen. Digitale Spiele als globalgeschichtliches Phänomen. Hrsg. von Josef Köstlbauer, Eugen Pfister, Tobias Winnerling u. Felix Zimmermann. Wien 2018. S. 181–201, 185f.
77 Zur diesbezüglichen Einordnung von Globalgeschichte und Globalisierung siehe Nolden, Keimzellen (wie Anm. 76), S. 182–184.

Sphäre für erinnerungskulturelle Kommunikation. Sie ermöglicht den Spielenden einen interkulturellen, globalen Austausch über geschichtliche Traditionen, Wahrnehmungen und Deutungen innerhalb und außerhalb des Spieles. Gemeinsam erschaffen diese Spieler*innen einen Begegnungsraum, in dem Entwürfe menschlicher Geschichte in einem dynamischen Rahmen ausgehandelt werden. Dieser Handlungs- und Erfahrungsraum wiederum verbindet diverse Erinnerungskulturen rings um den Globus, in denen die Spielenden durch ihre Lebenswelt eingebettet sind.

Fazit

Digitale Spiele können Möglichkeitenräume aufspannen, die deutliche Analogien zum Handlungsfeld analoger Reenactments zeigen, sofern man eine dafür geeignete Spielform wählt. Das Fallbeispiel dieses Beitrags erfüllt alle vier Kriterien, die Rejack formuliert: Es ermöglicht Spielenden, sich sinnlich in einer räumlichen Umgebung zu verkörpern, die ein vielschichtiges historisches Angebot unterbreitet. Durch ihr Handeln im interaktiven Spielraum konstruieren sie individuelle Deutungen von Geschichte aus den historischen Angeboten in Ko-Autorenschaft mit Entwickler*innen. Das Beispiel zeigt überdies genügend Ansatzpunkte für soziale und kollaborative Erfahrungen.

The Secret World kann sicherlich ebenso wenig als repräsentativ für die gesamte Sphäre digitaler Spiele gelten, wie es das von Rejack ausgewählte Beispiel war. Digitale Spiele bieten ein großes Spektrum an Spielformen, die sich nicht in starre Kategorien aufteilen lassen. Vielmehr bilden sie ein Kontinuum, dessen technische Formen, historische Themen und Spielmechaniken unablässig im Wandel begriffen sind. Deshalb ist zwar angesichts des Fallbeispiels anzuraten, weitere gegenwärtige und bereits vergangene Online-Rollenspiele näher auf die Kriterien für Reenactments zu untersuchen. Um geeignete Untersuchungsobjekte zu finden, bietet sich allerdings die Suche nach weiteren Spielumgebungen an, die den formulierten Eigenschaften von Reenactments genügen. Einige, etwa der Agenten-Online-Shooter *The Division* und sein Nachfolger, wurden oben erwähnt. Weitere sozial gemischte Spielformen bieten mittlerweile drei Ableger der Reihe *Watch_Dogs*. Zahlreiche Militär-Shooter verfügen über Spieler*innengemeinschaften, die sich besonderer Akkuratesse in ihrem Spielverhalten verpflichten. Vermehrt versuchen Simulationsspiele größere Gemeinschaften in mittelalterlichen Gemeinwesen nachzuahmen. Dies sind durchaus bekannte Phänomene aus der analogen Welt. Im besten Falle ließen sich solche Erfahrungen vergleichend etwa mit Reenactments aus der Zeit des Mittelalters oder militärische Feldsimulationen gegenüberstellen.

Die Erkenntnisse im vorliegenden Beitrag möchten auch die Geschichtswissenschaft dazu inspirieren, sich intensiver mit Geschichtspraktiken und Erinnerungskulturen in digitalen Handlungsräumen zu befassen. Für das Reenactment beim digitalen Spielen hofft Rejack auf Spielformen, die neben Umgebungsdetails und dem spielerischen Handeln zukünftig auch dramatischen und emotionalen Details mehr Aufmerksamkeit schenken.[78] Der vorliegende Beitrag verschiebt den Blickwinkel von diesem Verlangen nach einer dramatisch und emotional angelegten Spielwelt hin zur Schaffung eines Möglichkeitenraums, in dem Spielende sich selbst dramatisieren, verkörpern und emotional inszenieren können. Im Sinne von Geschichtspraktiken handeln sie dort zusammen mit anderen substanziell historisch. Wünschenswert ist daher, dass Historiker*innen populärkulturellen Geschichtspraktiken und ihren sinnlich-körperlichen Dimensionen mehr Aufmerksamkeit schenken.[79]

Ludografie

Battlefield 1942 (Digital Illusions Creative Entertainment (DICE) / Electronic Arts) 2002.
Battlefield 2 (Digital Illusions Creative Entertainment (DICE) / Electronic Arts) 2005.
Brothers in Arms. Road to Hill 30 (Gearbox Software LLC / Ubisoft) 2005.
Dark Age of Camelot (Mythic Entertainment / Wanadoo, Vivendi, Electronic Arts) 2001 ff.
Façade (melon / melon) 2006.
The Secret World (FunCom / FunCom, Electronic Arts) 2012 ff.
Secret World Legends (FunCom / FunCom) 2017.
Tom Clancy's The Division (Massive Entertainment / Ubisoft) 2016.
War of Rights (Campfire Games) 2018.

Literaturverzeichnis

Agnew, Vanessa: Introduction. What is Reenactment? In: Criticism 46 (2004). S. 327–340.
Arbeitskreis Geschichtswissenschaft und Digitale Spiele (AKGWDS): Geschichtswissenschaft und Digitale Spiele. Ein Manifest für geschichtswissenschaftliches Arbeiten mit digitalen Spielen, Version 1.1. gespielt.hypotheses.org/manifest_v1 – 1 (5. 4. 2020).
Assmann, Aleida: Erinnerungsräume. Formen und Wandlungen des kulturellen Gedächtnisses. 5. Aufl. München 2010.
Bartle, Richard A.: Designing Virtual Worlds. Berkeley 2006.
Bartle, Richard A.: „Hearts, Clubs, Diamonds, Spades". Players Who Suit MUDs, April 1996. mud.co.uk/richard/hcds.htm (5. 4. 2020).

---

78 Rejack, Toward a Virtual Reenactment (wie Anm. 12), S. 422.
79 Samida/Willner/Koch, Doing History (wie Anm. 65), S. 5 f.

Bernsen, Daniel: Virtuelles Reenactment. In: Praxishandbuch Historisches Lernen und Medienbildung im digitalen Zeitalter. Hrsg. von Daniel Bernsen u. Ulf Kerber. Berlin 2017. S. 373–382.

Chapman, Adam: Digital Games as History. How Videogames Represent the Past and Offer Access to Historical Practice. New York 2016.

Chatfield, Tom: Special Difficulties, Special Opportunities. Prelude. In: Early Modernity and Video Games. Hrsg. von Tobias Winnerling u. Florian Kerschbaumer. Newcastle upon Tyne 2014. S. xxi–xxiii.

Crabtree, Gareth: Modding as Digital Reenactment. A Case Study of the Battlefield Series. In: Playing with the Past. Digital Games and the Simulation of History. Hrsg. von Matthew W. Kapell u. Andrew B. R. Elliott. London 2013. S. 199–212.

Eugen Pfister u. Tobias Winnerling: Digitale Spiele. Version: 1.0. docupedia.de/zg/Pfister_Winnerling_digitale_spiele_v1_de_2020 (5.4.2020).

Fahlenbrach, Kathrin u. Felix Schröter: Embodied Avatars in Video Games. Metaphors in the Design of Player Characters. In: Embodied Metaphors in Film, Television, and Video Games. Cognitive Approaches. Hrsg. von Kathrin Fahlenbrach. London 2016 (Routledge research in cultural and media studies 76). S. 251–268.

Garriott, Richard u. David Fisher: Explore/Create. My Life in Pursuit of New Frontiers, Hidden Worlds, and the Creative Spark. New York 2017.

Giere, Daniel: Computerspiele – Medienbildung – historisches Lernen. Zu Repräsentation und Rezeption von Geschichte in digitalen Spielen. Frankfurt am Main 2019.

Heede, Pieter van den: Gaming. In: The Routledge Handbook of Reenactment Studies. Key Terms in the Field. Hrsg. von Vanessa Agnew, Jonathan Lamb u. Juliane Tomann. London 2020. S. 84–88.

Houghton, Robert: Where did you learn that? The self-perceived impact of historical computer games on undergraduates. In: gamevironments 5 (2016). S. 8–45. nbn-resolving.de/urn: nbn:de:gbv:46–00105656–16 (8.3.2021).

Inderst, Rudolf T.: Vergemeinschaftung in MMORPGs. Boizenburg 2009.

Koster, Raph: Ultima Online's Influence [=Answering Questions for UO's 20th Anniversary]. www.raphkoster.com/2017/09/28/ultima-onlines-influence/ (5.4.2020).

Nolden, Nico: DissTSW1 – Erinnerungskulturelle Wissenssysteme – 1 Technikkulturelle Geschichte und Methodik. youtu.be/h8uznxe-XJ4 (5.4.2020).

Nolden, Nico: DissTSW2 – Erinnerungskulturelle Wissenssysteme – 2 Das historische Wissenssystem. youtu.be/jh3ex3WZG5s (5.4.2020).

Nolden, Nico: Geschichte und Erinnerung in Computerspielen. Erinnerungskulturelle Wissenssysteme. Berlin 2019.

Nolden, Nico: Keimzellen verborgener Welten. Globalisierungsprozesse beim MMORPG The Secret World als globalhistorische Zugriffswege. In: Weltmaschinen. Digitale Spiele als globalgeschichtliches Phänomen. Hrsg. von Josef Köstlbauer, Eugen Pfister, Tobias Winnerling u. Felix Zimmermann. Wien 2018. S. 181–201.

Rejack, Brian: Toward a Virtual Reenactment of History. Video Games and the Recreation of the Past. In: Rethinking History. The Journal of Theory and Practice 11 (2007). S. 411–425.

Samida, Stefanie; Sarah Willner u. Georg Koch: Doing History – Geschichte als Praxis. Programmatische Annäherungen. In: Doing History. Performative Praktiken in der Geschichtskultur. Hrsg. von Sarah Willner, Georg Koch u. Stefanie Samida. Münster 2016 (Edition Historische Kulturwissenschaften 1). S. 1–25.

Sandkühler, Gunnar: Der Historiker und Silent Hill. Prospektives Quellenstudium. In: „See? I'm real...". Multidisziplinäre Zugänge zum Computerspiel am Beispiel von „Silent Hill". Hrsg. von Britta Neitzel, Matthias Bopp u. Rolf F. Nohr. 3. Aufl. Münster 2010 (Medien'welten. Braunschweiger Schriften zur Medienkultur 4). S. 213–226.

Schröter, Felix: Walk a Mile in My Shoes. Subjectivity and Embodiment in Video Games. In: Subjectivity Across Media. Interdisciplinary and Transmedial Perspectives. Hrsg. von Maike S. Reinerth u. Jan-Noël Thon. London 2016 (Routledge research in cultural and media studies). S. 196–213.

Tomann, Juliane: Living History. Version: 1.0. docupedia.de/zg/Tomann_living_history_v1_de_2020 (28.6.2020).

Vowinckel, Annette: Past Futures. From Re-enactment to the Simulation of History in Computer Games. In: Historical Social Research 34 (2009). S. 322–332. nbn-resolving.org/urn:nbn:de:0168-ssoar-286848 (8.3.2021).

Welzer, Harald: Das kommunikative Gedächtnis. Eine Theorie der Erinnerung. 3. Aufl. München 2008.

Yee, Nick: The Proteus Paradox. How Online Games and Virtual Worlds Change Us – And How They Don't. Yale 2014.

Mirko Uhlig und Torsten Kathke
Baumholder 1985 – das „erste deutsche Reenactment"

Zur Formierungsphase von *Civil War*-Nachstellungen in der Bundesrepublik Deutschland

> Von nun an geht Welle nach Welle der grauen Infanterie gegen die Verteidigungslinien vor. Es kommt zu einem kurzen Einbruch bei einer Geschützstellung, aber gerade in diesem Moment trifft die erste Brigade der 1. Division des I. Korps von General Reynolds ein. Der Durchbruch wird abgeriegelt, beim Gegenangriff kommt es zu dem Gemetzel an der Eisenbahnlinie, wohin sich die zurückgehenden Einheiten der 3. und 4. Brigaden von Hills Korps geflüchtet haben. Auch der nächste konföderierte Angriff auf breiter Front bleibt im Feuer der Nordstaatler liegen, so daß die Kämpfe jetzt abflauen.[1]

Was zunächst wie der Bericht eines zeitgenössischen Beobachters anmuten mag, der eine Szene aus der Schlacht von Gettysburg (1863) festhält, entstammt einem Bericht über „Deutschlands zweites Reenactment",[2] abgedruckt in der September-Ausgabe des *Deutschen Waffen-Journals* von 1986. Stattgefunden hatte dieses Reenactment über das verlängerte Fronleichnam-Wochenende auf dem Truppenübungsplatz nahe der rheinland-pfälzischen Stadt Baumholder, wo laut dem Artikel bereits ein Jahr zuvor das „erste deutsche Reenactment" veranstaltet worden sei.[3] Das Reenactment von 1985 initiierte die Institutionalisierung dieser Freizeitbeschäftigung in der Bundesrepublik: Es wurde der noch heute aktive *Union & Confederate Reenactors International, völkerkundlicher Verein zur Nachstellung von Militärgeschichte e. V.* – kurz UCR – gegründet.[4]

Im folgenden Beitrag verfolgen wir zwei Ziele: Erstens sollen zwei der damals handelnden Akteure vorgestellt, ihre Beweggründe beleuchtet und kontextualisiert werden. Außerdem sollen zweitens das Reenactment in Baumholder 1985 skizziert und in die zeitgenössische Diskurslandschaft eingeordnet werden. Reenactments, hier verstanden als die aktive Dar- bzw. Nachstellung zeitlich wie räumlich konkret umrissener historischer (und in Quellen verbürgter) Begebenheiten (meist Schlachtensituationen) im Freizeitkontext, erfahren schon seit

---

[1] Boger, Jan: Baumholder 1986. Das Gefecht von McPhersons Ridge. In: Deutsches Waffen-Journal 22 (1986). S. 1015–1019, 1019.
[2] Boger, Gefecht (wie Anm. 1), S. 1015.
[3] Boger, Jan: Der amerikanische Bürgerkrieg auf deutschem Boden. In: Deutsches Waffen-Journal 21 (1985). S. 1068–1074.
[4] www.ucr-ev.de (10.3.2021).

einiger Zeit vermehrte Beachtung sowohl im akademischen Zusammenhang als auch durch die berichterstattenden Medien. Aufgrund ihrer augenfälligen Bezugnahme auf eine spezifische National- bzw. Regional-/Lokalgeschichte – und somit auf vermeintlich kollektiv geteilte Wertvorstellungen – machen Reenactments kulturelle Selbstbilder sicht- und interpretierbar.[5]

Da mag es zunächst irritieren, wenn sich Menschen im Rahmen einer zeit- und vor allem auch kostenintensiven Freizeitbeschäftigung mit Geschehnissen beschäftigen, die keine vordergründigen Berührungspunkte mit ihrer eigenen Geschichte bzw. ihren eigenen Lebensgeschichten aufweisen. Besonders fällt dies bei Nachstellungen des Amerikanischen Bürgerkriegs (1861–1865) auf. Was motiviert deutsche Staatsbürger*innen, die US-amerikanische Geschichte nachzustellen und aus welchen Quellen speist sich das Wissen der Akteur*innen? Einige Arbeiten zu den kulturgeschichtlichen Hintergründen liegen vor – so zum Beispiel zu der als *Indianthusiasm* bezeichneten Begeisterung für imaginierte indigene Lebensweisen in Deutschland und deren politische Instrumentalisierung im 20. Jahrhundert.[6] Die Erforschung konkreter Reenactments in Deutschland, die sich dezidiert der performativen Darstellung von Episoden des *Civil War* verschrieben haben, stellt allerdings ein Desiderat der Forschung dar. Zwar wurden bereits anregende Überlegungen über die Ursprünge des Phänomens in den Vereinigten Staaten angestellt,[7] jedoch mangelt es noch an Studien, welche die Perspektiven der beteiligten Akteur*innen in Deutschland in den Mittelpunkt rücken.[8]

---

[5] Uhlig, Mirko: Resonanz durch Reenactment? Überlegungen zur Deutung der Nachstellung von Vergangenem in der Gegenwart. In: Erfahren – Benennen – Verstehen. Den Alltag unter die Lupe nehmen. Festschrift für Michael Simon zum 60. Geburtstag. Hrsg. von Christina Niem, Thomas Schneider u. Mirko Uhlig. Münster 2016 (Mainzer Beiträge zur Kulturanthropologie/Volkskunde 12). S. 427–437.
[6] Lutz, Hartmut: German Indianthusiasm. A Socially Constructed German National(ist) Myth. In: Germans & Indians. Fantasies, Encounters, Projections. Hrsg. von Colin G. Calloway, Gerd Gemunden u. Susanne Zantop. Lincoln 2002. S. 167–184; vgl. weiterführend Borries, Friedrich von u. Jens-Uwe Fischer: Sozialistische Cowboys. Der Wilde Westen Ostdeutschlands. Frankfurt am Main 2008; sowie Kalshoven, Petra Tjitske: Crafting „the Indian". Knowledge, Desire, and Play in Indianist Reenactment. New York 2012.
[7] Hochbruck, Wolfgang: Reenacting Across Six Generations. 1863–1963. In: Doing History. Performative Praktiken in der Geschichtskultur. Hrsg. von Sarah Willner, Georg Koch u. Stefanie Samida. Münster 2016 (Edition Historische Kulturwissenschaften 1). S. 97–116.
[8] Hochbruck, Wolfgang: Geschichtstheater. Formen der „Living History". Eine Typologie. Bielefeld 2013 (Historische Lebenswelten in populären Wissenskulturen 10). S. 11.

Zum qualitativ-empirischen Zugang und interpretativen Umgang mit dem erhobenen Material

Das historische Reenactment in Baumholder aus dem Jahr 1985 dient uns als erster Ausgangspunkt. Historisch kann es dabei in zweierlei Hinsicht verstanden werden: Zum einen stellt das Fallbeispiel eine Nachstellung vergangener Vorkommnisse dar. Es ist zum anderen aus heutiger Sicht bereits selbst ein Teil der Zeitgeschichte, was spezifische Probleme aufwirft, die es beim Umgang mit dem erhobenen Material zu reflektieren gilt. Wir stützen uns hauptsächlich auf zwei biografisch ausgerichtete Interviews, die wir im März 2019 mit zwei der Initiatoren des Baumholder Reenactments führten. Auf der Suche nach Reenactment-Veranstaltungen und -gruppen mit Fokus auf den Amerikanischen Bürgerkrieg waren wir durch eine simple Schlagwortsuche im Internet auf einen Artikel in dem uns bis dato unbekannten Spartenmagazin *RWM Depesche (Recherchen zu Waffentechnik & Militärgeschichte)* gestoßen, der uns auf die Veranstaltung in Baumholder 1985 aufmerksam machte und sie als „das erste Bürgerkriegs-Reenactment" auswies.[9] Aber weder die anschließende systematische Auswertung einschlägiger Periodika (*Rhein-Zeitung* sowie *Heimatkalender Landkreis Birkenfeld*) noch der persönliche Austausch mit einem ehrenamtlichen Heimatkundeprojekt vor Ort (*Geschichtswerkstatt Baumholder*) brachten die erhofften Informationen. Nirgendwo war ein Hinweis auf das vermeintlich erste Bürgerkriegs-Reenactment zu finden; keine der von uns Befragten hatten je etwas darüber gehört. Natürlich dämpfte dieser umfängliche Negativbefund unsere Euphorie über den vielversprechenden Zufallsfund gehörig. Da es über den Artikel in der *RWM Depesche* hinaus keine weitere Darstellung gab, fragten wir Anfang Februar 2019 schließlich via E-Mail beim Autor des Aufsatzes nach, der uns den Kontakt zu Herrn A., seinem Gewährsmann für den Bericht, vermittelte. Im Zuge des Interviews machte uns Herr A. dann auf Herrn B. aufmerksam, der eine „ganz extrem treibende Kraft"[10] hinter dem Baumholder Reenactment gewesen sei. Besonders aufschlussreich erschien uns dabei der Umstand, dass sich B. der Nordstaaten-

---

[9] Heinz, Elmar: Reenactment – die deutschen Brüder in Blau und Grau. In: RWM Depesche 1 (2011). S. 32–34, 32.
[10] Interview mit Herrn A. am 6.3.2019. Die hier verwendeten Zitate haben wir zugunsten der besseren Lesbarkeit sprachlich geglättet. Die Namen unserer Interviewpartner wurden pseudonymisiert.

Darstellung verschrieben hatte – im Gegensatz zu A., der sich von Anfang an der konföderierten Armee zugehörig gefühlt habe.

Auf den ersten Blick mögen unsere anfänglichen Bemühungen als unnötige Umwege erscheinen. Die Tatsache jedoch, dass die Reenactments auf dem Truppenübungsplatz nahe Baumholder anscheinend keine nennenswerten Spuren in der regionalen Berichterstattung oder Erinnerung hinterlassen haben, ist ein erstes wichtiges Ergebnis, das hilft, die damaligen Geschehnisse und die Selbstpositionierung der Akteure adäquat einordnen zu können. Dass wir durch die Interviews Informationen aus erster Hand erhalten haben, ist unserem qualitativen Vorgehen zuträglich, stellt aber auch eine spezifische Herausforderung dar. Wie die kulturwissenschaftliche Bewusstseinsanalyse und die Oral History-Forschung einsichtig machen konnten, sind Rekapitulationen von selbst Erlebtem hochgradig subjektiv und selektiv.[11] Unter Umständen erinnert die erzählende Person historische Sachverhalte und Abläufe lückenhaft, womöglich gar widersprüchlich zu anderen verfügbaren (gedruckten) Quellen. Gegebenenfalls kommen auch über die Jahre bewährte Erzählschablonen zum Einsatz, die das Erfahrene der rezenten, persönlichen Lebenssituation anpassen, um eine stimmige, narrative Struktur bilden und eine Lebensgeschichte entfalten zu können, die retrospektiv betrachtet sinnhaft erscheint (und für die Erzählenden zudem sinnstiftend wirkt).[12] Das Vergangene muss dann mit der Gegenwart kompatibel sein – die Konsequenzen sind nachträgliche Umdeutungen und Verklärungen. In unserem Fall kommt verschärfend hinzu, dass sich sowohl Herr A. als auch Herr B. seit der Jahrtausendwende nicht mehr aktiv an Bürgerkriegs-Reenactments beteiligt haben und kaum noch Kontakte zu ehemaligen Weggefährt*innen oder aktiven Reenactors pflegen. Daher lautet eine der Aufgaben bei der Interpretation der Auskünfte, etwaige Romantisierungen und/oder Ressentiments seitens unserer Gesprächspartner zu benennen und zu reflektieren. Die Erzählungen als Konstruktionen mit gegenwartsbezogenen Funktionen im Blick zu behalten, ist also ein notwendiger Schritt. Wo allerdings die Grenze zwischen bewusster und unbewusster Rejustierung oder Erfindung liegt, ist eine äußerst delikate Frage, da sie schnell auf das Glatteis der psychologisierenden Spekulation führen kann. Die Darstellung von erzähltem Inhalt und situativem Kontext kann dem entgegenwirken.

---

11 Lehmann, Albrecht: Reden über Erfahrung. Kulturwissenschaftliche Bewusstseinsanalyse des Erzählens. Berlin 2007.
12 Rieken, Bernd: Zeugenschaft in der Europäischen Ethnologie und Psychoanalyse an Beispielen aus der Erzählforschung und psychotherapeutischen Praxis. In: Volkskunde in Rheinland-Pfalz 33 (2018). S. 84–104.

Der mikroanalytische Zuschnitt unseres Vorgehens mit seinen konkreten räumlichen, sozialen und zeitlichen Bezügen erlaubt aufschlussreiche Nuancen herausstellen zu können, die für ein tieferes Verständnis des Globalphänomens Reenactment und zukünftige Vergleichsstudien relevant sind. Anregendes Vorbild ist dabei etwa Mads Daugbjergs Arbeit über eine dänische Reenactment-Szene, in der er aufzeigen konnte, inwiefern im spezifischen Setting von *Civil War*-Nachstellungen sowohl lebensgeschichtliche Aspekte verhandelt als auch Fragen über den Zustand der erlebten Gegenwart von den Beteiligten zur Sprache gebracht werden.[13] Das Erkenntnisinteresse an der subjektiven Erfahrung geht also nicht zwangsläufig mit der Einschränkung einher, die inter- und transsubjektiven Strukturen außer Acht lassen zu müssen. Das wäre auch kurzsichtig, agieren Menschen doch stets innerhalb von Kontexten und Strukturen, die der handelnden Einzelperson mal mehr, mal weniger bewusst sind.

Abriss des historischen Hintergrunds – Der US-amerikanische Bürgerkrieg von 1861 bis 1865 und *Civil War*-Reenactments in den USA

Bevor wir uns mit den Schilderungen über die Reenactment-Szene zu Beginn der 1980er Jahre und das Baumholder Reenactment von 1985 auseinandersetzen, scheint es angeraten, zumindest in groben Zügen den historischen Hintergrund von *Civil War*-Nachstellungen zu skizzieren. Denn die Selbstpositionierungen der von uns interviewten Akteure speisen sich zu gewissen Teilen aus Topoi, die ohne eine Kenntnis der geschichtlichen Zusammenhänge nur schwer einzuordnen sind.

Der US-amerikanische Bürgerkrieg von 1861 bis 1865 markierte den Endpunkt von zwei Entwicklungen. Einerseits beendete er die seit der Unabhängigkeit der amerikanischen Kolonien (1776) schwelende Kontroverse darüber, in welchem Verhältnis die Einzelstaaten zur Bundesregierung stünden. Zweitens setzte der Bürgerkrieg dem Konflikt um die Sklaverei im Süden des Landes ein Ende. Dieser hatte im Verlauf des 19. Jahrhunderts immer wieder zu nationalen Krisen geführt. War die Sklaverei vor dem Revolutionskrieg in den 1770er Jahren noch in allen britischen Kolonien Nordamerikas erlaubt gewesen, so hatten bis 1804 alle

---

13 Daugbjerg, Mads: Patchworking the Past: Materiality, Touch and the Assembling of ‚Experience' in American Civil War Reenactment. In: International Journal of Heritage Studies 20 (2014). S. 724–741.

nördlichen Bundesstaaten die Praxis de jure abgeschafft. Gleichwohl handelte es sich hierbei um einen Prozess mit oft langen Übergangszeiten.[14]

Die US-Verfassung von 1787 hatte mit allerlei Kompromissen dem Machtgleichgewicht unter den Staaten Rechnung getragen. Durch die Strukturierung der Institutionen des jungen Landes – vor allem des Senates, in welchem die südlichen Staaten de facto eine Sperrminorität innehatten – war eine Lösung des Streits durch den regulären politischen Prozess unmöglich gemacht worden. Die unter der Leitidee des *Manifest Destiny* betriebene konstante Expansion der USA über den nordamerikanischen Kontinent brachte die Kontroverse um die Sklaverei wieder und wieder aufs Tapet.[15] Sie begleitete konstant den politischen Diskurs in den Vereinigten Staaten ab den 1820er Jahren – beispielsweise als es darum ging zu entscheiden, ob neuen Unions-Territorien der Status als freie oder als Sklavenstaaten zukommen solle. Wie die Historikerin Joanne Freeman eindrücklich beschrieben hat, führte diese Situation nicht nur zu erhitzten Wortgefechten im US-Kongress, sondern mitunter zu Schlägereien und Handgreiflichkeiten sowohl in den Hallen des Parlaments wie auch auf den Straßen der Hauptstadt Washington.[16]

Zum Höhepunkt des Widerstreits auf politischer Ebene kam es dann in den 1850er Jahren. Die bis dahin im Parteiensystem der USA bedeutende zweite Partei neben den Demokraten, die Whig-Partei, zerbrach am Sklavereikonflikt, da sich ihre Mitglieder im Norden und Süden im Zuge eines blutigen Konfliktes um die Zukunft von Kansas als Staat mit oder ohne legaler Sklaverei überwarfen. Mehrere neu gegründete Parteien versuchten, die Nachfolge anzutreten. In der Präsidentschaftswahl von 1860 konnte sich die Republikanische Partei unter Führung von Abraham Lincoln (1809–1865) durchsetzen. Zwar gelang es Lincoln, die meisten Stimmen im Wahlmännerkolleg zu erhalten, doch keine einzige stammte aus den Südstaaten. Einzelne Staaten im Süden reagierten auf diese Wahl noch vor Lincolns Amtseinführung im März 1861 mit Sezessionserklärungen, denn durch das Erstarken einer Anti-Sklaverei-Bewegung im Norden im Zusammenhang mit Lincolns Wahl befürchteten sie die Abschaffung der Sklaverei. Zunächst

---

14 In New Jersey war etwa ein Viertel der schwarzen Bevölkerung 1830 noch versklavt, einige sogar bis in die 1850er Jahre. Gigantino, James J. II.: 'The Whole North Is Not Abolitionized.' Slavery's Slow Death in New Jersey, 1830–1860. In: Journal of the Early Republic 34 (2014). S. 411–437, 414.
15 Kathke, Torsten: Manifest Destiny. In: USA-Lexikon. Schlüsselbegriffe zu Politik, Wirtschaft, Gesellschaft, Kultur, Geschichte und zu den deutsch-amerikanischen Beziehungen. Hrsg. von Christof Mauch u. Rüdiger B. Wersich. Berlin 2013. S. 666f.
16 Freeman, Joanne: The Field of Blood. Violence in Congress and the Road to Civil War. New York 2018. S. 70–73.

schlossen sich im Februar 1861 sieben der südlichen Staaten zu den *Confederate States of America* zusammen. Ausgelöst durch einen Angriff der abtrünnig gewordenen Staaten auf das von der US-Regierung unterhaltene Fort Sumter (South Carolina) begann der Amerikanische Bürgerkrieg.

Die historischen Ursprünge einer spezifisch US-amerikanischen Reenactment-Tradition liegen in den Jubiläumstreffen der Bürgerkriegs-Veteranen. Im Rahmen dieser Feierlichkeiten wurden einzelne Schlachtensituationen auf den Originalschauplätzen nachgestellt. Wie Wolfgang Hochbruck herausgestellt hat, reichte allein die Anwesenheit jener Menschen, die tatsächlich im Krieg gekämpft hatten, aus, um diesen Veranstaltungen die nötige Authentizität zu verleihen. Anders als bei heutigen Reenactments, deren Darsteller*innen sich häufig um eine möglichst akkurate Ausrüstung bemühen, war dieser Aspekt bei den ersten Reenactments einige Jahre nach dem Amerikanischen Bürgerkrieg nebensächlich.[17] Aus diesen Zusammenkünften entwickelten sich gegen Ende des 19. und zu Beginn des 20. Jahrhunderts die heute bekannten Darstellungsformen. Mittlerweile stellt der ehemalige Schlachtenschauplatz in Gettysburg (Pennsylvania) den integralen Bestandteil eines kommerziellen Eventkomplexes dar und „gilt weltweit als Mekka der Reenactment-Szene".[18]

Die Reintegration der ehemaligen Konföderierten in die öffentliche Erinnerung wurde in den USA etwa ab Mitte der 1870er Jahre verstärkt vorangetrieben. Sie ging mit der Betonung eines spezifischen Zusammengehörigkeitsgefühls unter weißen Veteranen beider Bürgerkriegsparteien einher. Die Erinnerung an den Krieg war ab dem Ende der als *Reconstruction* benannten Periode (1860er und 1870er Jahre) im Süden wie im Norden von einem Bestreben der weißen Mehrheitsgesellschaft geprägt, die Wunden der Vergangenheit zu heilen. Dies schloss auch die Wiedereingliederung ehemaliger konföderierter Soldaten, Offiziere und Politiker in den Alltag ein. Die Belange und Bedürfnisse der vormals versklavten, afroamerikanischen Bevölkerung blieben außen vor.

Sogenannte *Ladies' Memorial Associations* – Vereinigungen weißer Frauen aus den Südstaaten, die eine patriotische Erinnerungspraxis im Sinne der Konföderation betreiben – hatten sich nach der Niederlage von 1865 aus Unterstützungsvereinen für das konföderierte Militär gebildet. Die *United Daughters of the Confederacy*, welche sich 1894 formierten, wurden zur bedeutendsten Kraft in der Erinnerungskultur des Südens. Ebenso trugen Veteranen-Nachfolgeorganisationen wie die 1896 gegründete *Sons of Confederate Veterans* dazu bei, dass man das

---

17 Hochbruck, Reenacting (wie Anm. 7).
18 Jureit, Ulrike: Magie des Authentischen. Das Nachleben von Krieg und Gewalt im Reenactment. Göttingen 2020 (Wert der Vergangenheit). S. 39.

Andenken an die Konföderation und ihre prominentesten Vertreter zelebrierte.[19] Diese als *Lost Cause* bekannte Nobilitierungspraxis trat damit in den Vordergrund.[20]

Skizzen zweier Werdegänge – Biografien, Begegnungen, Beweggründe

Am Vormittag des 6. März 2019 empfängt uns Herr A. (*1964), der zum Zeitpunkt des ersten Reenactments in Baumholder 21 Jahre alt war, zum Interview an seinem Wohnort in Rheinland-Pfalz. Den neun Jahre älteren Herrn B. (*1955) treffen wir nach Vermittlung durch A. am 23. März 2019 in seiner Wohnung in Nordrhein-Westfalen.

Mediale Einflüsse

Durch ein ausführliches Telefonat im Vorfeld, um das wir von A. zwecks Vorbesprechung gebeten wurden, ist unser Interviewpartner mit den Kernfragen unseres Vorhabens vertraut. So kommt er direkt und ohne Aufforderung auf die „Wurzel allen Reenactments" zu sprechen. Diese sei seiner Einschätzung nach in dem Wirken und den Werken (bzw. deren Verfilmungen) von Karl May (1842–1912) zu finden. Wie auf etliche seiner Zeitgenoss*innen wirkten die Westernfilme auf Herrn A. in nachhaltiger Weise: „Als Kind lief bei uns sonntags *Bonanza*. Wenn *Bonanza* nicht lief, lief *Rauchende Colts*, wenn das nicht lief, lief *Jenseits der blauen Berge* und wenn das nicht lief, dann kam die *Shiloh-Ranch*." Herr B.s Erinnerungen zu Beginn unseres Gesprächs sind erstaunlich ähnlich: Sein Erstkontakt mit der US-amerikanischen Geschichte sei ebenfalls über die Populärkultur erfolgt. B. eröffnet das Gespräch unter Rückbezug auf einen Satz, den er schon in einer Vorab-Mail an uns gesandt hatte: „Winnetou ist an allem schuld. [...] Als kleiner Steppke habe ich den Film *Winnetou 3* [1965] gesehen, habe natürlich wahnsinnig geheult, wie der Apachenhäuptling plattgemacht wurde."[21]

---

19 Janney, Caroline E.: Burying the Dead but Not the Past. Ladies' Memorial Associations and the Lost Cause. Chapel Hill 2012 (Civil War America).
20 Cox, Karen L.: Dixie's Daughters. The United Daughters of the Confederacy and the Preservation of Confederate Culture. Gainesville 2019 (New Perspectives on the History of the South).
21 Interview mit Herrn B. am 23.3.2019.

Ohne Zweifel hatte die Rezeption von Karl Mays Romanen und deren Verfilmungen Einfluss auf die Herausbildung der deutschen Reenactment-Szene mit Fokus auf US-amerikanische Geschichte. Sie zeichneten sowohl in der Bundesrepublik wie auch in der DDR seit den 1960er Jahren spezifische Bilder der US-Geschichte,[22] welche unter anderem halfen, den bereits im 19. Jahrhundert etablierten Topos einer „tiefe[n] Wesensverwandtschaft zwischen Deutschen und Indianern" zu festigen.[23] „Aber seltsamerweise", berichtet Herr B., „hatte ich kein Interesse daran, jetzt Apache zu werden, sondern mich hatte der Anblick der US-Kavallerie fasziniert, die da zur Rettung der Apachen ankam". Das Bild der noblen Armee habe sich dann durch weitere Westernfilme zunächst verfestigt. In der Rückschau nimmt B. allerdings deutlich wahr, dass die historischen Wirklichkeiten des amerikanischen Westens des späten 19. Jahrhunderts durch die dominierenden medialen Darstellungen der Nachkriegszeit verzerrt wurden – also auch durch die Westernfilme und -serien, mit denen sowohl A. als auch B. aufgewachsen sind. Ein für Herrn B. wahrnehmbarer Umschwung erfolgte durch das Genre des *Revisionist Western*. B. nennt den Film *Soldier Blue* (dt.: *Das Wiegenlied vom Totschlag*) von 1970 als eindrücklichen Wendepunkt. „Jetzt waren die Weißen also die blutsaufenden Ungeheuer, die Indianer die naturverbundenen […] lieben Menschen. Und […] bei mir war es so: Ich habe versucht, mich immer tiefer in die Geschichte der US-Kavallerie einzugraben."

Übergangsstation Western-Clubs

Der Weg beider Interviewpartner zum ersten Reenactment erfolgte über das Engagement in sogenannten Western-Clubs; Vereinen, die sich der Dar- und Nachstellung des Western-Sujets verschrieben haben. Wie unsere Interviewpartner erzählen, seien sie nur durch Zufall in diese Szene gelangt. Von dem „Western-Hobby" habe Herr A. zum Zeitpunkt seines aufkeimenden Interesses „gar keine

---

22 Schneider, Thomas: Cowboy und Indianer – Made in Germany. Eine Skizze zu Rezeption und Produktion von Western-Filmen in Deutschland. In: Volkskunde in Rheinland-Pfalz 31 (2016). S. 11–52.
23 Bredekamp, Horst: Aby Warburg, der Indianer. Berliner Erkundungen einer liberalen Ethnologie. Berlin 2019. S. 29. Beim sogenannten Hobbyismus, auf den Herr A. im Zitat anspielt („Indianerclubs"), handelt es sich nicht um einen deutschen Sonderfall, sondern um ein geografisch weit verbreitetes Phänomen. Die kostümierte Darstellung von nordamerikanischen Indigenen als Freizeitbeschäftigung wurde in den USA ebenso praktiziert wie in Europa. Feest, Christian F.: Germany's Indians in a European Perspective. In: Germans & Indians. Fantasies, Encounters, Projections. Hrsg. von Colin G. Calloway, Gerd Gemunden u. Susanne Zantop. Lincoln 2002. S. 25–43, 33.

Ahnung" gehabt. Der Kontakt zum *Carson City Company e.V.* in Köln kam über einen Bekannten zustande. Bei ihm habe Herr A., damals Mitglied in einem Schützenverein, eine an die US-amerikanischen Vorlagen angelehnte Uniform für ein bevorstehendes Pfingstschießen bestellt. Zur Veranschaulichung legt uns Herr A. alte Fotos aus den Anfangsjahren vor. Eine der Aufnahmen zeigt ihn in seiner „Gala-Uniform". „Die wurde gemacht von einer Karnevalsschneiderei [bei Düsseldorf]. Das war die einzige Firma, die damals solche Uniformen gemacht hat." Diese Verbindung ist nicht überraschend, haben sich die Western-Clubs doch historisch gesehen aus dem organisierten Karneval heraus entwickelt.[24] Anfänglich sei das Erscheinungsbild der Hobbyisten noch stark durch cineastische Vorbilder wie etwa die Westernfilme des Hollywood-Regisseurs John Ford (1894–1973) geprägt gewesen. Mit selbstironischer Distanz berichtet Herr A., wie in diesen Zusammenhängen zunächst vornehmlich Klischees reproduziert wurden: „Hellblaue Hose, gelber Streifen, blaues Hemd, Hosenträger und eine ganze Menge Lametta draufgehängt und das gelbe Halstuch durften wir natürlich auch nicht vergessen. [...] Hollywood hat es vorgelebt. [...] Ich habe mich natürlich auch erkundigt, ob es bei mir in der Nähe [damals Hunsrück und Mainz] Gruppen gibt, dass man sich am Wochenende mal treffen kann."

Im Zuge dessen sei A. dann auf zwei Gruppen gestoßen, die im Western-Club-Kontext begannen, Kavallerie bzw. Artillerie-Einheiten nachzustellen. Eine dieser Gruppen leitete Herr B.

Bedingt durch seine Faszination für Westernfilme und insbesondere die US-Kavallerie sowie den Wunsch, Gleichgesinnte zu treffen, trat der damals in Wiesbaden ansässige Herr B. als Teenager Anfang 1972 in einen Western-Club ein, „der sich der Indianistik und dem Trappertum verschrieben" hatte. Wie Herr B. schildert, sei es da schon „ans Eingemachte" gegangen – etliche der Ausrüstungsgegenstände wurden von den Mitgliedern selbst hergestellt, wenngleich noch auf einem „Hollywood-Level". Da B. trotz der thematisch anderen Ausrichtung seines Western-Clubs daran festhielt, US-Kavallerie darzustellen, habe er sich unter den „Indianern und Trappern" mit der Zeit deplatziert gefühlt. Über den Austausch mit anderen Vereinen kam der Kontakt zu gleichgesinnten „Soldaten"-Darstellern in Frankfurt am Main und Mainz zustande.

Herr B. betont, dass die Informationslage zu jener Zeit bezüglich der US-amerikanischen Geschichte zum einen dürftig und zum anderen hauptsächlich durch populärkulturelle Stereotype bestimmt gewesen sei: „Das war so die Zeit '72 bis '75, da war die Informationspalette über den amerikanischen Wilden Westen

---

24 Hartmann, Petra u. Stefan Schmitz (Hrsg.): Kölner Stämme. Menschen – Mythen – Maskenspiele. Köln 1991.

natürlich noch sehr eingeschränkt. Die Bücher und Sachbücher, die es gab, die waren im Prinzip an einer Hand abzuzählen und meistens auch sehr tendenziös." B.s Interesse, sich mehr mit den historischen Hintergründen zu befassen, wurde dadurch bestärkt, dass sich zu dieser Zeit auch der Western von seinen tradierten Klischees zu lösen begann. Dass sich B. weiter in die Materie vertiefte, war allerdings auch dem Wunsch geschuldet, innerhalb des Western-Clubs eine bedeutendere Rolle zu spielen.

> Und wie ich im Hobby anfing, [...] da gab es 15 oder 17 US-Kavalleristen, davon die Hälfte Generäle, der Rest waren hohe Offiziere [...]. Und ich hatte nun nicht unbedingt das Interesse, als Bierholer [...] zu enden. Habe dann überlegt: Was kannst du machen, was dich da [...] rausreißt? Und dann habe ich mir eine Trompete gekauft und habe mir erstmal anhand der Filme sozusagen die Trompetensignale beigebracht.

B.s Darstellung lässt einerseits erahnen, dass zur Mitte der 1970er Jahre noch ein gewisser gestalterischer Spielraum bestand, andererseits macht sie auch auf bereits etablierte hierarchische Strukturen innerhalb der Clubs aufmerksam.

Emanzipation durch Authentizität

Die Bemühung, sich von Vorlagen aus Hollywood zu lösen und sich an historischen Texten zu orientieren, ging von vereinzelten Akteuren wie Herrn B. aus, der, wie A. sagt, maßgeblich zur „Authentifizierung" des Hobbys beigetragen habe. Als B. für sich erkannte, dass es beim „Westernhobby", wie er es erlebt habe, letztlich nur darum gegangen sei, dass Menschen in Kostümen gemeinsam grillen und Bier trinken, war ihm dies nicht mehr genug. Sich um eine gesteigerte „Authentizität" im Sinne zeitgenössisch akkurater Lebenssituationen zu bemühen, speiste sich auch aus dem Bedürfnis, sich von als konservativ und wohl auch als rigide empfundenen Vereinsstrukturen und Freizeitaktivitäten zu emanzipieren. Bei B. mündete dies 1979 in die Gründung einer eigenen Darstellungsgruppe (US-Kavallerie), welche 1982 in einen Verein überführt wurde,[25] in dessen Rahmen Herr B. und weitere Mitstreiter das Hobby mit größerer Ernsthaftigkeit zu betreiben suchten.[26]

---

25 Zur Zeit des ersten Reenactments in Baumholder hatte der Verein nach einer Schätzung von Herrn B. um die zwölf Mitglieder.
26 Der von uns gewählte Begriff der Ernsthaftigkeit rekurriert auf das Konzept der *serious leisure*, welches der Soziologe Stephen J. Hunt im Rahmen seiner Auseinandersetzung mit Reenactment-Gruppen entwickelt hat. Hunt, Stephen J.: Acting the Part. 'Living History' as a Serious Leisure Pursuit. In: Leisure Studies 23 (2004). S. 387–403.

Wie Herr A. erklärt, wurde dieser Prozess durch zwei äußere Umstände erschwert: Zum einen habe der Markt zu Beginn der 1980er Jahre keine aus Sicht der Akteure adäquaten Ausrüstungsgegenstände angeboten. Daher habe eine Gruppe aus Bayern die Initiative ergriffen und damit begonnen, die Uniformen selbst anzufertigen. A. fing daraufhin an, Uniformen des Technischen Hilfswerkes umzunähen. Zum anderen sei, so A., keine hilfreiche Literatur verfügbar gewesen, die weitere und tiefergehende Anregungen geboten hätte. Aus geschichtswissenschaftlicher Sicht muss diese subjektive Einschätzung sicherlich schief wirken, da die Aufarbeitung des Amerikanischen Bürgerkriegs in den einschlägigen Disziplinen produktiv betrieben und Monografien wie Aufsätze publiziert wurden. Allerdings sollte bedacht werden, dass der akademische (und vor allem internationale) Buchmarkt in der prä-virtuellen Alltagswelt für Deutschsprachige im Grunde unzugänglich war. Die Wissensaneignung der Akteure geschah autodidaktisch und im sozialen Nahbereich, vor allem im persönlichen Austausch innerhalb der frequentierten Western-Clubs.

Neigung und Notwendigkeit – Entscheidung für die *Civil War*-Nachstellung

Die Affinität unserer Interviewpartner zum Amerikanischen Bürgerkrieg speist sich aus unterschiedlichen Quellen: Im Falle von Herrn A. ging die kindliche Begeisterung für Wildwest-Filme und -serien einher mit einem generellen Interesse am Thema Krieg. Dass er sich nach anfänglicher Beschäftigung mit dem Zweiten Weltkrieg dem Amerikanischen Bürgerkrieg zuwandte, erklärt A. mit Verweis auf den zeitgenössischen gesellschaftlichen Kontext. Es habe ihn geärgert, dass die öffentlichen Diskussionen über den Zweiten Weltkrieg, so seine Wahrnehmung, nicht neutral mit Blick auf die historischen Fakten geführt worden, sondern politisch aufgeladen gewesen seien. In der Bundesrepublik sei der Amerikanische Bürgerkrieg zu Beginn der 1980er Jahre hingegen nicht politisiert gewesen.

Der offenkundige Einfluss von Filmen und Fernsehserien darf als Antwortversuch auf die Frage, weshalb sich junge Männer für den Amerikanischen Bürgerkrieg begeistern konnten, nicht überstrapaziert werden. So waren es eben auch die im vorangegangenen Kapitel erwähnten Makrostrukturen, welche die Weichen für die thematische Ausrichtung unserer Gesprächspartner stellten. „Man konnte ja auch nur das machen, wofür die Waffen da waren", stellt Herr A. lapidar fest. Als er 1984 mit dem Western-Hobby anfing, habe man ausschließlich Repliken amerikanischer Waffen erwerben können.

Die Attraktivität von Reenactments liegt auch darin, dass die performative Nachstellung von Vergangenem eine Möglichkeit zur Auseinandersetzung mit dem Eigenen bietet.[27] Wie auch bei A. war für B. entgegen naheliegender Vermutungen nicht die persönliche Begegnung mit US-Amerikanern ausschlaggebend, sich für deren Geschichte zu interessieren – naheliegend deshalb, weil beide Akteure in Regionen Westdeutschlands lebten, die von einer starken Präsenz der US-Armee geprägt waren. Die Idee aber, man könne das Western-Hobby um die Dimension einer Schlachtennachstellung erweitern, ging auf einen Impuls aus dem Ausland zurück. „Damals war ich Augenoptiker", erzählt Herr B., „und mein Chef hat mich dankenswerterweise in Wiesbaden [...] zum Optical Service [geschickt]. [...] Dort bin ich an einen amerikanischen Kunden gekommen, der war Chief Musician bei der US Army [...]. Und wir sind durch Zufall eigentlich ins Gespräch gekommen [...] und der teilte mir zum ersten Mal auch mit, dass es in Amerika sogenannte Reenactors gäbe". Auf einem *Council* im Jahr 1984, also einer Zusammenkunft verschiedener Western-Clubs, wurde konkret über die Idee nachgedacht, ein Reenactment nach amerikanischem Vorbild durchzuführen.

Ein besonderes Problem stellte vor dem Hintergrund angestrebter Authentizität die Sprache dar. B. erinnert sich an interne Diskussionen darüber, ob bei den Reenactments Englisch oder Deutsch gesprochen werden sollte, „denn viele der deutschen Regimenter sprachen tatsächlich nur Deutsch, konnten kein Wort Englisch. [...] Und wir hätten [Deutsch als Befehlssprache] nehmen können im Grunde, das wäre durchaus authentisch gewesen", aber für den angestrebten internationalen Austausch ebenso hinderlich. Auch befürchtete B. den Vorwurf seitens des Publikums, es mangele der Gruppe an Ernsthaftigkeit, wenn sie amerikanische Geschichte in deutscher Sprache reenacten würde.

Es war auch das Interesse an der Vergangenheit der USA, das B. überhaupt auf die Idee einer Verflechtung von deutscher mit US-amerikanischer Geschichte brachte. „Da bin ich auch zum ersten Mal auf die '48er Revolution gestoßen, die für mich bis dahin also auch völlig außen vor war." Für B. bedeutete dies, die Geschichte des Amerikanischen Bürgerkrieges an die deutsche Geschichte anschlussfähig zu machen, was ihn auch in seiner Entscheidung bestärkte, die Unionsseite zu vertreten.

> Also ich wäre zum Beispiel wahrscheinlich ein Brillenschleifer aus Idar-Oberstein, aus Wiesbaden oder sonst wo gewesen, der 1848 in die Staaten auswanderte, sich dem deutschen Verein in New York anschloss, da brach der Bürgerkrieg aus, na, und für viele

---

27 Uhlig, Mirko: Heimat und Reenactment. Ethnografische Fallbeispiele zur Anverwandlung von Welt. In: Heimat verhandeln? Kunst- und kulturwissenschaftliche Annäherungen. Hrsg. von Amalia Barboza, Barbara Krug-Richter u. Sigrid Ruby. Wien 2020. S. 273–288.

Deutsche war es damals so – Demokratie, großes magisches Wort. Der Süden hatte keine. [...] Das heißt, für die meisten Deutschen war es eine ganz selbstverständliche Sache, sich der Demokratiebewegung von Lincoln anzuschließen und dann in den New Yorker Regimentern oder anderen deutschen Regimentern zu dienen.

Nach diesen anfänglichen Überlegungen kam es dann Mitte der 1980er im Vorlauf der Planungen für ein Reenactment zur endgültigen Entscheidung, deutschstämmige Unionstruppen zu verkörpern. „Mir stellte sich die Überlegung, okay, das Grundmotiv für uns muss sein: Darstellung der Deutschen im Amerikanischen Bürgerkrieg. Denn das ist eigentlich das, was uns interessiert oder uns zu interessieren hat. Na, alles andere ist nett, aber hat keinen Bezug zu uns, zu unserer eigenen Geschichte."

Die Perspektive von Herrn A. ist eine andere. Wie er bereits im vorangegangenen Telefonat bekundet hatte, habe er sich, nach einem anfänglich kurzen Interesse für die damals populärere Gegenseite, bereits früh den „Grauen" zugehörig gefühlt, also den Truppen der konföderierten Armee. In A.s Wahrnehmung sei sie im Vergleich zur Unions-Armee in den Medien unterrepräsentiert gewesen. „Von den Grauen hat man ja nie was gesehen. [...] Die Filme, die sich mit dem Krieg zwischen den Staaten beschäftigt haben, waren ja im Fernsehen relativ selten bzw. gab es gar nicht. Das kam ja erst später und das fing ja erst Anfang der 80er an, als in Amerika die [Vorbereitungen für die] 125-Jahr-Feiern losgingen. [...] Dann kam diese Serie *Die Blauen und die Grauen* in der ARD."

Wie Herr B. herausstellt, habe beim Bürgerkriegs-Reenactment im Gegensatz zur medialen Darstellung stets ein Ungleichgewicht zugunsten der Südstaaten geherrscht. Was die Nachstellungen anbelangt, sei dies B. zufolge aber „überhaupt kein Beinbruch" gewesen. Die Bereitschaft, im Hobby die Seiten zu wechseln, sei bei vielen Mitwirkenden, wie er betont, vorhanden gewesen. Dieser pragmatischen Haltung hätten aber die „Überzeugten" gegenübergestanden, „die sagen: ‚Die graue Uniform ist die einzig wahre Uniform!'" So ähnlich hatte sich Herr A. in unserem Telefonat tatsächlich geäußert. Auf die Frage hin, woher sein Bedürfnis rühre, im Reenactment-Kontext auf Seiten der Südstaaten zu agieren, überlegt Herr A. im Interview und wägt dann ab, das sei „jetzt ganz schwer zu erklären. Ganz ehrlich? Diese Lebensweise. Das hat mich einfach angesprochen, schon damals und [Pause] ob da auch irgendwo der Reiz des Verlierers dabei war?", fragt sich Herr A. „Mag durchaus sein." An einer späteren Stelle des Interviews vertritt Herr A. die Position, in der konföderierten Armee habe es mehr Schwarze gegeben als in der Unions-Armee und dass die „offizielle Ansicht, der Krieg [sei] für die Befreiung der Sklaven" geführt worden, abwegig sei. Damit reproduziert Herr A. den zuvor bereits erwähnten und in den USA populären

Mythos[28] des *Lost Cause*, der die konföderierte Selbstdarstellung *post bellum* nachhaltig geprägt hat. Dieser verzerrten den Kriegsgrund und den Gründungsimpetus der *Confederate States of America* dahingehend, dass die Sklaverei in ihrer Bedeutung für die Abspaltung des Südens heruntergespielt wurde. Dadurch stand nun der Norden als Aggressor da, dem die Südstaaten nach der Wahl Lincolns zum Präsidenten wahlweise aus wirtschaftlichen Gründen oder aus weltanschaulichen Differenzen nur durch die Sezession hatten entfliehen können.[29] Das ist natürlich ein pikanter Befund. Auch in der nun folgenden Schilderung des ersten Reenactments in Baumholder werden weitere politisch brisante Aspekte berührt, die aufzeigen, in welchem Spannungsfeld die Akteure damals agierten. Die Schilderungen von Herrn B. zu diesem Thema weisen darauf hin, dass sie die unterschiedlichen Perspektiven in der von uns untersuchten Formierungsphase durchaus kontrovers diskutierten.

„Wir hatten immer das Problem", erklärt Herr B., „dass es deutlich mehr Südstaaten-Anhänger als Unions-Anhänger gab. Obwohl ich, rein emphatisch, immer der Union zuneigen würde – ich habe etwas gegen Sklaverei [...]. [I]m Western-Hobby kursierte eben immer die Freiheit des Rebellen. Als Yankee bist du immer an Vorschriften gebunden [...]. Aber als Rebell, da lebst du deine Freiheit."

Baumholder 1985

Fassen wir kurz zusammen: Durch eine mediale Vorprägung hatten sich unsere Gesprächspartner also für die US-amerikanische Geschichte interessiert und kamen dann auf unterschiedlichen Wegen zum Western-Hobby, das sie im Rahmen von Western-Clubs praktizieren konnten. Im Kontext der *Councils* lernten sich Herr A. und Herr B. persönlich kennen, wobei der neun Jahre ältere B. die treibende Kraft war und auch den ausschlaggebenden Impuls gab, ein Reenactment nach US-amerikanischem Vorbild zu veranstalten.

---

28 Der Mythosbegriff wird hier im Sinne von Roland Barthes' Kultursemiotik genutzt. Siehe dazu Barthes, Roland: Mythen des Alltags. Frankfurt am Main 1964.
29 Blight, David: Race and Reunion. The Civil War in American Memory. Cambridge 2001. S. 255–299; vgl. außerdem die Beiträge in Gallagher, Gary W.; Alan T. Nolan (Hrsg.): The Myth of the Lost Cause and Civil War History. Bloomington 2000; sowie Levin, Kevin M.: Searching for Black Confederates. The Civil War's Most Persistent Myth. Chapel Hill 2019 (Civil War America).

Organisation und Ablauf

„Es musste ein möglichst zentraler Ort sein", sagt Herr B. über die Wahl des Austragungsortes. „Für die Münchner Gruppen konnten wir es nicht in Hamburg veranstalten. Wir mussten ja für alle austarieren – zum einen die Kosten und auch die Entfernungen." Von vornherein sei klar gewesen, dass für das Vorhaben nur ein Truppenübungsplatz infrage käme. Zur damaligen Zeit engagierte sich B. als Lehrkraft im Katastrophenschutz und verfügte dadurch über Kontakte zur Bundeswehr. Auf seiner Suche nach einem passenden Austragungsort stieß B. auf den damals für den Truppenübungsplatz nahe Baumholder verantwortlichen Oberleutnant, der eine Nutzung erlaubte. Bei der Terminfindung wurde darauf geachtet, genügend Zeit für die Ausübung des gemeinsamen Hobbys zu haben – etwaige Jubiläen spielten bei der Planung also ebenso wenig eine Rolle wie regionalspezifische Bezüge.[30]

Als nächster Schritt mussten Versicherungen abgeschlossen werden, die die Bundeswehrverwaltung einforderte. Zwar kann sich Herr B. nicht mehr an den genauen Betrag erinnern, die Kosten hätten sich aber im unteren dreistelligen Bereich bewegt. Dann seien gezielt Einladungen an ausgewählte Darstellungsgruppen verschickt worden. Wie viele Personen beim ersten Reenactment teilgenommen haben, ließ sich nicht eindeutig ermitteln. Im *Deutschen Waffen-Journal* ist die Rede von „über 100" angemeldeten Teilnehmenden.[31] Das Reenactment von 1985 war, wie B. sagt, ein „Probeschuss". Es bot vor allem die Möglichkeit, sich erstmals persönlich kennenzulernen, da sich etliche der Akteure vorher noch nie begegnet waren.

Bei der Frage, was vor Ort reenactet wurde, gehen die Schilderungen unserer Interviewpartner auseinander. An die genauen Abläufe kann sich Herr A. nicht mehr erinnern. Er geht aber davon aus, dass keine konkrete Schlachtensituation nachgestellt worden sei. Im Gegensatz dazu erinnert sich Herr B. an eine Choreografie, die lose an ein historisches Szenario angelehnt gewesen sei (Cemetery Ridge/Gettysburg). Die Entscheidung dafür sei allein auf die Ähnlichkeit des Geländes zurückzuführen. Besondere Vorkommnisse habe es laut A. nicht gegeben, wohingegen B. einen Vorfall schildert, der auch leicht zum Abbruch der

---

30 Die Informationen, die wir von Herrn B. erhalten haben, weichen von dem im Anschluss an das Reenactment veröffentlichten Bericht im *Deutschen Waffen-Journal* ab: B. zufolge hat die Veranstaltung über das Pfingstwochenende (23. bis 27. Mai 1985) stattgefunden. Der Artikel gibt abweichend das Wochenende vom 15. bis zum 17. Juni (Montag) als Termin an. Boger, Bürgerkrieg (wie Anm. 3), S. 1071, 1073.
31 Boger, Bürgerkrieg (wie Anm. 3), S. 1073.

ganzen Veranstaltung hätte führen können. Standen die ersten zwei Tage noch ganz im Zeichen der Akklimatisierung, sollte am dritten dann endlich die lang ersehnte Gefechtsnachstellung beginnen – doch: „Der Tag begann mit einem grandiosen Unfall." Obgleich strikt darauf geachtet worden sei, alle Vorsichtsmaßnahmen einzuhalten, verlor ein Reenactor seinen Daumen bei dem Versuch, ein Kanonenrohr mit einer Ladeschaufel neu zu befüllen. B. schildert den Vorfall, der in dem zeitgenössischen Artikel beiläufig als „bedauerliche[r] Zwischenfall" erwähnt wird,[32] äußerst drastisch. „Damit war das Reenactment gestorben. [...] Es waren sofort die Feldjäger da. [...] Rettungsdienst. [...] Für Stunden lag das Reenactment tot und es waren auch viele, die sich in diesem Moment schon dafür ausgesprochen hatten, die Sache aufzugeben." Letztlich habe B. alle Anwesenden überzeugen können zu bleiben.

Abgrenzungsbemühungen

Retrospektiv bezeichnet Herr A. die Idee, ein *Civil War*-Reenactment in Deutschland zu veranstalten, als „völlig verrückt", denn: „Deutsche mit Waffen, [...], aufeinander [betont] schießen – war natürlich in der damaligen Zeit ein erstmal völlig abstruser Gedanke." Dies wird nachvollziehbar, wenn man sich die zeitgenössischen Diskurse vergegenwärtigt. „Sie müssen die Zeit sehen", erklärt uns Herr A. „Die Wehrsportgruppe Hoffmann geisterte immer noch durch die Medien. Wir waren also in einer Situation, wo wir uns gesagt haben, wir müssen ganz, ganz vorsichtig sein mit dem, was wir hier tun wollen. Wenn das in die Öffentlichkeit gerät – und es ist ja dann auch tatsächlich so gekommen, als es mal in die Öffentlichkeit kam –, werden wir garantiert in die rechte Ecke geschoben."

B.s Schilderungen verweisen auf eine spannungsgeladene Situation:

> Es war damals eine Zeit, in der die Friedensbewegung hochschwappte. Ich war da selbst auch aktiv drin und kam natürlich ein bisschen mit dem Gewissen in Konflikt. [Auf der einen Seite] Militär spielen und, ich sag jetzt mal – in gewisser Weise –, Militär verherrlichen, mit Waffen hantieren, [auf der anderen Seite] für Frieden sein, das ist eine durchaus gegensätzliche [...] Position. Wir hatten auch viel Ärger dann [...] später mit [...] Grünen speziell, muss man leider sagen.

Herr B. habe sich in seinem Umfeld dafür stark gemacht, dass es, wie er im Interview betont, nicht darum gehen könne, „Krieg zu spielen", sondern vielmehr darum, „die damalige Zeit zu transportieren."

---

[32] Boger, Bürgerkrieg (wie Anm. 3), S. 1071.

Auffällig ist hier, dass die Interviewpartner recht gegensätzliche Positionen vertreten, was politische Fragen in der späten Phase des Kalten Krieges anbelangt. B.s Zugehörigkeit zur Friedensbewegung steht im Kontrast zu einer Aussage von A., diese sei durch die DDR finanziert gewesen. Beide Gesprächspartner machten deutlich, dass sie sich der zeithistorischen Nähe der Reenactments zu den Aktionen der neonazistischen, terroristischen Vereinigung Wehrsportgruppe Hoffmann bewusst waren.[33] Ehemalige Mitglieder dieser 1980 verbotenen Vereinigung hatten Anfang der 1980er Jahre mehrere aufsehenerregende Terrorakte begangen wie etwa das Attentat auf das Münchner Oktoberfest im September 1980, bei dem 13 Menschen ums Leben kamen und mehr als 200 teils schwer verletzt wurden. Ebenso waren sie verantwortlich für die Ermordung des Verlegers und Rabbiners Shlomo Lewin und seiner Partnerin Frieda Poeschke. Karl-Heinz Hoffmann (*1937), der Kopf der Vereinigung, wurde im Juni 1984 wegen einer Reihe von Verbrechen am Frankfurter Flughafen verhaftet und nach einem öffentlichkeitswirksamen Prozess im Sommer 1986 zu einer neuneinhalb Jahre langen Haftstrafe verurteilt.[34] Hoffmanns Prozess zog sich unter großem Medienaufgebot über 186 Verhandlungstage und war damit sowohl zur Zeit eines ersten vorbereitenden Reenactment-Trainingscamps 1984 in Germersheim (Rheinland-Pfalz) wie auch im Vorlauf des 1985er Reenactments zumindest hintergründig präsent. „Wir sind auch häufig als [Wehrsportgruppe] diffamiert worden", erinnert sich Herr A. „Nicht im Rahmen der Reenactments, sondern wenn wir irgendwo sonst aufgetreten sind. Veranstaltungen, Volksfeste [...], wo dann der eine oder andere von uns auch in Uniform aufgetreten ist. Und immer wieder dieselbe Frage: ‚Seid ihr eine Wehrsportgruppe?' Das war damals das geflügelte Wort."

Vor diesem Hintergrund wird verständlich, weshalb wir in den zeitgenössischen Quellen keine brauchbaren Hinweise auf das Baumholder Reenactment finden konnten. Den Akteuren war sehr daran gelegen, im Rahmen dieses ersten Reenactments abseits der öffentlichen Aufmerksamkeit zu agieren.[35] „Wir haben das soweit es ging unter dem Deckmäntelchen gehalten", erklärt Herr A.

---

[33] Diese Art rechtsradikaler, gewaltbereiter, paramilitärischer Gruppierungen entwickelte sich in der Bundesrepublik in den 1970er Jahren. Zum Problemkreis vgl. Dierbach, Stefan: Befunde und aktuelle Kontroversen im Problembereich der Kriminalität und Gewalt von rechts. In: Handbuch Rechtsextremismus. Hrsg. von Fabian Virchow, Martin Langebach u. Alexander Häusler. Wiesbaden 2016 (Edition Rechtsextremismus). S. 471–510; sowie Obermaier, Frederik u. Tanjev Schultz: Kapuzenmänner. Der Ku-Klux-Klan in Deutschland. München 2017.
[34] Manthe, Barbara: Racism and Violence in Germany since 1980. In: Global Humanities. Studies in Histories, Cultures, and Societies 4 (2016). S. 35–53.
[35] Wie der im *Deutschen Waffen-Journal* platzierte Artikel von Jan Boger belegt, wurde über das Reenactment zumindest von der Szene für die Szene berichtet und die Veranstaltung somit dieser (Teil)Öffentlichkeit bekannt gemacht.

> Wir wollten auf gar keinen Fall in irgendeiner Form in die Öffentlichkeit treten. [...] Sie müssen verstehen: Wir hatten einfach damals Angst, in irgendeiner Form politisch missbraucht zu werden. Verstehen Sie das? Wir [hatten] Leute, die waren in hohen Positionen. Und wir wollten es vermeiden, in irgendeiner Form in der Öffentlichkeit falsch dargestellt zu werden. Und das wäre garantiert passiert. Gerade beim ersten Mal.

Die zeitgenössische Außensicht verdeutlicht die Notwendigkeit zur Abgrenzung, denn wenn sich laut unserer Interviewpartner auch die Ziele, Gestaltungsparameter und Weltanschauungen der meisten teilnehmenden Reenactors von denen der terroristischen Organisationen merklich unterschieden, wurde dies in der medialen Berichterstattung durchaus anders dargestellt. So berichtete die *Wetterauer Zeitung* unter der Schlagzeile „400 Soldaten ‚spielten' Bürgerkrieg" kritisch über ein Reenactment im Jahr 1988, das Herr B. auf einem US-amerikanischen Truppenübungsplatz bei Rosbach (Hessen) federführend organisiert hatte.[36] Die negative Berichterstattung in der zeitgenössischen Presse kommt nicht von ungefähr. Herr B. eröffnet uns im Interview, dass das Reenactment teilweise auch eine Klientel angezogen habe, „die mein[t]: ‚Oh, prima, da kann ich Uniform tragen, da kann ich eine Waffe tragen, da kann ich mich ausleben.' Und speziell bei den Konföderierten – bei der Union hatten wir das Problem nie. Ich weiß nicht warum. [...] Wir hatten ein riesiges Problem mit Nazis". Sich von diesen mit Nachdruck abzugrenzen, so B., sei nur durch Konsequenz möglich gewesen. „Wir haben von Anfang an versucht, dem einen Riegel vorzuschieben. Sobald wir etwas festgestellt haben, dass in einer Gruppe entsprechende Tendenzen auftauchen, dann hatte der Gruppenleiter nur die Möglichkeit, Ross und Reiter zu nennen." Das Resultat habe von der Suspension der betreffenden Person bis zur Sperrung einer ganzen Darstellungsgruppe gereicht.

Gender und Maskulinität

Dass das Reenactment-Hobby eine bestimmte Attraktivität auf nazistisch Gesinnte ausübte, mag auch damit zusammenhängen, dass sich bestimmte Personen durch die mit dem Reenactment verbundenen Aktivitäten – wie das Tragen von Uniformen, bewaffneter gespielter Kampf, Biwakieren – angesprochen fühlten; waren diese Tätigkeiten doch unter anderen Vorzeichen durchaus mit denen vergleichbar, die auch in Wehrsportgruppen ausgeübt wurden. Ab den 1970er Jahren hatten solche Gruppierungen als Sammelbecken für Rechtsextremisten fungiert, für welche die dort herrschende, hierarchische Kameradschaft und quasi-soldatische

---

36 400 Soldaten „spielten" Bürgerkrieg. In: Wetterauer Zeitung vom 16. Mai 1988. S. 10.

Homosozialität innerhalb einer sich selbst als krisenhaft wahrnehmenden Gesellschaft sinnstiftend wirkte.[37]

Sowohl der Aspekt der Homosozialität als auch jener der Sinnstiftung galten freilich ebenso für andere Gruppen und Vereine. Für die zunächst fast ausschließlich männlichen Reenactors stellte sich früh die Frage nach der Mitgliedschaft von Frauen. „Die Frauen waren ja von vornherein mit dabei", erläutert Herr B., „weil man genau weiß, wenn man ein Hobby nur seitens der Männer macht oder nur der Frauen, dann tut das der Familie oder der Partnerschaft absolut nicht gut."

Das Reenactment-Hobby selbst beförderte die Zurschaustellung, gegebenenfalls auch die Herausbildung einer spezifischen Maskulinität: Zum einen schloss diese allein schon vor dem Hintergrund der erstrebten Authentizität des Bürgerkriegserlebens ein *male bonding* unter den Angehörigen der einzelnen Untergruppen ein, die sich nach echten Bataillonen des Amerikanischen Bürgerkrieges organisierten. Hier galt es, das Leben im Lager und auf dem Schlachtfeld so genau wie möglich nachzuempfinden, und dabei wurde auch unter Bezug auf Quellen aus dem Bürgerkrieg auf ritualisierte Praktiken (gemeinsames Lagerfeuer und Singen einschlägiger Lieder) zurückgegriffen, die den Zusammenhalt unter den Soldaten des 19. Jahrhunderts gestärkt hatten. Auch im nachgestellten Krieg verfehlten diese ihre Wirkung nicht. Zum anderen schloss die soldatische Maskulinität eine gewisse Auseinandersetzung mit sonst in der Zeit als weiblich kodierten Tätigkeiten (Nähen, Kochen) ein. Darüber hinaus war z. B. das Schneidern von Kostümen, der Umgang mit der Nähmaschine und die gemeinschaftliche Herstellung von Kostümteilen bei Treffen zur Vorbereitung des Reenactments ein fester Teil des Hobbys.

Die angestrebte Akkuratesse schränkte eine Erweiterung der homosozialen Verbrüderung auf Frauen zwar einerseits ein – im Amerikanischen Bürgerkrieg hatten auf dem Schlachtfeld zum allergrößten Teil nur Männer gestanden –, eröffnete aber bei genauerer Betrachtung der Quellen auch Möglichkeiten zur

---

37 Zu Homosozialität als Vehikel männlicher Selbstvergewisserung vor dem Hintergrund einer als „Krise der Männlichkeit" gesetzten Veränderung der Gesellschaftsordnung vgl. Meuser, Michael: Männerwelten. Zur kollektiven Konstruktion hegemonialer Männlichkeit. Duisburg 2001 (Schriften des Essener Kollegs für Geschlechterforschung 1). Überblickend zu Wehrsportgruppen vgl. Botsch, Gideon: ‚Nationale Opposition' in der demokratischen Gesellschaft. Zur Geschichte der extremen Rechten in der Bundesrepublik Deutschland. In: Handbuch Rechtsextremismus. Hrsg. von Fabian Virchow, Martin Langebach u. Alexander Häusler. Wiesbaden 2016 (Edition Rechtsextremismus). S. 43–82, 55–57. Wehrsportgruppen beschränkten sich nicht nur auf männliche Teilnehmer. Diese stellten aber den überwiegenden Teil der Mitwirkenden.

Inklusion.³⁸ So waren Frauen stets unter den *camp followers* gewesen und ihren Männern, wie in vielen vor- und frühmodernen Kriegen, teilweise zu den Schlachtfeldern gefolgt. Figuren wie Feldköch*in, Krankenpfleger*in und Marketender*in wurden im Rahmen der Reenactments entweder sowohl von Männern als auch von Frauen oder aber nur von Frauen verkörpert. Zusätzlich dienten einzelne überlieferte Fälle von Frauen, die sich als Männer getarnt und in der Armee gedient hatten, als Begründung, auch im Reenactment Frauen als gleichwertige Mitstreiterinnen auf dem Schlachtfeld aufzunehmen. Einige der weiblichen Reenactorinnen, so A., nahmen darüber hinaus trotz zeitweiligen Protests der männlichen Akteure tragende Rollen als Ausbilderinnen und Organisatorinnen der Reenactments ein. „Es gab natürlich Leute, die das weniger gut fanden", stellt A. dar. „Für mich war es eine Frage des Pragmatismus. Wer mitmachen wollte, durfte mitmachen, weil wenn die ihre Uniformen anhaben, sehen sie eh alle gleich aus."

Es deutet sich demnach an, dass die beschriebene Reenactment-Szene in einem, was Männer- und Frauenrollen betraf, auf mehreren (Zeit-)Ebenen changierenden Spannungsfeld existierte. Unter Hervorhebung des Aspekts der Authentizität befassten sich die Reenactors implizit mit einer Zeitperiode, die in der historischen Forschung als Krisenzeit für etablierte Genderkonstruktionen angesehen wird.³⁹ Auch hier galt es, sich im Hobby-Kontext so genau wie möglich den Gegebenheiten der Bürgerkriegszeit anzupassen. Durch die intensive Auseinandersetzung mit zeitgenössischen Rollenzuschreibungen wurden diese von den Akteuren zwangsläufig reproduziert, aber ebenso den eigenen, durch die Entwicklungen der 1980er Jahre geprägten Erwartungshaltungen angepasst. Daraus resultierte ein Erlebnisraum, der, von Männern begründet, Frauen von Anfang an notwendigerweise mit einschloss, ohne aber je über eine für die Begründer sinnstiftende, hegemoniale Maskulinität hinauszugehen: Frauen, die Interesse an der Teilhabe zeigten, hatten sich entweder in historisch korrekten Frauenrollen einzubringen oder mussten in die Rolle von männlichen Soldaten schlüpfen. Wie genau sich dies im Detail auf die Ausgestaltung von Reenactments und anderen Vereinsaktivitäten auswirkte, ist eine Frage, die nicht nur für den hier behandelten Sinnzusammenhang von Bedeutung ist, sondern für Reenactments auch

---

38 Blanton, DeeAnn u. Lauren Cook: They Fought Like Demons. Women Soldiers in the Civil War. Baton Rouge 2002 (Conflicting Worlds). Zu Gender-Aspekten im Amerikanischen Bürgerkrieg vgl. die Beiträge in Clinton, Catherine u. Nina Silber (Hrsg.): Battle Scars. Gender and Sexuality in the American Civil War. Oxford 2006; sowie Giesberg, Judith u. Randall M. Miller (Hrsg.): Women and the American Civil War. North-South Counterpoints. Kent 2018.
39 Whites, Leann: The Civil War as a Crisis in Gender. Augusta, Georgia, 1860–1890. Athens 2000.

anderer Zeitperioden und in anderen Regionen Erkenntnisgewinne verspricht. Um diesem Aspekt tiefergehend nachgehen zu können, bedarf es jedoch weiteren Interviewmaterials; zuvorderst um die Stimmen weiblicher Reenactorinnen nicht nur aus zweiter Hand aufzunehmen, aber auch, um die Perspektiven von weiteren männlichen Mitgliedern zu ergänzen.[40]

Zusammenfassung und Ausblick

Die Bemühungen der deutschen Reenactors, die wir in diesem Aufsatz beleuchtet haben, stellen in der längeren Geschichte des Reenactments eine Spielart dar, die auf US-amerikanische Vorbilder ebenso baute wie auf schon länger etablierte, durch frühere transnationale Kulturtransfers zwischen den USA und der Bundesrepublik entstandene Strukturen, vor allem in Form der Western-Clubs. In der Jugend bereits durch US-Populärkultur geprägt, schufen sich die Reenactors von Baumholder vor dem Hintergrund einer westdeutschen Gesellschaft, in der die Nachkriegs-Erinnerungskultur in eine zweite, konfliktreiche Phase eingetreten war,[41] einen Möglichkeitsraum kameradschaftlichen Zusammenseins sowie der Auseinandersetzung mit der eigenen Geschichte. Dieser Möglichkeitsraum blieb jedoch trotz seiner teils heterotopischen Beschaffenheit immer in übergeordnete gesellschaftliche Konfliktlinien eingebettet, die ihn äußerlich begrenzten.

Eine dieser Konfliktlinien betraf offensichtlich sowohl eine Nähe zu Vereinigungen der extremen Rechten, welche den Reenactors generell zugeschrieben wurde, als auch die reale Existenz von Rechtsextremen im Hobby. Die politische Brisanz des erforschten Phänomens ist uns hierbei klar. Keinesfalls wollen wir mit unserer Forschung antidemokratischem Gedankengut ein Forum bieten oder etwaige Tendenzen durch ein fehlgeleitetes Rehabilitationsethos bagatellisieren. Ebenso wenig zielführend aber wäre eine pauschale Skandalisierung der betreffenden Reenactment-Szene. Wie die jüngste historische Forschung zum Rechtsextremismus in der Bundesrepublik der 1980er Jahre herausgestellt hat, war dieser bis in die Mitte der Gesellschaft hinein verbreitet und oft zumindest implizit toleriert. In einer dezentral organisierten Interessensgemeinschaft ist es trotz Beteuerungen, man habe jeweils schnell auf die Präsenz von Neonazis reagiert, für Außenstehende schwer nachzuvollziehen, erstens, zu welchen Gelegenheiten sich diese überhaupt auf eine Weise zu erkennen gegeben hätten, die

---

40 Juliane Tomanns Beitrag in diesem Band hat weibliche Perspektiven für die Analyse des Reenactments des Amerikanischen Revolutionskrieges in den USA etwa schon nutzbar gemacht.
41 Assmann, Aleida: Das neue Unbehagen an der Erinnerungskultur. Eine Intervention. 3. Aufl. München 2020. S. 190 f.

Konsequenzen nach sich ziehen konnte, und zweitens, wie die Abgrenzungen seitens der Gruppenleitung tatsächlich ausgesehen haben. Angesichts der beträchtlichen Verbreitung rechtsextremen Gedankenguts innerhalb der Szene darf man die Augen vor dieser Problematik nicht verschließen. Auch die aktuell gerade wieder offensichtlich werdenden Verbindungen von neonazistischen Bewegungen in den USA zur Symbolik der Konföderierten (Stichwort *white supremacy*) geben Anlass dazu, weiter zu erforschen, inwiefern die Problematik auch schon in den 1980er Jahren von deutschen Akteur*innen reflektiert wurde. Zukünftige Arbeiten sollten diesen Aspekt zusätzlich im diachronen und übernationalen Vergleich achtsam im Blick behalten.

Unumstößlich bleibt der Befund, dass die Anfänge des westdeutschen Bürgerkriegs-Reenactments tief mit der aktuellen politisch-gesellschaftlichen Lage in der Bundesrepublik der 1980er Jahre verwoben waren. Die Lebensläufe der von uns befragten Akteure unterscheiden sich in vielen Teilaspekten, weisen aber auch bedeutsame Parallelen auf, die einem kulturell tradierten und Jahrzehnte vorherrschenden Medienregime geschuldet waren, in dem der amerikanische Westen Projektionsfläche und Sehnsuchtsort zugleich darstellte. In diese Gemengelage spielten ebenfalls gesellschaftlich akzeptierte Konstruktionen von Geschlechterrollen hinein. Diese bestimmten die Dynamik des Reenactments von Anfang an mit. Sie fußten auf Schablonen, die die Teilnehmenden in Quellen aus der Bürgerkriegsära wie auch aus zeitgenössischen Medien entnahmen. Diese veränderten sich dynamisch, waren jedoch stets in männlich dominierte, hierarchisch-hegemoniale Strukturen eingebunden. Wie genau diese Veränderungen anhand von Entwicklungen, internen Reibereien und weiteren Einflüssen zustande kamen, ist ein weites, noch in der Breite zu bearbeitendes Feld.[42]

Ziel dieses Aufsatzes war es, ein erstes Schlaglicht auf die Formierungsphase von *Civil War*-Reenactments in der Bundesrepublik in seinen Anfängen zu werfen. Für die Zukunft gilt es, die weitere Entwicklung der *Civil War*-Reenactments hierzulande nachzuverfolgen und dabei insbesondere den *UCR* als Dachverband mit seinen Untergruppierungen in den Blick zu nehmen. Dessen Wirken im Kontext einer Vielzahl gesellschaftlicher Ereignisse und Diskurse muss in seiner Kontingenz verstanden und weiter beleuchtet werden.

Den ersten Gehversuchen in Baumholder folgten die internationale Etablierung und transatlantische Wahrnehmung des bundesdeutschen *Civil War*-Reenactments. Dass einige der Reenactors aus der Anfangszeit des *UCR* an einer Großproduktion wie der Nachstellung der Schlacht von Gettysburg zum

---

42 Eine Folgepublikation wird sich dieser Thematik vertiefend annehmen.

150. Jubiläum am Originalschauplatz teilnahmen, zeigt diese Vernetzung und Entwicklung deutlich auf.

Quellenverzeichnis

400 Soldaten „spielten" Bürgerkrieg. In: Wetterauer Zeitung vom 16. Mai 1988. S. 10.
Boger, Jan: Baumholder 1986. Das Gefecht von McPhersons Ridge. In: Deutsches Waffen-Journal 22 (1986). S. 1015–1019.
Boger, Jan: Der amerikanische Bürgerkrieg auf deutschem Boden. In: Deutsches Waffen-Journal 21 (1985). S. 1068–1074.
Heinz, Elmar: Reenactment – die deutschen Brüder in Blau und Grau. In: RWM Depesche 1 (2011). S. 32–34.
Interview mit Herrn A. am 6.3.2019.
Interview mit Herrn B. am 23.3.2019.

Literaturverzeichnis

Assmann, Aleida: Das neue Unbehagen an der Erinnerungskultur. Eine Intervention. 3. Aufl. München 2020.
Barthes, Roland: Mythen des Alltags. Frankfurt am Main 1964.
Blanton, DeeAnn u. Lauren Cook: They Fought Like Demons. Women Soldiers in the Civil War. Baton Rouge 2002 (Conflicting Worlds).
Blight, David: Race and Reunion. The Civil War in American Memory. Cambridge 2001.
Borries, Friedrich von u. Jens-Uwe Fischer: Sozialistische Cowboys. Der Wilde Westen Ostdeutschlands. Frankfurt am Main 2008.
Botsch, Gideon: ‚Nationale Opposition' in der demokratischen Gesellschaft. Zur Geschichte der extremen Rechten in der Bundesrepublik Deutschland. In: Handbuch Rechtsextremismus. Hrsg. von Fabian Virchow, Martin Langebach u. Alexander Häusler. Wiesbaden 2016 (Edition Rechtsextremismus). S. 43–82.
Bredekamp, Horst: Aby Warburg, der Indianer. Berliner Erkundungen einer liberalen Ethnologie. Berlin 2019.
Clinton, Catherine u. Nina Silber (Hrsg.): Battle Scars. Gender and Sexuality in the American Civil War. Oxford 2006.
Cox, Karen L.: Dixie's Daughters. The United Daughters of the Confederacy and the Preservation of Confederate Culture. Gainesville 2019 (New Perspectives on the History of the South).
Daugbjerg, Mads: Patchworking the Past: Materiality, Touch and the Assembling of ‚Experience' in American Civil War Reenactment. In: International Journal of Heritage Studies 20 (2014). S. 724–741.
Dierbach, Stefan: Befunde und aktuelle Kontroversen im Problembereich der Kriminalität und Gewalt von rechts. In: Handbuch Rechtsextremismus. Hrsg. von Fabian Virchow, Martin

Langebach u. Alexander Häusler. Wiesbaden 2016 (Edition Rechtsextremismus).
S. 471–510.
Feest, Christian F.: Germany's Indians in a European Perspective. In: Germans & Indians. Fantasies, Encounters, Projections. Hrsg. von Colin G. Calloway, Gerd Gemunden u. Susanne Zantop. Lincoln 2002. S. 25–43.
Freeman, Joanne: The Field of Blood. Violence in Congress and the Road to Civil War. New York 2018.
Gallagher, Gary W.; Alan T. Nolan (Hrsg.): The Myth of the Lost Cause and Civil War History. Bloomington 2000.
Giesberg, Judith u. Randall M. Miller (Hrsg.): Women and the American Civil War. North-South Counterpoints. Kent 2018.
Gigantino, James J. II.: 'The Whole North Is Not Abolitionized.' Slavery's Slow Death in New Jersey, 1830–1860. In: Journal of the Early Republic 34 (2014). S. 411–437.
Hartmann, Petra u. Stefan Schmitz (Hrsg.): Kölner Stämme. Menschen – Mythen – Maskenspiele. Köln 1991.
Hochbruck, Wolfgang: Reenacting Across Six Generations. 1863–1963. In: Doing History. Performative Praktiken in der Geschichtskultur. Hrsg. von Sarah Willner, Georg Koch u. Stefanie Samida. Münster 2016 (Edition Historische Kulturwissenschaften 1). S. 97–116.
Hochbruck, Wolfgang: Geschichtstheater. Formen der „Living History". Eine Typologie. Bielefeld 2013 (Historische Lebenswelten in populären Wissenskulturen 10).
Hunt, Stephen J.: Acting the Part. 'Living History' as a Serious Leisure Pursuit. In: Leisure Studies 23 (2004). S. 387–403.
Janney, Caroline E.: Burying the Dead but Not the Past. Ladies' Memorial Associations and the Lost Cause. Chapel Hill 2012 (Civil War America).
Jureit, Ulrike: Magie des Authentischen. Das Nachleben von Krieg und Gewalt im Reenactment. Göttingen 2020 (Wert der Vergangenheit).
Kalshoven, Petra Tjitske: Crafting „the Indian". Knowledge, Desire, and Play in Indianist Reenactment. New York 2012.
Kathke, Torsten: Manifest Destiny. In: USA-Lexikon. Schlüsselbegriffe zu Politik, Wirtschaft, Gesellschaft, Kultur, Geschichte und zu den deutsch-amerikanischen Beziehungen. Hrsg. von Christof Mauch u. Rüdiger B. Wersich. Berlin 2013. S. 666f.
Lehmann, Albrecht: Reden über Erfahrung. Kulturwissenschaftliche Bewusstseinsanalyse des Erzählens. Berlin 2007.
Levin, Kevin M.: Searching for Black Confederates. The Civil War's Most Persistent Myth. Chapel Hill 2019 (Civil War America).
Lutz, Hartmut: German Indianthusiasm. A Socially Constructed German National(ist) Myth. In: Germans & Indians. Fantasies, Encounters, Projections. Hrsg. von Colin G. Calloway, Gerd Gemunden u. Susanne Zantop. Lincoln 2002. S. 167–184.
Manthe, Barbara: Racism and Violence in Germany since 1980. In: Global Humanities. Studies in Histories, Cultures, and Societies 4 (2016). S. 35–53.
Meuser, Michael: Männerwelten. Zur kollektiven Konstruktion hegemonialer Männlichkeit. Duisburg 2001 (Schriften des Essener Kollegs für Geschlechterforschung 1).
Obermaier, Frederik u. Tanjev Schultz: Kapuzenmänner. Der Ku-Klux-Klan in Deutschland. München 2017.

Rieken, Bernd: Zeugenschaft in der Europäischen Ethnologie und Psychoanalyse an Beispielen aus der Erzählforschung und psychotherapeutischen Praxis. In: Volkskunde in Rheinland-Pfalz 33 (2018). S. 84–104.

Schneider, Thomas: Cowboy und Indianer – Made in Germany. Eine Skizze zu Rezeption und Produktion von Western-Filmen in Deutschland. In: Volkskunde in Rheinland-Pfalz 31 (2016). S. 11–52.

Uhlig, Mirko: Heimat und Reenactment. Ethnografische Fallbeispiele zur Anverwandlung von Welt. In: Heimat verhandeln? Kunst- und kulturwissenschaftliche Annäherungen. Hrsg. von Amalia Barboza, Barbara Krug-Richter u. Sigrid Ruby. Wien 2020. S. 273–288.

Uhlig, Mirko: Resonanz durch Reenactment? Überlegungen zur Deutung der Nachstellung von Vergangenem in der Gegenwart. In: Erfahren – Benennen – Verstehen. Den Alltag unter die Lupe nehmen. Festschrift für Michael Simon zum 60. Geburtstag. Hrsg. von Christina Niem, Thomas Schneider u. Mirko Uhlig. Münster 2016 (Mainzer Beiträge zur Kulturanthropologie/Volkskunde 12). S. 427–437.

Whites, Leann: The Civil War as a Crisis in Gender. Augusta, Georgia, 1860–1890. Athens 2000.

Steffi de Jong
Vor Gettysburg

Attitüden, lebende Bilder und Künstlerfeste als performative Praktiken der Vergangenheitsdarstellung im 19. Jahrhundert

Einleitung

> Das ganze Kostümcomité sammelte sich […]; da zerbrachen sich die hervorragendsten künstlerischen Kräfte die Köpfe, wie ein Kleid, ein Mantel, ein Chiton geschnitten, befestigt werden müßten, um an einer menschlichen Figur wieder dieselbe Wirkung hervorzubringen, wie auf den alten Statuen, Reliefs und Vasenbildern; auf welche Weise die Helme, Schilde, Rüstungen, die Gürtel und Lanzen herzustellen wären, wie die antiken Zierathen in praktischer Weise in Massen angefertigt werden müßten.[1]

Mit diesen Worten beschreibt der Maler Theodor Pixis in einem Artikel für die Zeitschrift *Kunst und Handwerk* die Vorbereitungen für das Künstlerfest *In Arkadien*, welches 1898 in München stattfand. Künstlerfeste, oft mit historisch-mythischem Thema, waren im 19. Jahrhundert ein beliebtes Vergnügen für Künstler*innen, Adel und Bürgertum. Theodor Pixis' Zitat zeigt, welche Anstrengungen dabei in die Vorbereitungen gesteckt wurden. Dem auf den ersten Blick rein dem Zeitvertreib und Spaß gewidmeten Künstlerfest (das Fest wurde zur Karnevalszeit organisiert) ging eine intensive Beschäftigung mit Quellen und archäologischen Funden voraus. Um die historischen Kostüme und Kulissen herzustellen, wurde ein Medium (zum Beispiel eine Statue), in ein anderes Medium (zum Beispiel eine Tunika) übersetzt. Dafür mussten die Organisator*innen einige handwerkliche Herausforderungen meistern und sich vergangene Produktionsmethoden aneignen.

Mit Einschränkungen erinnert Pixis' Beschreibung an die Vorbereitungen für heutige Reenactments. Sie zeigt, dass die Frage danach, wie historische Kleidung auf der Grundlage von vorhandenem, aber unzulänglichem Quellenmaterial möglichst authentisch hergestellt werden kann, Menschen beschäftigte, lange bevor sich Reenactmentgruppen im 20. und 21. Jahrhundert mit ihr befassten.

---

[1] Pixis, Theodor: Wie ein Künstlerfest gemacht wird. In: Kunst und Handwerk. Zeitschrift für Kunstgewerbe und Kunsthandwerk 47 (1897). S. 269–284, S. 272. Das Kapitel wurde im Rahmen des von der Gerda Henkel Stiftung finanzierten Projekts *Performter Historismus. Praktiken des Reenactments im 19. Jahrhundert* verfasst.

Künstlerfeste sind dabei nur ein Beispiel für Praktiken der performativen Darstellung von Geschichte im 19. Jahrhundert. Weitere Beispiele sind die Anfang des Jahrhunderts sehr populären „Attitüden" (pantomimische Darstellungen von Statuen) und die „lebenden Bilder", in denen das Bestreben, Geschichte sinnlich-performativ zu erfahren, zum Ausdruck kam. Diese Praktiken wiesen, wie ich in diesem Beitrag zeigen werde, bereits einige wichtige Charakteristika heutiger Reenactments auf: den Wunsch nach einer möglichst authentischen Darstellung, das Bestreben, vergangene Persönlichkeiten und Praktiken performativ zu verlebendigen und das Ziel eines immersiven Eintauchens in die Vergangenheit.

Die Reenactment Studies haben sich bisher nur wenig mit solchen frühen performativen Darstellungen von Vergangenheit befasst.[2] Vielfach wird Reenactment als Phänomen der Postmoderne verstanden, durch das versucht werde, einen Verlust an Erinnerung und festen Identitäten durch eine nostalgische Form der Simulation der Vergangenheit zu kompensieren.[3] Dabei werden meist die Nachstellungen der Schlacht des amerikanischen Bürgerkrieges bei Gettysburg als Referenzpunkt herangezogen. Diese gehen bis 1888 zurück, finden aber erst seit dem Ende des Zeiten Weltkriegs vermehrt und regelmäßig statt.[4] Es ist sicher richtig, dass Reenactment-Gruppen ein rezentes Phänomen sind. Der Wunsch und der Versuch die Vergangenheit wiederzubeleben sind allerdings viel älter. Die Traditionslinie reicht, wie einige theoretische Texte erwähnen, von den antiken Naumachie,[5] über die mittelalterlichen Mysterienspiele,[6] das religiöse Ritual der

---

[2] Ausnahmen sind Fischer-Lichte, Erika: Die Wiederholung als Ereignis. Reenactment als Aneignung von Geschichte. In: Theater als Zeitmaschine. Zur Performativen Praxis des Reenactments. Theater- und kulturwissenschaftliche Perspektiven. Hrsg. von Jens Roselt u. Ulf Otto. Bielefeld 2012 (Theater 45). S. 12–52; Gapps, Steven: Performing the Past. A Cultural History of Historical Reenactments. Sydney 2002; Anderson, Jay: Time Machines. The World of Living History. Nashville 1984. Auch der Fokus dieser Studien liegt allerdings auf dem 20. Jahrhundert.
[3] Anderson, Time Machines (wie Anm. 2), S. 183 f.; Schneider, Rebecca: Performing Remains. Art and War in Times of Theatrical Reenactment. London 2011. S. 38 f.; Hochbruck, Wolfgang: Geschichtstheater. Formen der „Living History". Eine Typologie. Bielefeld 2013 (Historische Lebenswelten in populären Wissenskulturen 10). S. 14, 26.
[4] Für eine Genealogie der Reenactments bei Gettysburg siehe: Hochbruck, Wolfgang: Reenacting Across Six Generations 1863–1963. In: Doing History. Performative Praktiken in der Geschichtskultur. Hrsg. von Sarah Willner, Georg Koch u. Stefanie Samida. Münster 2016 (Edition Historische Kulturwissenschaften 1). S. 97–116.
[5] Hochbruck, Geschichtstheater (wie Anm. 3), S. 21; Sénécheau, Miriam u. Stefanie Samida: Living History als Gegenstand historischen Lernens. Begriffe – Problemfelder – Materialien. Stuttgart 2015 (Geschichte und Public History). S. 35.
[6] Fischer-Lichte, Die Wiederholung (wie Anm. 2), S. 14–24.

christlichen Messe und der Pilgerreise,[7] bis zu Ritterturnieren am Hof Kaiser Maximilians I zurück.[8] Wenn hier die Zeit zwischen ca. 1890 und 1910 näher untersucht wird, so vor allem deshalb, weil sich erst in den performativen Vergangenheitsdarstellungen des 19. Jahrhunderts ein Verständnis für eine absolute Vergangenheit etablierte. Ging es zum Beispiel in den Mysterienspielen und in der christlichen Messe letztendlich um die Darstellung eines Mythos und um ein Glaubensbekenntnis, so wurde in den Phänomenen, die hier analysiert werden sollen, eine Vergangenheit dargestellt, die zwar mythischen und symbolischen Charakter haben konnte, die aber als unwiederbringlich vergangen verstanden wurde. Dieses Verständnis bedingte den Wunsch, diese Vergangenheit in einer Weise performativ darzustellen, die möglichst authentisch wirkte und genau deshalb sowohl den Darsteller*innen als auch den Zuschauer*innen ein immersives Erlebnis ermögliche.

Authentizität, Performanz und Immersion sind nicht die einzigen, aber sicherlich einige der grundlegendsten Charakteristika von historischem Reenactment im 21. Jahrhundert. Vanessa Agnew und Juliane Tomann weisen darauf hin, dass Authentizität für Reenactor*innen sowohl der Kern deren Handelns als auch zentraler Untersuchungsgegenstand von Forscher*innen sei.[9] Sie ist deshalb einem konstanten Aushandlungsprozess unterworfen. Zum einen sollen Reenactments möglichst exakt vergangene Handlungen wiedergeben. Zum anderen soll auf Grundlage dieser Handlungen Wissen darüber generiert werden, wie Menschen in der Vergangenheit ihre Umgebung körperlich und sinnlich wahrgenommen haben. Die angestrebte Authentizität wird dabei an einer Vorstellung der Vergangenheit gemessen, zu der das Reenactment ins Verhältnis gesetzt wird. Wie authentisch ein Reenactment auf Reenactor*innen und Zuschauer*innen wirkt, hängt dann davon ab, wie nah es dieser Vorstellung kommt.[10] Um eine möglichst große Nähe zu erreichen, werden unterschiedliche Strategien der

---

[7] Hochbruck, Geschichtstheater (wie Anm. 3), S. 20; Agnew, Vanessa, Jonathan Lamb u. Juliane Tomann: Introduction. What is Reenactment Studies? In: The Routledge Handbook of Reenactment Studies. Key Terms in the Field. Hrsg. von Vanessa Agnew, Jonathan Lamb u. Juliane Tomann. London 2020. S. 1–11, 3; Baraniecka-Olszewska, Kamila: Pilgrimage. In: The Routledge Handbook of Reenactment Studies. Key Terms in the Field. Hrsg. von Vanessa Agnew, Jonathan Lamb u. Juliane Tomann. London 2020. S. 173–177; Palizban, Maryam: Hajj. In: The Routledge Handbook of Reenactment Studies. Key Terms in the Field. Hrsg. von Vanessa Agnew, Jonathan Lamb u. Juliane Tomann. London 2020. S. 97–99.
[8] Hochbruck, Geschichtstheater (wie Anm. 3), S. 19.
[9] Agnew, Vanessa u. Juliane Tomann: Authenticity. In: The Routledge Handbook of Reenactment Studies. Key Terms in the Field. Hrsg. von Vanessa Agnew, Jonathan Lamb u. Juliane Tomann. London 2020. S. 20–24, 20.
[10] Agnew/Tomann, Authenticity (wie Anm. 9), S. 21.

Authentifizierung angewendet.[11] Diese beziehen sich zum einen auf die im Reenactment verwendeten Requisiten wie Kleidung, Handwerkszeug und die Kulisse. Hier ist das Ziel, eine möglichst hohe Übereinstimmung zwischen den im Reenactment benutzten Requisiten und den in der dargestellten Vergangenheit benutzten Objekten zu erreichen, sei es, indem tatsächlich historische Objekte verwendet werden, oder aber, indem möglichst originalgetreue Kopien hergestellt werden. Kopien können den musealisierten Originalen dabei sogar überlegen sein, da sie tatsächlich genutzt werden können – und deshalb das Reenactment überhaupt erst ermöglichen.[12] Zum anderen beziehen sich diese Strategien auf die performativen Handlungen der Darsteller*innen. Performanz ist das, was historisches Reenactment von anderen Darstellungen der Vergangenheit wie beispielsweise Texten, Bildern oder den meisten Ausstellungen unterscheidet. Zwar wohnt auch diesen Darstellungen ein performatives Element inne: ein Text muss geschrieben, ein Bild gemalt und eine Ausstellung aufgebaut werden. Allerdings zielt das performative Element hier darauf ab, eine gelebte Wirklichkeit in einem anderen Medium wiederzugeben.[13] Im Reenactment hingegen soll diese gelebte Wirklichkeit wiederholt werden. Dabei wird der Körper der Darsteller*in selbst zum Medium, indem sie versuchen, sich vergangene Sinneseindrücke und Bewegungsabläufe anzueignen. So erlernen sie beispielsweise historische Praktiken der Nahrungszubereitung oder sich in historischer Kleidung zu bewegen. Das Reenactment geht deshalb auch immer mit einem Moment der Entfremdung einher, in dem die Darsteller*innen ihre gewohnten Bewegungsmuster ablegen

---

[11] Authentifizierung meint hier performative und diskursive Strategien des Authentisch-Machens. Der Leibniz Forschungsverbund Historische Authentizität unterscheidet zwischen Authentisierung und Authentifizierung, wobei Authentifizierung „wissenschaftliche Praktiken der Identifizierung" bezeichnet, Authentisierung „Prozesse und diskursive Praxen der Beglaubigung". Im Fall von Reenactments lässt sich diese Unterscheidung jedoch nur schwerlich aufrechterhalten. Zum einen gehen hier wissenschaftliche und nicht-wissenschaftliche Praxen der Beglaubigung ineinander über. Zum anderen sind diese Praxen nicht nur diskursiv, sondern vor allem performativ. In Anlehnung an den englischen Begriff der authentication soll hier deshalb der Begriff der Authentifizierung benutzt werden. Für einen Forschungsbericht des Forschungsverbundes Historische Authentizität siehe Saupe, Achim: Historische Authentizität. Individuen und Gesellschaft auf der Suche nach dem Selbst – Ein Forschungsbericht. www.hsozkult.de/literaturereview/id/forschungsberichte-2444 (6.11.2020).
[12] Gapps, Steven: Practices of Authenticity. In: The Routledge Handbook of Reenactment Studies. Key Terms in the Field. Hrsg. von Vanessa Agnew, Jonathan Lamb u. Juliane Tomann. London 2020. S. 183–186. Zur Authentifizierung von Requisiten im Reenactment siehe auch Gapps, Performing the Past (wie Anm. 2), S. 69–78.
[13] Johnson, Katherine: Performance and Performativity. In: The Routledge Handbook of Reenactment Studies. Key Terms in the Field. Hrsg. von Vanessa Agnew, Jonathan Lamb u. Juliane Tomann. London 2020. S. 169–172, 172.

müssen.¹⁴ Im günstigsten Fall führen die Authentifizierungsstrategien für die im Reenactment genutzten Objekte und die Aneignung historischer Praktiken und Gesten zu einem immersiven Erlebnis.¹⁵ Reenactor*innen selbst sprechen dahingehend häufig von einem *period rush* – also dem Gefühl, ganz in der Vergangenheit aufzugehen und die Gegenwart zumindest kurzzeitig zu vergessen. Immersion kann dabei als ein Zusammenspiel von der Umgebung und den Requisiten des Reenactments, den dadurch generierten Sinneseindrücken bei Darsteller*innen und Zuschauer*innen sowie deren Erwartungen an das Reenactment verstanden werden. Entsprechen der Rahmen und die Sinneseindrücke den Erwartungen, wird Immersion möglich.

Die Beispiele, die ich im Folgenden analysieren werde, sind in ihrer Zeit verhaftet. Keiner der zeitgenössischen Akteure hätte von einem authentischen, performativen oder immersiven Erlebnis gesprochen. Diese Begriffe sollen hier als analytische Termini dienen, die es erlauben, Attitüden, lebende Bilder und Künstlerfeste mit heutigen Reenactments zu vergleichen und eine historische Langzeitperspektive auf performative Geschichtsdarstellungen einzunehmen. Auch wenn die Begriffe nicht Teil des zeitgenössischen Diskurses waren, waren die Praktiken, die zum Einsatz kamen, denen heutiger Reenactments recht nahe. Dies heißt nicht, dass sie eins zu eins mit heutigen Reenactments gleichgesetzt werden können. Immer wieder änderte sich die Vorstellung der Vergangenheit, zu der die Darstellung in Beziehung gesetzt wurde, und mit ihr auch die performativen, Authentizität herstellenden und immersiven Praktiken.

Studien zu historischem Reenactment in der Gegenwart beziehen sich für ihre Analyse meist auf die ethnologischen Methoden der (teilnehmenden) Beobachtung oder des Interviews. Diese Möglichkeiten sind für die historische Forschung nicht gegeben. Als Quellen stehen stattdessen Kostümentwürfe, Graphiken, Photographien, Erinnerungsbücher, Rezensionen, Kritiken, Zeitungsartikel und Egodokumente wie Tagebucheinträge oder Briefe zur Verfügung. Diese Quellen können, selbst wenn sie zahlreich vorhanden sind, nur ein unzureichendes und häufig sehr einseitiges Bild des eigentlichen Ereignisses wiedergeben. Denn performative Ereignisse sind flüchtig. Festgehalten werden konnte nie der Moment selbst. Die Quellen, die uns vorliegen, beziehen sich entweder auf die Vorbereitung der Ereignisse oder sie geben das Ereignis retrospektiv wieder. Zudem haben nur wenige der Darsteller*innen selbst ihre Erinnerungen und Überlegungen festgehalten. Die für die heutige Reenactment-Forschung so zentrale

---

14 Card, Amanda: Body and Embodiment. In: The Routledge Handbook of Reenactment Studies. Key Terms in the Field. Hrsg. von Vanessa Agnew, Jonathan Lamb u. Juliane Tomann. London 2020. S. 30–33.
15 Siehe hierzu auch Gapps, Performing the Past (wie Anm. 2), S. 85–91.

Frage nach den Erlebnissen und Zielen der Darsteller*innen muss deshalb generell und im Folgenden leider häufig außen vor bleiben.

Verlebendigte Kunst und versteinerte Körper: Attitüden und lebende Bilder

Attitüden und lebende Bilder waren vom Ende des 18. Jahrhunderts bis etwa zum Ersten Weltkrieg beliebt. Sie wurden anfangs vor allem in adeligen und großbürgerlichen Kreisen aufgeführt. Gegen Mitte des Jahrhunderts wurden sie immer populärer, bis sie gegen Ende des Jahrhunderts sogar Teil der sozialistischen Maifeiern wurden.[16] Der Begriff der Attitüde stammt aus der Kunsttheorie und bezeichnet in den Worten Johann Wolfgang von Goethes „eine Stellung, die eine Handlung oder Gesinnung ausdrückt und insofern bedeutend ist".[17] Auf die Schauspielkunst übertragen meint der Begriff das bewegungslose Darstellen von Statuen, Allegorien sowie historischen und religiösen Ereignissen. Attitüden wurden in der Regel von einzelnen Künstler*innen aufgeführt, wobei nur wenige Requisiten zum Einsatz kamen. Zu den bekanntesten Attitüdendarsteller*innen zählen Lady Emma Hamilton (1765–1815) und Henriette Hendel-Schütz (1772–1849). Emma Hamilton, die sich vor ihrer Heirat Emma Hart nannte, war die aus einfachen Verhältnissen stammende Ehefrau des britischen Botschafters in Neapel, Sir William Hamilton und die spätere Geliebte von Admiral Horatio Nelson. Ihre Attitüden führte sie vor allem zur Unterhaltung der Gäste Hamiltons in Neapel auf. Anders als Emma Hamilton, die, wenn überhaupt, nur in ihrer Jugend wenige Schauspielerfahrungen gesammelt hatte, war Henriette Hendel-Schütz eine ausgebildete Schauspielerin. Schon in jungen Jahren soll sie „durch das Studium der Archäologie, Mythologie und bildenden Kunst" ihr mimisches Talent geübt haben.[18] Von dem Maler Johann Georg Pforr auf Emma Hamiltons Attitüden aufmerksam gemacht, entwickelte sie einen eigenen Attitüdenzyklus

---

[16] Wagner, Monika: Selbstbegegnungen. Lebende Denkmäler in den Maifeiern der Sozialdemokratie um 1900. In: Mo(nu)mente. Formen und Funktionen ephemerer Denkmäler. Hrsg. von Michael Diers u. Andreas Beyer. Berlin 1993 (Artefact 5). S. 93–112.

[17] Goethe, Johann Wolfgang von: Diderots Versuch über die Malerei. Übersetzt und mit Anmerkungen begleitet (1798–1799). 1. Kapitel: Gedanken über die Zeichnung. www.projekt-gutenberg.org/diderot/malerei/chap02.html (6.11.2020).

[18] Werke der schönen Künste. Mimik. In: Allgemeine Literatur Zeitung vom 27. Oktober 1810. S. 457–464, 458.

und tourte damit zusammen mit ihrem vierten Ehemann Friedrich Karl Julius Schütz, einem Philosophieprofessor aus Halle, durch Deutschland und Europa.[19]

Die Attitüden wurden als eine Wiederbelebung der Vergangenheit rezipiert. Bekannt geworden ist vor allem Johann Wolfgang von Goethes Beschreibung von Emma Hamiltons Aufführung in seiner *Italienischen Reise* (obwohl nicht ganz klar ist, ob Goethe eine solche Aufführung wirklich selbst gesehen hat):

> Der Ritter Hamilton [...] hat nun nach so langer Kunstliebhaberei, nach so langem Naturstudium, den Gipfel aller Natur- und Kunstfreunde in einem schönen Mädchen gefunden. [...] Er hat ihr ein Griechisch Gewand machen lassen, das sie trefflich kleidet; dazu löst sie ihre Haare auf, nimmt ein paar Shawls und macht eine Abwechslung von Stellungen, Gebärden, Mienen u.s.w., daß man zuletzt wirklich meint, man träume. Man schaut was so viele tausend Künstler gern geleistet hätten hier ganz fertig, in Bewegung und überraschender Abwechslung. Stehend, knieend, sitzend, liegend, ernst, traurig, neckisch, ausschweifend, bußfertig, lockend, drohend, ängstlich u.s.w.; eins folgt aufs andere und aus dem andern. Sie weiß zu jedem Ausdruck die Falten des Schleiers zu wählen, zu wechseln, und macht sich hundert Arten von Kopfputz mit denselben Tüchern. Der alte Ritter hält das Licht dazu und hat mit ganzer Seele sich diesem Gegenstand ergeben. Er findet in ihr alle Antiken, alle schönen Profile der sicilianischen Münzen, ja den Belvedereschen Apoll selbst.[20]

Goethes Beschreibung ist zweifelsohne Zeugnis eines objektivierenden männlichen Blickes, welcher nicht die begabte Künstlerin, sondern ein Kunstobjekt sieht. Sie ist aber auch Zeugnis eines Wunschs, die Antike verlebendigen zu können, der, nicht nur für Goethe, mit Emma Hamilton in Erfüllung gegangen zu sein schien. Auch andere Zeitgenossen verglichen sie immer wieder mit einer antiken Statue und sahen sie gar als Teil von Hamiltons umfangreicher Antikensammlung an.[21] „Sir William Hamilton has actually married his gallery of statues", bemerkte etwa der Schriftsteller Horace Walpole bissig anlässlich der Hochzeit.[22]

Tatsächlich hatten Emma Hamiltons im Kerzenschein aufgeführten Attitüden Ähnlichkeit mit einer derzeit beliebten Form der Unterhaltung für Italienreisende und Besucher*innen deutscher Galerien, die darin bestand, antike Statuen im Kerzenschein zu betrachten. Zum einen ließen sich Details im Kerzenschein

---

19 Langen, August: Attitüde und Tableau in der Goethezeit. In: Jahrbuch der Deutschen Schillergesellschaft 12 (1968). S. 194–258, 214.
20 Goethe, Johann Wolfgang von: Italienische Reise. In: Goethes Meisterwerke. Mit Illustrationen deutscher Künstler. Neunzehnter Band. Berlin 1870, S. 208. Zur Frage, ob Goethe wirklich bei einer von Emma Hamiltons Aufführungen anwesend war, siehe Brandl-Risi, Bettina: BilderSzenen. Tableaux Vivants zwischen bildender Kunst, Theater und Literatur im 19. Jahrhundert. Freiburg im Breisgau 2013 (Rombach-Wissenschaften 15). S. 71 f.
21 Ittershagen, Ulrike: Lady Hamiltons Attitüden. Mainz 1999. S. 40.
22 Zitiert nach Ittershagen, Lady Hamiltons (wie Anm. 21), S. 41.

besser studieren. Zum anderen führte das Flackern der Kerzen auch dazu, dass die Statuen verlebendigt wirkten.[23] Inspiriert waren die Attitüden zudem von den Ausgrabungen in Pompei und Herkulaneum, an denen auch William Hamilton teilnahm. Hier kamen neben Objekten und Fresken, die unter anderem als Vorlage für die Attitüden dienten, auch die Körper der Verstorbenen zutage, die als Abdrücke noch Mimik, Kleidung und Gestik erkennen ließen – also quasi eine Momentaufnahme antiken Lebens. Hamilton selbst beschrieb fasziniert den Moment einer solchen Entdeckung: „In the street, just out of the gate of this Villa, I saw lately a skeleton dug out; and by defiring the labourers to remove the skull and bones gently, I perceived distinctly the perfect mould of every feature of the face, and that the eyes had been shut. I also saw distinctly the impression of the large folds of the drapery of the toga, and some of the cloth itself sticking to the earth."[24]

Mit einer antiken Statue wurde die etwas fülligere Hendel-Schütz nicht verglichen.[25] Wohl aber wurde sie für die Wiederbelebung einer antiken Aufführungspraxis gelobt: die Pantomime.[26] Wie Emma Hamilton vor ihr hätte Henriette Hendel-Schütz diese sogar noch vervollkommnet, so der Autor eines Artikels in der *Allgemeinen Literaturzeitung*. Obwohl das Talent für die Pantomime angeboren sein müsse, verlange es von der Darstellerin nicht nur eine große Beherrschung des Körpers, sondern auch des Geistes:

> In das Heiligtum seiner [des Künstlers] *innern* Welt, von den Umgebungen der *äußern* verfolgt, soll er, seine ganze Erscheinung in Schein verwandelnd, das Bild welches er, Künstler und Kunstwerk zugleich, in sich selbst zu produciren hat, darstellen, ohne dass von seiner *eignen* Gemüthsstimmung Etwas darin sichtbar werde. Man sieht, dass hierzu eine eben so grosse Herrschaft über das Gemüth als über den Körper, und die seltene Gabe einer Vereinigung der höchsten Begeisterung mit der höchsten Besonnenheit erforderlich ist.[27]

Was hier von der Künstlerin verlangt wird, ist also in gewisser Weise, dass sie sich selbst in einen immersiven Zustand versetzt. Dieser entsteht aber – entgegen dem heutigen, in der Einleitung definierten Verständnis von Immersion – keineswegs reflexhaft als Reaktion auf eine als authentisch wahrgenommene Darstellung. Sie

---

[23] Langen, Attitüde (wie Anm. 19), S. 207; Hoff, Dagmar von u. Helga Meise: Tableaux vivants. Die Kunst- und Kultform der Attitüden und lebenden Bilder. In: Weiblichkeit und Tod in der Literatur. Hrsg. von Renate Berger u. Inge Stephan. Köln 1987. S. 69–86, 78; Ittershagen, Lady Hamiltons (wie Anm. 21), S. 65.
[24] Zitiert nach Ittershagen, Lady Hamiltons (wie Anm. 21), S. 25.
[25] Hoff/Meise, Tableaux vivants (wie Anm. 23), S. 71.
[26] Werke der schönen Künste. Mimik. In: Allgemeine Literatur Zeitung vom 26. Oktober 1810. S. 449–454.
[27] Werke (wie Anm. 26), S. 454.

ist im Gegenteil das Resultat einer aktiven Unterdrückung der eigenen Gefühle und eines hohen Konzentrationsvermögens auf das innere Bild, welches dadurch im Äußeren verkörpert wird. Erst durch diesen Prozess konnte auch bei den Zuschauer*innen ein ähnliches Gefühl eintreten. Der Autor vergleicht die Darstellerin dabei mit einem bildenden Künstler, dessen Leinwand sein eigener Körper sei.

Um den Effekt eines immersiven Erlebnisses bei den Zuschauer*innen zu vervollkommnen, integrierten sowohl Hendel-Schütz als auch Emma Hamilton diese so in ihre Aufführungen, dass ihr Publikum teils zu Mitdarsteller*innen wurde. Bei privaten Vorstellungen griff sich Hendel-Schütz wohl gerne eins der Kinder der Familie, um eine Kindsmörderin darzustellen, was die übrigen Familienmitglieder in „Schreckensstarre" versetzt habe.[28] Die Gräfin de Boigne erinnert sich folgendermaßen an eine Aufführung Emma Hamiltons:

> Eines Tages hatte sie mich kniend vor einer Urne plaziert, die Hände wie zum Gebet gefaltete. Über mich geneigt, schien sie völlig in ihren Schmerz versunken, beide hatten wir zerrauftes Haar. Plötzlich, sich wieder aufrichtend und etwas zurückweichend, packte sie mich bei den Haaren und zwar mit einer so starken Bewegung, daß ich mich überrascht und erschreckt abwandte, was mich in den Geist meiner Rolle eintreten ließ, da sie einen Dolch schwang. Der leidenschaftliche Applaus der Künstlerzuschauer ließ sich mit Ausrufen wie „Bravo Medea" vernehmen.[29]

Aber nicht nur ihre Mitdarsteller*innen versetzte Emma Hamilton in einen immersiven Zustand. Wie Goethe schrieben zahlreiche weitere Zuschauer*innen der Attitüden, dass die Verlebendigung der in Kunstwerken dargestellten Vergangenheit sie in einen traumähnlichen Zustand versetzt habe. Der Priester Friedrich Johann Meyer beispielsweise berichtete nach einer Aufführung Lady Hamiltons in Hamburg, er habe „zauberähnliche Erscheinungen von erhabenen, aus den Gräbern des Alterthums hervorgerufenen Gestalten, götterähnlicher Wesen, von Gebilden der Dichter und Künstler Griechenlands" gesehen, während Herzogin Anna Amalia über Johann Gottfried Herder berichtete, dass „ihm entzückte – Weg war die trockene Weisheit; wie mit einen Elektrischen funken wurd leben Wonne u Seligkeit über sein ganzes wesen ergossen, er wurde ein Gott u wollte selbst schaffen" – eine Beschreibung die Herder selbst auf das Schärfste dementierte.[30] Wenn diese Beschreibungen heute eher esoterisch anmuten mögen, so ist zu bedenken, dass das Bild der Antike und des Mittelalters, das den Attitüden zu

---

28 Frey, Manuel: Tugendspiele. Zur Bedeutung der „tableaux vivants" in der bürgerlichen Gesellschaft des 19. Jahrhunderts. In: Historische Anthropologie 6 (1998). S. 401–430, 412.
29 Zitiert nach Ittershagen, Lady Hamiltons (wie Anm. 21), S. 52.
30 Zitate in Ittershagen, Lady Hamiltons (wie Anm. 21), S. 53, 63.

Grunde lag, ein ausgesprochen idealisiertes war. Die Vorstellung von der Antike, an der die Attitüden gemessen wurden, speiste sich aus antiken Mythen und antiken Kunstwerken, die Italienreisende auf ihrem Weg nach Neapel besucht hatten.

Die genauen Motive der Attitüden lassen sich nur noch bruchstückhaft aus Berichten, Tagebucheinträgen, Rezensionen, Theaterkritiken, Briefen und nicht zuletzt Abbildungen rekonstruieren. Der königlich preußische Historienmaler in Rom, Friedrich Rehberg, fertigte eine Serie von zwölf Umrissstichen der Attitüden der Emma Hamilton an, welche 1794 publiziert wurden.[31] Von Henriette Hendel-Schütz existiert eine ähnliche Mappe mit Stichen von Joseph Nicolaus Peroux.[32] Allerdings lieferte Rehberg keine Interpretationen der einzelnen Attitüden. Eine solche findet sich in einer Rezension des Altertumsforschers und Fremdenführers Aloys Hirt, die 1794 im *Neuen Teutschen Merkur* erschien, aber sehr vage bleibt.[33] Neben klar identifizierbaren antiken und biblischen Figuren, wie der Sybille, Maria Magdalena oder Kleopatra, erkennt er etwa eine Priesterin oder eine verliebte, einsame Träumerin. Ebenso vage wie die Beschreibungen muss die Antwort auf die Frage bleiben, woher Lady Hamilton die Ideen für ihre Attitüden nahm. Ulrike Ittershagen hat versucht, die Herkunft der Motive für die rehbergschen Stiche zu rekonstruieren und verweist sowohl auf William Hamiltons Kunst- und Vasensammlung als auch auf Johann Heinrich Tischbeins Gravierungen von letzteren.[34] Außerdem habe Lady Hamilton gängige Motive der Kunstgeschichte dargestellt.[35] Ihre Inspirationen zog sie, eine der am häufigsten porträtierten Personen ihrer Zeit, höchstwahrscheinlich auch aus ihren zahlreichen Modellsitzungen für die unterschiedlichsten Maler, für die es im Hause Hamilton sogar einen eigenen Raum gab.[36] Allerdings bleibt unklar, ob die Attitüden die Bilder inspirierten oder umgekehrt. Festzustehen scheint, dass sowohl Emma Hamilton

---

[31] Rehberg, Friedrich: Attitüden der Lady Hamilton. Nach dem Leben gezeichnet von Friedrich Rehberg, Professor der Königlichen Akademie der Schönen Künste in Berlin. In zwölf Blättern lithographiert von H. Dragendorf und herausgegeben von Auguste Perl. München 1840.
[32] Peroux, Joseph Nicolaus: Pantomimische Stellungen von Henriette Hendel. Frankfurt am Main 1810.
[33] Hirt, Alois: Kunstanzeige. In: Der neue Teutsche Merkur 2 (1794). S. 415–419; Ittershagen, Lady Hamiltons (wie Anm. 21), S. 73.
[34] Tischbein, Johann Heinrich Wilhelm: Collection of Engravings from Ancient Vases of Greek Workmanship. Discoverd in Sepulchres in the Kingdom of the Two Sicilies but chiefly in the Neighbourhood of Naples during the Course of the Years MDCCLXXXIX and MDCCLXXXX Now in the Possession of Sir Wm. Hamilton, His Britannic Maiesty's Envoy Extry. and Plenipotentiary at the Court of Naples. Neapel 1791.
[35] Ittershagen, Lady Hamiltons (wie Anm. 21), S. 72–110.
[36] Ittershagen, Lady Hamiltons (wie Anm. 21), S. 43.

als auch Henriette Hendel-Schütz Kunstwerke nur selten direkt kopierten. Sie scheinen viel eher Stereotypen dargestellt zu haben, die, so lassen es zumindest zahlreiche Berichte vermuten, die Zuschauer*innen durchaus zu deuten wussten. Der Besuch in der neapolitanischen Residenz des englischen Gesandten Hamilton fand in der Regel am Ende einer Italienreise statt. Emma Hamilton lieferte den Gästen mit ihren Attitüden deshalb auch einen Überblick über die Kunstwerke, die sie bis dahin gesehen hatten.[37]

Henriette Hendel-Schütz wiederum verfolgte klar das Ziel, ihre Zuschauer*innen nicht nur zu unterhalten, sondern auch zu bilden. Er habe Hendel-Schütz als „allgemeine Weltgeschichte in pantomimischen Darstellungen" gesehen, berichtete etwa Achim von Arnim seiner Frau Bettina, und die *Allgemeine Literaturzeitung* schrieb, sie stelle „eine Kunstgeschichte in beweglichen Bildern" dar.[38] Ihre Attitüden wurden von ihrem Ehemann kommentiert, der dabei einen weitgefächerten Themenkomplex ansprach, der von Kunstgeschichte über biblische Geschichte bis zu Literatur und Methoden der Aufführungspraxis im Theater reichte. So berichtet etwa Carl August Böttiger:

> Zweckmäßig unterhielt Herr Dr. Schütz in den kurzen Zwischenräumen [...] in dem er ans Procenium hervortrat, die Versammlung mit dem Zweck und Stoff dieser Darstellung, las bald ein biblisches Idyll, bald ein Sonett von A.W. Schlegel zur Einleitung vor, und machte sehr sinnreich aufmerksam auf den Unterschied zwischen der deklamatorischen Mimik, wie sie der Schauspieler bedarf und Engel entwickelt, und dieser blos mahnenden Pantomime [...].[39]

Die Attitüden selbst wurden als Bilder inszeniert. Als Hintergrund diente Emma Hamilton ein goldgerahmter, schwarzer Kasten. Auch Henriette Hendel-Schütz, die häufig auf Bühnen auftrat, nutzte einen schwarzen Hintergrund, wohl weil darauf die Farben der Gewänder besonders gut zur Geltung kamen. Sowohl Emma Hamilton als auch Henriette Hendel-Schütz trugen, wie oben von Goethe beschrieben, eine weiße, in der Taille gegürtete Tunika sowie mehrere farbige Schals. Für die Darstellung mittelalterlicher und frühneuzeitlicher Motive besaß Henriette Hendel-Schütz darüber hinaus ein scharlachrotes Unterkleid und einen blauen Mantel. Um die Faltenwürfe richtig wiederzugeben, war dieser in Darstellungen italienischer Kunst aus „shawlstoff" (vermutlich Cashmere), während

---

37 Ittershagen, Lady Hamiltons (wie Anm. 21), S. 44.
38 Achim von Arnim zitiert nach Langen, Attitüde (wie Anm. 19), S. 222; Zitat aus der Allgemeinen Literaturzeitung: Werke (wie Anm. 26), S. 452.
39 Böttiger, Carl August: Pantomimische Vorstellungen der Händel-Schütz in Dresden. In: Morgenblatt für gebildete Stände vom 27. Juni 1814. S. 607.

er in Darstellungen deutscher Kunstwerke aus „feinem Tuch" war.⁴⁰ Beleuchtet wurden die Attitüden nicht – wie im zeitgenössischen Theater üblich – frontal, sondern durch schräg einfallendes Licht. Hierfür hatte Henriette Hendel-Schütz selbst ein Beleuchtungssystem entwickelt, „eine Maschine, welche von einem hohen in schräger Richtung angebrachten Teller das Licht von 80 darauf festgesteckten Wachskerzen [...] von der *Seite* aus über die ganze Bühne concentriert".⁴¹ Auf diese Art und Weise konnten das Licht- und Schattenspiel der bildenden Kunst imitiert und ein ähnlicher Effekt wie bei den oben beschriebenen, im Kerzenschein betrachteten Statuen erzielt werden.

Sowohl Hamilton als auch Hendel-Schütz wurden dafür gelobt, wie gekonnt sie es fertigbrachten, die Falten ihrer Kleider und ihrer Schals auf die dem darzustellenden Sujet angemessene Art und Weise zu arrangieren. Von Bedeutung waren dabei nicht nur die einzelnen Posen, sondern vor allem der Übergang zwischen diesen.⁴² In den Attitüden wurden historische Kunstwerke in Bewegung und gleichzeitig Körper zum Stillstand gebracht und somit Gegenwart und Vergangenheit miteinander verknüpft. Der im Höhepunkt zur Statue erstarrte Körper zeigte zudem – eben weil er lebendig und nicht tote Materie war – etwas, das in der Mimesis des Kunstwerks immer unzulänglich bleiben musste. Ziel der Attitüde war es, Kunstwerke möglichst genau zu imitieren. Gleichzeitig war die Attitüde eine Perfektionierung von letzteren. In der Attitüde konnte, weil ihr Medium der lebende Körper war, etwas ausgedrückt werden, das, wie Goethe es beschrieb „viele tausend Künstler gern geleistet hätten", aber in der Übersetzung von lebendigen Sujets in Pinselstriche oder Meißelschläge immer ungenügend bleiben musste.⁴³

Lady Hamilton und Henriette Hendel-Schütz fanden viele, mal mehr und mal weniger begabte Imitator*innen. Einer der schillerndsten war wohl Gustav Anton Freiherr von Seckendorff, der von Hendel-Schütz inspiriert wurde und teilweise auch mit ihr zusammen auftrat. Von Seckendorff hatte sich entschieden, „seinen Ministerposten in Hildburghausen aufzugeben und unter dem Pseudonym Patrick Peale in Deutschland herumzuziehen, um ästhetische Vorlesungen zu halten und mimisch-plastische Vorstellungen zu geben, in denen er, mangelhaft bekleidet, antike Statuen und als Clou seiner Séance den Apollo von Belvedere ganz nackt

---

40 Werke (wie Anm. 18), S. 460.
41 Werke (wie Anm. 18), S. 461; siehe auch Langen, Attitüde (wie Anm. 19), S. 221.
42 Ittershagen, Lady Hamiltons (wie Anm. 21), S. 57.
43 Barck, Joanna: Wie Körper lernten, Bilder zu sein. „Tableaux vivants" und die Idee des „Raum-Bildes" im 19. Jh. In: Das Raumbild. Bilder jenseits ihrer Flächen. Hrsg. von Gundolf Winter, Jens Schröter u. Joanna Barck. München 2009. S. 65–87, 85.

stellte."⁴⁴ Bald wurden allerdings „lebende Bilder" populärer als Attitüden – wohl auch, weil hierfür weniger pantomimisches Talent vonnöten war. In lebenden Bildern wurden ganze Bilder meist mit mehreren Darsteller*innen arrangiert. Dabei wurde den Kostümen und den Requisiten größere Aufmerksamkeit geschenkt als im Fall der Attitüden. Historische Szenen dienten nicht immer, aber auch, als Vorbild. In Deutschland machte wahrscheinlich Goethe die Praxis populär. In seinem Roman *Wahlverwandtschaften* (1809) fügte er, womöglich inspiriert von Lady Hamilton, eine Szene ein, in der lebende Bilder dargestellt werden.⁴⁵ In der Folgezeit wurden sie auch zu einem literarischen Stilmittel.⁴⁶

Zur Darstellung der Vergangenheit wurden sie vermutlich erstmals von Félicité de Genlis (1746–1830), der Erzieherin der Kinder des Herzogs von Orléans und somit auch des späteren Königs Louis-Philip I., eingesetzt. Nach Vorlagen der Maler Jacques-Louis David und Jean-Baptiste Isabey ließ sie ihre Zöglinge historische Szenen darstellen und von denjenigen, die nicht an der Darstellung teilnahmen, erraten, um welche es sich handelte.⁴⁷ Diese Praxis sollte später auch in Deutschland ein „beliebtes Gesellschaftsspiel" werden.⁴⁸

An den in großbürgerlichen und adeligen Kreisen aufgeführten lebenden Bildern wirkten häufig namhafte Künstler wie Karl Friedrich Schinkel in Berlin oder Hans Makart in Wien mit. Begleitet wurden sie meist von Gedichten und Musik. Wie Attitüden stellten lebende Bilder nicht immer Repliken real existierender Kunstwerke dar. In der Tat hatten wohl die wenigsten Darsteller*innen die Bilder, die ihnen als Vorlage dienten, im Original gesehen. Als Grundlage dienten meist Kopien in Form von Kupferstichen, Radierungen oder Zeichnungen.⁴⁹ Anleitungsbücher wie Edmund Wallners *Eintausend Sujets zu lebenden Bildern* gaben nicht nur Ratschläge dafür, wie die Bühne aufzustellen und welche Schminke zu verwenden sei, sondern verwiesen auch auf Druckwerke, in welchen die vorgeschlagenen Sujets jeweils zu finden waren.⁵⁰ Somit waren die lebenden Bilder auch eine Praxis mit der einer nur in schwarz und weiß wahrgenommenen

---

44 Boehn, Max von: Biedermeier. Deutschland von 1815 bis 1847. Berlin 1911. S. 560–562. Zitiert in: Lammel, Gisold: Lebende Bilder – Tableaux Vivants im Berlin des 19. Jahrhunderts. In: Studien zur Berliner Kunstgeschichte. Hrsg. von Karl-Heinz Klingenburg. Leipzig 1986. S. 221–243, 229; siehe auch, Langen, Attitüde (wie Anm. 19), S. 228 f.
45 Langen, Attitüde (wie Anm. 19), S. 239.
46 Brandl-Risi, BilderSzenen (wie Anm. 20).
47 Jooss, Birgit: Lebende Bilder. Körperliche Nachahmung von Kunstwerken in der Goethezeit. Berlin 1999. S. 93–98; Langen, Attitüde (wie Anm. 19), S. 236; Frey, Tugendspiele (wie Anm. 28), S. 406.
48 Langen, Attitüde (wie Anm. 19), S. 236.
49 Barck, Wie Körper (wie Anm. 43), S. 71.
50 Wallner, Edmund: Eintausend Sujets zu lebenden Bildern. Erfurt 1876.

Vergangenheit und Kunstgeschichte Farbe verliehen wurde. Die lebenden Bilder waren damit der Historienmalerei nicht unähnlich, für die sie manchmal als Modell dienten.[51]

Als Beispiel können die 1879 am Wiener Hof anlässlich der Silberhochzeit des österreichischen Kaiserpaares Franz Joseph I. und Elisabeth aufgeführten lebenden Bilder herangezogen werden. Hier wurde die Habsburger Geschichte von Mitgliedern der kaiserlichen Familie dargestellt. Konzipiert wurden die Bilder von Alfred Ritter von Arneth, Direktor des Haus-, Hof- und Staatsarchivs, sowie den Malern Heinrich von Angeli, Hans Makart und Franz Gaul. Als Grundlage dienten historische oder historistische Gemälde. Die Darsteller*innen benutzten teilweise sogar Originalgegenstände aus der kaiserlichen Schatzkammer, dem Arsenalmuseum und der Ambraser Sammlung.[52] Hier sollte, wie Mara Reissberger beobachtet hat, „durch fast magisch beschworene Verlebendigung des Ruhmes der Vergangenen […] dieser Ruhm auf die Lebenden übergehen".[53] Dies galt vor allem für Kronprinz Rudolf. Die Praxis der lebenden Bilder wirkte dabei, so Reissberger, besonders effektiv: „Die konstituierenden Charakteristika eines lebenden Bildes, die ihm inhärente totale Disziplinierung der Beteiligten, die sich nicht rühren dürfen, ihre ‚Rolle' nicht gestalten können, sich dem Diktat eines Vorgegebenen bedingungslos zu subordinieren haben – all dies perfektioniert die Visualisierung der an Rudolf gestellten Ansprüche."[54] Diesen Ansprüchen sollte der Kronprinz, der sich zehn Jahre später das Leben nahm, bekanntlich nicht gerecht werden. Mit einer ähnlich hohen Erwartungshaltung an die Darstellenden wurden die wenigsten lebenden Bilder aufgeführt, zumal sie meist nicht annähernd so opulent professionell vorbereitet wurden. Nichtsdestotrotz hatten die Darsteller*innen immer wieder die Hoffnung, dass etwas vom Glanz der Vergangenheit auf sie übergehen würde.

Wie viele der aufwendigeren lebenden Bilder wurden auch die Bilder anlässlich der Silberhochzeit als Fotografien festgehalten. Zudem fertigte Gustav Gaul 1880 Aquarelle von den Bildern an. Laut Ursula Peters versuchten Fotografen „im Ablichten lebender Bilder und interessanter Kostümfiguren […], den jetzt allgemein an Historien- und Genremalerei orientierten Kunstansprüchen gerecht werden zu können".[55] Man kann in den lebenden Bildern, den Fotografien

---

51 Lammel, Lebende Bilder (wie Anm. 44), S. 224.
52 Reissberger, Mara: Lebende Bilder zu einem historischen Familienfest. Kronprinz Rudolf als Erbe und Ahn. In: Rudolf. Ein Leben im Schatten von Mayerling. Hrsg. von Tino Erben. Wien 1989. S.129–139, 129, 136.
53 Reissberger, Lebende Bilder (wie Anm. 52), S. 132.
54 Reissberger, Lebende Bilder (wie Anm. 52), S. 134.
55 Peters, Ulrike: Stilgeschichte der Fotografie in Deutschland 1839–1900. Köln 1979. S. 217.

und Aquarellen zudem eine Reaktion auf eine als beschleunigt empfundene Moderne erkennen. Hierin waren die lebenden Bilder den zu der Zeit ebenfalls populären Panoramen, Dioramen und Wachsfigurenkabinetten ähnlich.[56] Die im lebenden Bild hervorgebrachte und für den Moment eingefrorene Vergangenheit wurde schließlich in der Fotografie endgültig festgehalten.[57] Für die am Hof der Habsburger dargestellten lebenden Bilder gilt, dass in ihnen eine Einheit zwischen der als glorreich empfundenen Vergangenheit und der Gegenwart hergestellt wurde.

Nationalromantik und Karneval: Künstlerfeste

Historische Feste, Feiern und Umzüge waren während des gesamten 19. Jahrhunderts, vor allem aber ab Mitte des Jahrhunderts, sehr populär. Wolfgang Hartmann hat für die Zeit von 1791 bis 1939 in Deutschland, Österreich, Frankreich, Belgien, den Niederlanden, Italien und der Schweiz 363 historische Festzüge aufgelistet – die meisten davon in Deutschland.[58] Die Initiative für solche Festzüge ging meist vom Adel oder vom Bürgertum aus. Der Adressatenkreis konnte alle Bewohner*innen und Besucher*innen einer Stadt umfassen, denen über die Festzüge Unterhaltung, aber auch eine populäre Form der historischen Bildung angeboten wurde. Besondere Beachtung erfuhr der 1879 von dem Künstler Hans Makart anlässlich der oben genannten Silberhochzeit des österreichischen Kaiserpaares organisierte Festzug in Wien. Historische Feste und Festzüge fanden darüber hinaus im Rahmen von Stadt- oder Universitätsjubiläen, anlässlich der Todes- oder Geburtstage historischer Persönlichkeiten und – gegen Ende des Jahrhunderts – im Rahmen von Firmenfeiern statt.

Ich will mich hier auf Künstlerfeste beziehen. Künstlerfeste waren im 19. Jahrhundert eine feste Institution und wurden in der lokalen und überregionalen Presse ausgiebig besprochen. Die Feste gingen von Künstlervereinen aus, unter denen die Münchner *Alltoria*, der *Verein Berliner Künstler* und der Düsseldorfer *Malkasten* die bekanntesten waren.[59] Teilnehmer*innen waren vor allem lokale Künstler (selten Künstlerinnen) und ihre Ehepartner*innen. Ab der zweiten Hälfte des Jahrhunderts wurden auch Eintrittskarten an andere Interessierte verkauft. Die Feste können vielleicht am besten mit heutigen Mottopartys

---

56 Frey, Tugendspiele (wie Anm. 28), S. 412; Lammel, Lebende Bilder (wie Anm. 44), S. 226.
57 Lammel, Lebende Bilder (wie Anm. 44), S. 226.
58 Hartmann, Wolfgang: Der historische Festzug. Seine Entstehung und Entwicklung im 19. und 20. Jahrhundert. München 1976 (Studien zur Kunst des 19. Jahrhunderts 35).
59 Alle drei Vereine existieren noch heute.

verglichen werden. Nicht immer, aber sehr häufig war das Motto der Feste ein historisches, was in Anbetracht der Popularität der Historienmalerei zu der Zeit wenig verwunderlich ist. Für die Geschichte des Reenactments sind die Feste vor allem deshalb von Interesse, weil sie nicht, wie im Fall von Hoffesten oder einigen Stadtfesten, in erster Linie zur Machtdemonstration dienten. Vielmehr beschäftigte sich hier eine Gruppe von interessierten Laien für eine kurze Zeit damit, wie ein historisches Ereignis am besten performativ dargestellt werden könne. Jedoch hatten auch die Künstlerfeste oft einen patriotisch-nationalistischen Charakter und wurden häufig nicht nur in Anwesenheit von, sondern für Kaiser, König, Kronprinz und Adel organisiert. Die Programme der einzelnen Feste unterschieden sich voneinander. Zu ihren wiederkehrenden Elementen zählten neben Essen, Trinken und Tanzen ein Umzug, lebende Bilder sowie ein extra für den Anlass verfasstes Festspiel, in dem historische Ereignisse reinszeniert wurden. Begleitet wurden diese häufig von eigens dafür komponierten Musikstücken.

Zurückführen lässt sich die Tradition auf die Aktivitäten österreichischer und deutscher Künstler in Rom Anfang des Jahrhunderts. Als eine Form der Vergesellschaftung in der Fremde organisierten sie aufwändige karnevalistische Feste in historisch-mythischer Verkleidung, darunter die alljährlichen „Cervarafeste", für welche die Künstler in einem Maskenaufzug bis zu den einige Kilometer vor Rom gelegenen Grotten von Cervara zogen.[60] Die nach dem Schutzpatron der bildenden Künstler benannte Künstlerkolonie der Lukasbrüder, die sich im Franziskanerkloster San Isidoro niedergelassen hatten, machte den Historismus gar zu ihrer Lebensform. Die Lukasbrüder wollten, „inspiriert von der Kunst Raffaels und der altdeutschen Malerei, eine neue christliche Kunst im Geist des Mittelalters schaffen".[61] Hierzu gehörte das Zusammenleben in der Gruppe, welches einem romantischen Verständnis mittelalterlicher Künstlerwerkstätten nachempfunden war, sowie das Tragen einer altdeutschen Tracht bestehend aus einem „eng anliegenden Rock mit gepufften Ärmeln und geöffnetem Kragen, dazu [...] dunkle Beinkleider und ein schwarzes Samtbarett".[62] Von Zeitgenossen wurden die Lukasbrüder auf Grund ihrer langen Haare, welche sie an die Jünger Jesu erinnerten, auch Nazarener genannt – ein Begriff, der sich als kunsthistorische

---

[60] Leyk, Simone: „Kurzum, alles war froh und lustig." Spielformen künstlerischer Vergesellschaftung – Die Feste der deutschen Künstler in Rom zu Beginn des 19. Jahrhunderts. In: Künstlerfeste in Zünften, Akademien, Vereinen und informellen Kreisen. Hrsg. von Andreas Tacke, Birgit Ulrike Münch, Markwart Herzog, Sylvia Heudecker. Petersberg 2019 (Kunsthistorisches Forum Irsee 6). S. 58–71, 60–64.
[61] Zepter, Michael Cornelius: Maskerade. Künstlerkarneval und Künstlerfeste in der Moderne. Wien 2012. S. 35.
[62] Leyk, Kurzum (wie Anm. 60), S. 70.

Bezeichnung später etablieren sollte. Die Haartracht war aber hauptsächlich Raffael und Albrecht Dürer nachempfunden. Hinter der rückwärtsgewandten Sehnsucht der Lukasbrüder nach einem goldenen Zeitalter der Kunst stand der in die Zukunft gerichtete Wunsch nach einem vereinten deutschen Reich.[63] Am 30. April 1818 organisierten die Lukasbrüder ein „Nationalfest" zu Ehren des bayrischen Kronprinzen Ludwig, des späteren Königs Ludwig I., bei dem auch dieser in der – in Deutschland als aufrührerisch geltenden und deshalb verbotenen – altdeutschen Tracht erschien.[64] Die Mitglieder der Lukasbruderschaft erhielten daraufhin zahlreiche Aufträge und sollten auch die deutschen Akademien maßgeblich beeinflussen: Bald waren die Direktorenstellen in München, Düsseldorf, Berlin und Frankfurt mit Lukasbrüdern, darunter Peter Cornelius und Wilhelm Schadow, besetzt, die zugleich maßgeblich an den in Deutschland stattfindenden Künstlerfesten beteiligt waren.[65]

Waren die um die Jahrhundertwende beliebten Attitüden noch dem klassizistischen Ideal einer Wiederbelebung der Antike verbunden, so nahm in den Künstlerfesten nun eine romantische Vorstellung vom Mittelalter und von der frühen Neuzeit diesen Platz ein. Ein verklärtes Bild des Rittertums mit seinen vermeintlichen Tugenden wie Tapferkeit und Mut erschien hier als Sinnbild einer Hochzeit deutscher Kultur. Hinzu kam, dass das Mittelalter und die frühe Neuzeit für eine goldene Vergangenheit standen, in der die Situation der Künstler weniger prekär schien als in der Gegenwart. Mit Napoleon waren nämlich die Zünfte abgeschafft worden. Die Künstler konnten nun frei agieren, waren dafür aber umso mehr auf zahlungswillige Kundschaft angewiesen. Die Feste dienten ihnen deshalb auch dazu, auf sich aufmerksam zu machen und vor allem die Herrscher auf ihre Rolle als Mäzene hinzuweisen.[66]

Niemand trieb die Liebe zum Mittelalter und zu mittelalterlichen Festspielen derart auf die Spitze wie der Architekt der Münchner Bavaria, der bayrische Bildhauer Ludwig Michael von Schwanthaler. Schwanthaler war Vorsitzender gleich mehrerer Künstlervereine, die ihre Liebe zu mittelalterlicher Kunst, Ritterspielen, Turnieren und nicht zuletzt zu Trinkgelagen einte.[67] Sein Atelier hatte

---

63 Zepter, Maskerade (wie Anm. 61), S. 36 f.
64 Leyk, Kurzum (wie Anm. 60), S. 64–67; Zepter, Maskerade (wie Anm. 61), S. 35–38.
65 Leyk, Kurzum (wie Anm. 60), S. 67.
66 Tacke, Andreas: Das Künstlerfest als (Verkaufs-)Bühne des Malerfürsten. Schlaglichter zur Vorgeschichte. In: Malerfürsten. Hrsg. von der Kunst- und Ausstellungshalle der Bundesrepublik Deutschland. München 2018. S. 22–29.
67 Zepter, Maskerade (wie Anm. 61), S. 27; Wolf, Georg Jacob: Münchner Künstlerfeste. Münchner Künstlerchroniken. München 1925. S. 23–25; Niedziella, Petra: Vorwort. In: Schwanthaler, Ludwig

Schwanthaler „zum Teil hallenartig [ausgebaut], versah es mit bunten Glasfenstern, stattete das Innere mit altem Schnitzwerk, Humpen, Waffen, Geräten und ansprechenden Resten der Vorzeit aus; auch ein paar altertümliche Tische und Stühle fehlten nicht."[68] In dieser „Humpenburg" trafen sich die Künstler und Mittelalterliebhaber. Einen Jugendtraum erfüllte sich Schwanthaler schlussendlich mit der Burg Schwaneck, die er zwischen 1842 und 1844 bei Pullach errichten ließ. Obwohl Burg Schwaneck aufgrund von fehlenden finanziellen Mitteln ein „Burgstall" bleiben musste, wurde sie gebührend mit einem ritterlichen Sturm auf die Burg eingeweiht.[69] Auch nach Schwanthalers Tod 1848 sollte Schwaneck Schauplatz feuchtfröhlicher Künstlerfeste in historischer Tracht bleiben.[70] Am 21. Juni 1879 veranstalteten die Schüler der Münchner Kunstakademie hier ein „Waldfest", während dessen sie eine Schlacht der Bauernkriege um das Jahr 1525 nachstellten. Für das Fest, an welchem etwa 400 Darsteller*innen, sowie um die fünf bis sechs Tausend Zuschauer*innen teilnahmen, hatten die Stadt und das Nationalmuseum laut dem Schriftsteller Karl Stieler gar echte historische Kleidung und Rüstungen zur Verfügung gestellt.[71] Stieler hebt hervor, dass nicht nur die Kostüme, sondern auch die Nachstellung der Schlacht selbst sehr echt wirkten:

> Das wilde Handgemenge gehörte zum Prächtigsten, was man sehen konnte, denn da war keine Spur jener Theatergefechte, die oft wider Willen so komisch wirken, sondern eine Lebenswahrheit, eine unbefangene Frische, wie sie vielleicht die höchste Darstellungskunst nicht mit Bewußtsein hätte erreichen können. Man fühlte das Grauen, aber auch die dämonische Lust des Kampfes, und es erscheint in der Tat erstaunlich, daß keine ernste, wirkliche Verwundung erfolgte.[72]

Nach Ende der Schlacht konnte man im „bajuvarischen Wirtshaus" und in Schänken im Wald, die im Stil der Renaissance gehalten waren, Gerichte nach „der alten Tradition" speisen.[73] Zumindest für Stieler scheint die Illusion perfekt

---

Ritter von u. Friedrich Wilhelm Bruckbräu: Burg Schwaneck. Meister Schwanthaler. Zwei Historisch-Romantische Original Novellen. Hrsg. von Petra Niedziella. München 1995. S. 5–14, 8.
68 Wolf, Münchner Künstlerfeste (wie Anm. 67), S. 24.
69 Zepter, Maskerade (wie Anm. 61), S. 27–29; Wolf, Münchner Künstlerfeste (wie Anm. 67), S. 24 f.
70 Die Burg ist heute eine Jugendherberge.
71 Wolf, Münchner Künstlerfeste (wie Anm. 67), S. 172; Stieler, Karl: Aus Fremde und Heimat. Vermischte Aufsätze. Stuttgart 1900. S. 310.
72 Wolf, Münchner Künstlerfeste (wie Anm. 67), S. 176; Stieler, Aus Fremde und Heimat (wie Anm. 71), S. 313.
73 Stieler, Aus Fremde und Heimat (wie Anm. 71), S. 315.

gewesen zu sein: „Niemand gedachte des Jahres, in dem wir leben, – so hatte vergangene Zeit alle Herzen in Bann gethan."[74]

Sehr häufig waren nicht nur historische Ereignisse, sondern auch historische Persönlichkeiten der Fokus der Feste. 1828 fanden in München, Berlin und Nürnberg Feste anlässlich des 300. Todestages von Albrecht Dürer statt.[75] Dürer galt als Inbegriff des deutschen Künstlerfürsten, der die deutsche Kunst auf einen derartigen Grad der Vollendung gebracht habe, dass sie mit der italienischen Kunst vergleichbar geworden sei. Ihm wurden in der Folge immer wieder Künstlerfeste gewidmet. So organisierten Münchner Künstler am 17. Februar 1840 den Maskenzug *Kaiser Maximilian I. und Albrecht Dürer in Nürnberg*, der wegen seines Erfolges am Rosenmontag wiederholt wurde.[76] Überliefert ist der Maskenzug durch eine Gedenkschrift des Kunsthistorikers Rudolf Marggraff sowie einige Illustrationen von Eugen Napoleon Neureuther.[77] Gottfried Keller hat das Fest, obwohl er nicht teilgenommen hat, in seinen Roman *Der grüne Heinrich* einfließen lassen. Inspiration für den Umzug bildete laut Marggraff die Sage, „nach welcher Kaiser Maximilian während seiner Anwesenheit in Nürnberg Albrecht Dürer durch Verleihung eines Wappens auszeichnet, und die genannte Stadt zu Ehren des Kaisers verschiedene Festlichkeiten veranstaltet haben soll".[78] Die Organisatoren hatten die Absicht, mit dem Fest „ein charakteristisches und mannigfaltiges Bild deutschen Lebens aus der ersten Hälfte des sechzehnten Jahrhunderts vorzuführen", eine Zeit, die für Marggraff aufgrund der „[innigen] Beziehung und Wechselwirkung, in welchem das Ritterthum mit dem Bürgerthum, die Wissenschaft mit der Kunst, die Kunst mit dem Gewerbe stand" ein „anziehendes und schönstes Colorit" hatte.[79] Diese Beziehung fand für die Organisatoren im Verhältnis zwischen Kaiser Maximilian I., den Marggraff als künstlerisch begabten und gelehrten Kunstmäzen beschreibt, und Albrecht Dürer, den er als Universalgelehrten darstellt, ihren Höhepunkt. Der Maskenzug selbst bestand aus einem „Aufzug der Bürger" mit den Nürnberger Meistersängern, Vertretern der verschiedenen Zünfte, Albrecht Dürer, seinem Lehrer Michael Wolgemuth und dem Bildhauer Adam Kraft, Stadthonoratioren, einigen venezianischen Malern und

---

74 Stieler, Aus Fremde und Heimat (wie Anm. 71), S. 316.
75 Hartmann, Der historische Festzug (wie Anm. 58), S. 128.
76 Zepter, Maskerade (wie Anm. 61), S. 40–43; Wolf, Münchner Künstlerfeste (wie Anm. 67), S. 48.
77 Marggraff, Rudolf: Kaiser Maximilian I. und Albrecht Dürer in Nürnberg. Ein Gedenkbuch für die Theilnehmer und Freunde des Maskenzugs der Künstler in München am 17. Februar und 2. März 1840. Nürnberg 1840; Zepter, Maskerade (wie Anm. 61), S. 39.
78 Marggraff, Kaiser Maximilian I. (wie Anm. 77), S. 4.
79 Marggraff, Kaiser Maximilian I. (wie Anm. 77), S. 3.

Patriziern sowie einem „Aufzug des Kaisers" mit Landsknechten, Adeligen sowie dem Kaiser mit seiner Entourage.[80] Beiden Zügen folgte eine „Mummerei", in der mythische und märchenhafte Figuren mitliefen. Marggraff erklärt dieses karnevalistische Element in einem historischen Festzug mit der Vorliebe von Kaiser Maximilian I. für Maskenspiele.[81]

Bemerkenswert ist, dass in fast allen Gruppen, selbst in denen der Zünfte, konkrete historische Persönlichkeiten mitschritten, deren Biographie und Bedeutung Marggraff in seinem Gedenkbuch ausführlich erläuterte. Der Bezug auf diese Persönlichkeiten sollte wohl die historische Darstellung authentifizieren. Dasselbe galt für eine möglichst historisch akkurate Gestaltung der Kostüme, wie Marggraff berichtet: „je weiter man in der Ausführung vorwärts schritt, desto strenger wurden auch die Anforderungen hinsichtlich der Schönheit und historischen Wahrheit des Costüms. Jedem Theilnemenden wurde die Wahl des Costüms überlassen, aber von Seiten des Comité's wachte man auf's sorgsamste darüber, daß nichts Theatralisches und Fremdartiges mitunterliefe."[82]

Wie für Künstlerfeste üblich, war zur Gestaltung ein Komitee gegründet und die einzelnen Gruppen unter den Komiteemitgliedern aufgeteilt worden. Zur Beratung war zudem der Historienmaler Philipp von Foltz herangezogen worden.[83] Für die Recherche durchstöberten die Mitglieder, so Marggraff, Bibliotheken, Kupferstichsammlungen und Gemäldegalerien. Vor allem aber dienten Holzschnitte und Kupferstiche, die Dürer selbst angefertigt hatte, als Vorbild.

Einen Umzug wie den 1840 in München organisierten hatte es zur Zeit Dürers freilich nie gegeben. Wohl aber hatte Dürer für Kaiser Maximilian I. einige Holzstiche für einen nie umgesetzten Festzug angefertigt, der jetzt Modell stehen sollte.[84] Zudem weist Marggraff immer wieder darauf hin, dass städtische Umzüge durchaus eine historische Entsprechung gehabt hätten, beispielsweise wenn er Hans Sachs' Beschreibung eines „Gesellenstechens" oder Dürers Beschreibung eines Umzuges in Antwerpen zitiert.[85]

Mit dem Festzug wurde nicht nur eine vergangene Epoche dargestellt, sondern zugleich eine Parallele zwischen dieser Epoche und dem zeitgenössischen München hergestellt. Die Stadt erschien hier als das neue Nürnberg, Ludwig I. als direkter Nachfolger Maximilians I. Während des Festes trat der Darsteller des Maximilian vor Ludwig und antwortete diesem auf die Frage „Wer sind Sie?" mit

---

80 Marggraff, Kaiser Maximilian I. (wie Anm. 77), S. 6–9, 100–103.
81 Marggraff, Kaiser Maximilian I. (wie Anm. 77), S. 145 f.
82 Marggraff, Kaiser Maximilian I. (wie Anm. 77), S. 5.
83 Marggraff, Kaiser Maximilian I. (wie Anm. 77), S. 5.
84 Hartmann, Der historische Festzug (wie Anm. 58), S. 1 f.
85 Marggraff, Kaiser Maximilian I. (wie Anm. 77), S. 23–25, 76 f.

„Euer Majestät getreuester Vetter".[86] Spätestens durch die Publikation von Marggraffs Gedenkbuch mit seinen langen historischen Abhandlungen und Biographien einzelner historischer Persönlichkeiten erlangte der Umzug auch geschichtsdidaktischen Wert.

Mit der Sezession und dem Aufkommen des Jugendstils begann sich die Thematik der Feste sukzessive zu ändern. Nun standen nicht mehr das Mittelalter und die frühe Neuzeit im Zentrum. Dafür wandte man sich wieder der Antike zu. Ein Beispiel hierfür ist das bereits in der Einleitung angesprochene Fest *In Arkadien*.[87] Dieses war eines der ersten großen Künstlerfeste, die in München gefeiert wurden, nachdem 1881 bei einem Fest neun Kunststudenten ums Leben gekommen und drei schwer verletzt worden waren, als ihre „Eskimokostüme" Feuer fingen.[88] *In Arkadien* war nicht nur für Künstler, sondern kostenpflichtig auch für die interessierte Öffentlichkeit zugänglich. Darüber hinaus galt eine Kostümpflicht. Hatte das Publikum dem Kampf beim oben beschriebenen „Waldfest" auf Burg Schwaneck lediglich als Zuschauer*innen beigewohnt, sollte es hier zu Mitdarsteller*innen werden.

Das Festkomitee stellte aus diesem Grund einige Kostüme und Modelle zusammen, die es in einer Ausstellung vor dem Fest allen Interessierten zur Inspiration präsentierte. Dort konnten auch Schmuck, der griechischen Münzen aus dem königlichen Münzkabinett nachempfunden war, sowie Schnittmuster erstanden werden. Dennoch waren die Kostüme nicht immer originalgetreu. So berichtet Pixis von einem griechischen Helm, der mit einem Kehrbesen geschmückt wurde, oder von Maßkrugdeckeln, die als Ohrklappen herhalten mussten.[89] Nichtsdestotrotz versuchte man ein möglichst einheitliches Bild der Antike herzustellen. Dies sorgte bei einigen Teilnehmer*innen für Unbehagen: „Viele meinten, weil sie blond seien, könnten sie das Fest überhaupt nicht mitmachen, wieder andere glaubten, ihre Nase sei nicht griechisch genug."[90] Was nicht passte, wurde mit Kostümen, Perücken und Kopfbedeckungen passend gemacht. Für diejenigen, „die sich nicht zu einem Kostüm aufschwingen, das Fest aber dennoch besuchen wollten", wurde ein „Maskenzeichen" entworfen – ein einheitliches Gewand, welches in unterschiedlichen Farben eingefärbt und verziert wurde. Anders als im Fall der erwähnten Feste Mitte des Jahrhunderts spielten diesmal auch Frauen bei der Vorbereitung eine Rolle. Für sie führte der Anspruch auf Authentizität zudem zu einer nicht-alltäglichen Körpererfahrung:

---

86 Wolf, Münchner Künstlerfeste (wie Anm. 67), S. 46f.
87 Zepter, Maskerade (wie Anm. 61), S. 87–93.
88 Zepter, Maskerade (wie Anm. 61), S. 53–57.
89 Pixis, Wie ein Künstlerfest (wie Anm. 1), S. 280.
90 Pixis, Wie ein Künstlerfest (wie Anm. 1), S. 274.

Sie wurden gebeten, ohne Korsett und Unterröcke zu erscheinen. Zum Erstaunen der Organisator*innen kamen sie diesem Wunsch bereitwillig nach – allein ihre Handschuhe legten sie nur widerwillig ab.[91] Folgt man Pixis' Beschreibung des Festes, so war es für die Teilnehmer*innen durchaus ein multisensorisches, immersives Erlebnis. Dafür sorgten neben den Kostümen eine Kulisse der Akropolis, die, so Pixis, „durchaus nicht wie Coulissen oder Versatzstücke" aussah, sowie „zauberhafte, ganz eigenartige Klänge, die uns in eine andere Welt versetzen".[92] Beleuchtet wurde die ganze Szenerie mit elektrischem Licht, was eine Neuheit darstellte.

Um die Jahrhundertwende verloren historische Feiern ihren Reiz. Zumindest in München traten an ihre Stelle Bauernbälle, die den ländlichen Kirchweihfesten nachempfunden waren und zu denen man in Trachtenkleidung erschien.[93] Auch hier fand in einer gewissen Weise eine Vergangenheitsdarstellung statt. Das Thema der Feste war jedoch nicht länger eine ferne Vergangenheit. Stattdessen wurde nun eine durch Urbanisierung und Industrialisierung bedrohte Tradition im Moment ihres Verschwindens nachgestellt.

Schlussfolgerung

Ich habe in der Einleitung erwähnt, dass das Empfinden darüber, wie authentisch ein Reenactment ist, und die angewandten Authentifizierungsstrategien immer auf einer bestimmten zeitgebundenen Vorstellung der Vergangenheit beruhen, der die Teilnehmer*innen möglichst nahekommen wollen. Dem historischen Reenactment im 21. Jahrhundert dienen meist wissenschaftliche oder populärwissenschaftliche Arbeiten zu Alltagsleben und Militaristik als Grundlage. Bei den hier analysierten Phänomenen lieferten hingegen in erster Linie Kunstwerke die Vorlage. Die Vergangenheit wurde als verlebendigtes Kunstwerk inszeniert. Dies gilt in besonderer Weise für die Attitüden und die lebenden Bilder, die Kunstwerke regelrecht nachstellten. Hier wurde nicht, wie heute üblich, aus den vorhandenen Quellen Wissen über die Vergangenheit generiert, das dann im historischen Reenactment in performative Praktiken übersetzt wurde. Stattdessen wurde die bildliche Quelle selbst reproduziert und verkörpert.

---

91 Pixis, Wie ein Künstlerfest (wie Anm. 1), S. 274; Zepter, Maskerade (wie Anm. 61), S. 90.
92 Pixis, Wie ein Künstlerfest (wie Anm. 1), S. 270, 284.
93 Zepter, Maskerade (wie Anm. 61), S. 95–97; Wolf, Münchner Küstlerfeste (wie Anm. 67), S. 188f.

Über die Jahre wuchs die Bedeutung von Kostümen und Requisiten zur Authentifizierung der Darstellung. Henriette Hendel-Schütz und Emma Hamilton legten hierauf noch relativ wenig Wert. Die Tunika, die sie für ihre Vorstellungen anlegten, war zwar antikisiert, entsprach aber ohnehin der Mode der Zeit – und sicher nicht den griechischen und römischen Vorbildern.[94] Im Grunde war es in den Attitüden aber vor allem der Körper, in dem sich die Vergangenheit im Moment des Stillstands verlebendigte. Für die lebenden Bilder, die historischen Umzüge und die Künstlerfeste wurden hingegen Kostüme, Requisiten und Kulissen essentiell. Sie sollten nicht nur die Darstellung authentifizieren, sondern auch zur Immersion von Darsteller*innen und Zuschauer*innen in der repräsentierten Vergangenheit beitragen. Während Immersion in den Attitüden einen Prozess darstellte, bei dem sich ein inneres Bild performativ in der Geste veräußerlichte, bestand der Anspruch von lebenden Bildern und Künstlerfesten darin, Körper über äußere Elemente wie Kleidung und Requisiten in die darzustellende Zeit eintauchen zu lassen.

Attitüden, lebende Bilder, historische Umzüge und Künstlerfeste sind nur einige Beispiele für eine performative Darstellung der Vergangenheit im 19. Jahrhundert. Auch die ersten Versuche der experimentellen Archäologie gehen auf die Mitte des 19. Jahrhunderts zurück. Ebenso lassen sich die Anfänge der Living History in das 1891 in Stockholm eröffnete Freilichtmuseum Skansen verorten.[95] Gegen Ende des 19. und Anfang des 20. Jahrhunderts wurden vor allem im angelsächsischen Raum sogenannte *pageants* populär, Theaterstücke, in denen die Bewohner*innen einer Stadt oder eines Dorfes die Geschichte des Ortes nachstellten.[96] Attitüden hatten in der Nacktkulturbewegung Anfang des 20. Jahrhunderts ein Revival – nun freilich ohne Tunika und bunte Schals.[97] Alle diese Phänomene waren in ihrer Zeit verhaftet und sind nicht mit dem historischen Reenactment der Gegenwart gleichzusetzen. Sie waren Teil einer Geschichtskultur, die das 19. Jahrhundert prägte und die unter anderem auch historische

---

94 Ittershagen, Lady Hamiltons (wie Anm. 21), S. 48; Langen, Attitüde (wie Anm. 19), S. 219.
95 Die Geschichte von Skansen ist oft behandelt worden. Für eine umfassende deutschsprachige Geschichte siehe Kühn, Thomas: Präsentationstechniken und Ausstellungssprache in Skansen. Zur musealen Kommunikation in den Ausstellungen von Artur Hazelius. Rosengarten-Ehestorf 2009 (Schriften des Freilichtmuseums am Kiekeberg 68).
96 Bartie, Angela; Linda Fleming; Mark Freeman; Alexander Hutton u. Paul Readman (Hrsg): Restaging the Past. Historical Pageants, Culture and Society in Modern Britain. London 2020.
97 Möhring, Maren: Performanz und Mimesis. Die Nachahmung antiker Statuen in der deutschen Nacktkultur, 1890–1930. In: Geschichtswissenschaft und „performative turn". Ritual, Inszenierung und Performance vom Mittelalter bis zur Neuzeit. Hrsg. von Jürgen Martschukat u. Steffen Patzold. Köln 2003 (Norm und Struktur. Studien zum sozialen Wandel in Mittelalter und früher Neuzeit 19). S. 255–285.

Romane, den architektonischen Historismus, die Historienmalerei, Panoramen und Dioramen, Museen, Ausstellungen, einen aufkommenden Histourismus sowie den Einsatz für den Erhalt des (nationalen) Kulturerbes umfasste.[98] Weitere Forschungen sind nötig, um den Umfang und die exakten Umstände solcher frühen Praktiken performativer Geschichtsdarstellung zu analysieren. In jedem Fall zeugen Attitüden, lebende Bilder und Künstlerfeste davon, dass performative Darstellungen der Vergangenheit nicht erst mit den Nachstellungen von Schlachten des amerikanischen Bürgerkrieges in Gettysburg ihren Anfang nahmen.

Quellenverzeichnis

Boehn, Max von: Biedermeier. Deutschland von 1815 bis 1847. Berlin 1911.
Böttiger, Carl August: Pantomimische Vorstellungen der Händel-Schütz in Dresden. In: Morgenblatt für gebildete Stände vom 27. Juni 1814. S. 607.
Goethe, Johann Wolfgang von: Diderots Versuch über die Malerei. Übersetzt und mit Anmerkungen begleitet (1798–1799). 1. Kapitel: Gedanken über die Zeichnung. www.projekt-gutenberg.org/diderot/malerei/chap02.html (6.11.2020).
Goethe, Johann Wolfgang von: Italienische Reise. In: Goethes Meisterwerke. Mit Illustrationen deutscher Künstler. Neunzehnter Band. Berlin 1870. S. 208.
Hirt, Alois: Kunstanzeige. In: Der neue Teutsche Merkur 2 (1794). S. 415–419.
Marggraff, Rudolf: Kaiser Maximilian I. und Albrecht Dürer in Nürnberg. Ein Gedenkbuch für die Theilnehmer und Freunde des Maskenzugs der Künstler in München am 17. Februar und 2. März 1840. Nürnberg 1840.
Peroux, Joseph Nicolaus: Pantomimische Stellungen von Henriette Hendel. Frankfurt am Main 1810.
Pixis, Theodor: Wie ein Künstlerfest gemacht wird. In: Kunst und Handwerk. Zeitschrift für Kunstgewerbe und Kunsthandwerk 47 (1897). S. 269–284.
Rehberg, Friedrich: Attitüden der Lady Hamilton. Nach dem Leben gezeichnet von Friedrich Rehberg, Professor der Königlichen Akademie der Schönen Künste in Berlin. In zwölf Blättern lithographiert von H. Dragendorf und herausgegeben von Auguste Perl. München 1840.
Stieler, Karl: Aus Fremde und Heimat. Vermischte Aufsätze. Stuttgart 1900.
Tischbein, Johann Heinrich Wilhelm: Collection of Engravings from Ancient Vases of Greek Workmanship. Discoverd in Sepulchres in the Kingdom of the Two Sicilies but chiefly in the Neighbourhood of Naples during the Course of the Years MDCCLXXXIX and MDCCLXXXX Now in the Possession of Sir Wm. Hamilton, His Britannic Maiesty's Envoy Extry. and Plenipotentiary at the Court of Naples. Neapel 1791.
Wallner, Edmund: Eintausend Sujets zu lebenden Bildern. Erfurt 1876.

---

98 Melman, Billie: The Culture of History. English Uses of the Past 1800–1953. Oxford 2006.

Werke der schönen Künste. Mimik. In: Allgemeine Literatur Zeitung vom 27. Oktober 1810. S. 457–464.
Werke der schönen Künste. Mimik. In: Allgemeine Literatur Zeitung vom 26. Oktober 1810. S. 449–454.
Wolf, Georg Jacob: Münchner Künstlerfeste. Münchner Künstlerchroniken. München 1925.

Literaturverzeichnis

Agnew, Vanessa, Jonathan Lamb u. Juliane Tomann: Introduction. What is Reenactment Studies? In: The Routledge Handbook of Reenactment Studies. Key Terms in the Field. Hrsg. von Vanessa Agnew, Jonathan Lamb u. Juliane Tomann. London 2020. S. 1–11.
Agnew, Vanessa u. Juliane Tomann: Authenticity. In: The Routledge Handbook of Reenactment Studies. Key Terms in the Field. Hrsg. von Vanessa Agnew, Jonathan Lamb u. Juliane Tomann. London 2020. S. 20–24.
Anderson, Jay: Time Machines. The World of Living History. Nashville 1984.
Baraniecka-Olszewska, Kamila: Pilgrimage. In: The Routledge Handbook of Reenactment Studies. Key Terms in the Field. Hrsg. von Vanessa Agnew, Jonathan Lamb u. Juliane Tomann. London 2020. S. 173–177.
Barck, Joanna: Wie Körper lernten, Bilder zu sein. „Tableaux vivants" und die Idee des „Raum-Bildes" im 19. Jh. In: Das Raumbild. Bilder jenseits ihrer Flächen. Hrsg. von Gundolf Winter, Jens Schröter u. Joanna Barck. München 2009. S. 65–87.
Bartie, Angela; Linda Fleming; Mark Freeman; Alexander Hutton u. Paul Readman (Hrsg): Restaging the Past. Historical Pageants, Culture and Society in Modern Britain. London 2020.
Brandl-Risi, Bettina: BilderSzenen. Tableaux Vivants zwischen bildender Kunst, Theater und Literatur im 19. Jahrhundert. Freiburg im Breisgau 2013 (Rombach-Wissenschaften 15).
Card, Amanda: Body and Embodiment. In: The Routledge Handbook of Reenactment Studies. Key Terms in the Field. Hrsg. von Vanessa Agnew, Jonathan Lamb u. Juliane Tomann. London 2020. S. 30–33.
Fischer-Lichte, Erika: Die Wiederholung als Ereignis. Reenactment als Aneignung von Geschichte. In: Theater als Zeitmaschine. Zur Performativen Praxis des Reenactments. Theater- und kulturwissenschaftliche Perspektiven. Hrsg. von Jens Roselt u. Ulf Otto. Bielefeld 2012 (Theater 45). S. 12–52.
Frey, Manuel: Tugendspiele. Zur Bedeutung der „tableaux vivants" in der bürgerlichen Gesellschaft des 19. Jahrhunderts. In: Historische Anthropologie 6 (1998). S. 401–430.
Gapps, Steven: Practices of Authenticity. In: The Routledge Handbook of Reenactment Studies. Key Terms in the Field. Hrsg. von Vanessa Agnew, Jonathan Lamb u. Juliane Tomann. London 2020. S. 183–186.
Gapps, Steven: Performing the Past. A Cultural History of Historical Reenactments. Sydney 2002.
Hartmann, Wolfgang: Der historische Festzug. Seine Entstehung und Entwicklung im 19. und 20. Jahrhundert. München 1976 (Studien zur Kunst des 19. Jahrhunderts 35).
Hochbruck, Wolfgang: Reenacting Across Six Generations 1863–1963. In: Doing History. Performative Praktiken in der Geschichtskultur. Hrsg. von Sarah Willner, Georg Koch u. Stefanie Samida. Münster 2016 (Edition Historische Kulturwissenschaften 1). S. 97–116.

Hochbruck, Wolfgang: Geschichtstheater. Formen der „Living History". Eine Typologie. Bielefeld 2013 (Historische Lebenswelten in populären Wissenskulturen 10).

Hoff, Dagmar von u. Helga Meise: Tableaux vivants. Die Kunst- und Kultform der Attitüden und lebenden Bilder. In: Weiblichkeit und Tod in der Literatur. Hrsg. von Renate Berger u. Inge Stephan. Köln 1987. S. 69–86.

Ittershagen, Ulrike: Lady Hamiltons Attitüden. Mainz 1999.

Johnson, Katherine: Performance and Performativity. In: The Routledge Handbook of Reenactment Studies. Key Terms in the Field. Hrsg. von Vanessa Agnew, Jonathan Lamb u. Juliane Tomann. London 2020. S. 169–172.

Jooss, Birgit: Lebende Bilder. Körperliche Nachahmung von Kunstwerken in der Goethezeit. Berlin 1999.

Kühn, Thomas: Präsentationstechniken und Ausstellungssprache in Skansen. Zur musealen Kommunikation in den Ausstellungen von Artur Hazelius. Rosengarten-Ehestorf 2009 (Schriften des Freilichtmuseums am Kiekeberg 68).

Lammel, Gisold: Lebende Bilder – Tableaux Vivants im Berlin des 19. Jahrhunderts. In: Studien zur Berliner Kunstgeschichte. Hrsg. von Karl-Heinz Klingenburg. Leipzig 1986. S. 221–243.

Langen, August: Attitüde und Tableau in der Goethezeit. In: Jahrbuch der Deutschen Schillergesellschaft 12 (1968). S. 194–258.

Leyk, Simone: „Kurzum, alles war froh und lustig." Spielformen künstlerischer Vergesellschaftung – Die Feste der deutschen Künstler in Rom zu Beginn des 19. Jahrhunderts. In: Künstlerfeste in Zünften, Akademien, Vereinen und informellen Kreisen. Hrsg. von Andreas Tacke, Birgit Ulrike Münch, Markwart Herzog, Sylvia Heudecker. Petersberg 2019 (Kunsthistorisches Forum Irsee 6). S. 58–71.

Melman, Billie: The Culture of History. English Uses of the Past 1800–1953. Oxford 2006.

Möhring, Maren: Performanz und Mimesis. Die Nachahmung antiker Statuen in der deutschen Nacktkultur, 1890–1930. In: Geschichtswissenschaft und „performative turn". Ritual, Inszenierung und Performanz vom Mittelalter bis zur Neuzeit. Hrsg. von Jürgen Martschukat u. Steffen Patzold. Köln 2003 (Norm und Struktur. Studien zum sozialen Wandel in Mittelalter und früher Neuzeit 19). S. 255–285.

Niedziella, Petra: Vorwort. In: Schwanthaler, Ludwig Ritter von u. Friedrich Wilhelm Bruckbräu: Burg Schwaneck. Meister Schwanthaler. Zwei Historisch-Romantische Original Novellen. Hrsg. von Petra Niedziella. München 1995. S. 5–14.

Palizban, Maryam: Hajj. In: The Routledge Handbook of Reenactment Studies. Key Terms in the Field. Hrsg. von Vanessa Agnew, Jonathan Lamb u. Juliane Tomann. London 2020. S. 97–99.

Peters, Ulrike: Stilgeschichte der Fotografie in Deutschland 1839–1900. Köln 1979.

Reissberger, Mara: Lebende Bilder zu einem historischen Familienfest. Kronprinz Rudolf als Erbe und Ahn. In: Rudolf. Ein Leben im Schatten von Mayerling. Hrsg. von Tino Erben. Wien 1989. S. 129–139.

Saupe, Achim: Historische Authentizität. Individuen und Gesellschaft auf der Suche nach dem Selbst – Ein Forschungsbericht. www.hsozkult.de/literaturereview/id/forschungsberichte-2444 (6.11.2020).

Schneider, Rebecca: Performing Remains. Art and War in Times of Theatrical Reenactment. London 2011.

Sénécheau, Miriam u. Stefanie Samida: Living History als Gegenstand historischen Lernens. Begriffe – Problemfelder – Materialien. Stuttgart 2015 (Geschichte und Public History).
Tacke, Andreas: Das Künsterfest als (Verkaufs-)Bühne des Malerfürsten. Schlaglichter zur Vorgeschichte. In: Malerfürsten. Hrsg. von der Kunst- und Ausstellungshalle der Bundesrepublik Deutschland. München 2018. S. 22–29.
Wagner, Monika: Selbstbegegnungen. Lebende Denkmäler in den Maifeiern der Sozialdemokratie um 1900. In: Mo(nu)mente. Formen und Funktionen ephemerer Denkmäler. Hrsg. von Michael Diers u. Andreas Beyer. Berlin 1993 (Artefact 5). S. 93–112.
Zepter, Michael Cornelius: Maskerade. Künstlerkarneval und Künstlerfeste in der Moderne. Wien 2012.

Sabine Stach
Zeit-Reisen?
Ein Ausblick aus tourismustheoretischer Perspektive

Ein Sprachbild, das im öffentlichen Diskurs nicht wegzudenken ist, wenn es um Reenactments geht, ist das der *Zeitreise*. Wenngleich durchaus Konsens darüber besteht, dass eine physische Bewegung auf dem Zeitstrahl – abgesehen vom theoretischen Gedankenspiel auf Basis der Einstein'schen Relativitätstheorie – bis auf Weiteres nicht möglich ist, findet sich das Versprechen einer Reise durch die Zeit keineswegs nur im Science-Fiction-Genre. Die Vorstellung einer Exkursion in die Vergangenheit stellt auch im öffentlichen Umgang mit Geschichte ein gängiges Motiv dar. Insbesondere ist sie mit Blick auf solche Praktiken anzutreffen, die auf eine körperlich-sinnliche bzw. immersive Aneignung von Geschichte abzielen – im Tourismus, in historischen Themenparks, musealen Living History-Inszenierungen, in Computerspielen oder eben dem historischen Reenactment. Auch im Fachdiskurs ist nicht selten von „Zeitreisen"[1] und den dazugehörigen „Zeitmaschinen"[2] oder „Zeitschleusen"[3] die Rede. Im Anschluss an Wolfgang Hochbruck bezeichnet Ulrike Jureit Reenactments als „simulierte Zeitsprünge".[4]

Die Beobachtung, dass die Vergangenheit gleich einem fernen Land zunehmend zum Sehnsuchtsort werde, brachte David Lowenthal bereits 1985 in seinem zum Klassiker gewordenen Buch *The Past is a Foreign Country*[5] zum Ausdruck. Anders als die Gegenwart sei das Vergangene gerade wegen seiner scheinbaren Stabilität so verlockend: „the securely tangible past is seemingly fixed, indelible, unalterable".[6] Während Lowenthal, ebenso wie viele nach ihm, das Reisen durch die Zeit eher metaphorisch gebrauchte, um nach unterschiedlichen Formen und

---

[1] Petersson, Bodil u. Cornelius Holtorf (Hrsg.): The Archaeology of Time Travel. Experiencing the Past in the 21st Century. Oxford 2017; Gordon, Alan: Time Travel. Tourism and the Rise of Living History Museums in Mid-Twentieth Century Canada. Vancouver 2016.
[2] Anderson, Jay: Time Machines. The World of Living History, Nashville 1984.
[3] Fenske, Michaela: Abenteuer Geschichte. Zeitreisen in der Spätmoderne. Reisefieber Richtung Vergangenheit. In: History Sells! Angewandte Geschichte als Wissenschaft und Markt. Hrsg. von Wolfgang Hardtwig u. Alexander Schug. Stuttgart 2009. S. 79–90, 80.
[4] Hochbruck, Wolfgang: Geschichtstheater. Formen der „Living History". Eine Typologie. Bielefeld 2013 (Historische Lebenswelten in populären Wissenskulturen 10). S. 16; Jureit, Ulrike: Magie des Authentischen. Das Nachleben von Krieg und Gewalt im Reenactment. Göttingen 2020 (Wert der Vergangenheit). S. 194–200; sowie ihr Beitrag in diesem Band.
[5] Lowenthal, David: The Past is a Foreign Country. Cambridge 1985.
[6] Lowenthal, David: The Past is a Foreign Country – Revisited. Cambridge 2015. S. 25. Kapitel 2 ist überschrieben mit „time travelling".

Motivationen der Aneignung von Vergangenheit zu fragen, sind in der Ethnologie und Archäologie Ansätze anzutreffen, die die Zeitreise als analytisches Konzept verstanden wissen wollen. Ihnen zufolge lassen sich damit verschiedene Arten eines erlebnisbetonten, körperlichen Zugangs zur Geschichte beschreiben. „Time travel can be defined as an embodied experience and social practice in the present that brings to life a past or future reality", definiert Cornelius Holtorf in diesem Sinne und attestiert einer solchen Art des Reisens die Möglichkeit „to experience the presence of another time period".[7]

Was bietet die Rede vom „Reisen durch die Zeit" für die Erforschung historischer Reenactments? Kann sie uns mehr zur Verfügung stellen als griffige Titel für Publikationen und Veranstaltungen? Anders als die Zeit, die als eine der grundlegendsten Kategorien der Geschichtswissenschaft jüngst vermehrt Aufmerksamkeit erhalten hat,[8] ist das (touristische) Reisen bislang erstaunlich selten zum Ausgangspunkt theoretischer Reflexionen über die performative Aneignung von Geschichte geworden. Ohne Zweifel ist der Umgang mit vergangener Zeit für den Tourismus von zentraler Bedeutung und Geschichte demnach eine seiner wichtigsten Ressourcen.[9] Besonders breit ist die Forschung zum touristischen Interesse an historischen Orten, die mit Gewalt, Katastrophen und Massensterben verbunden sind. Der Fokus der allermeisten Studien zu einem solchen *dark tourism* liegt auf der Motivation der Reisenden, der Zirkulation von medialen Bildern, der Gestalt der besuchten Orte oder den ethischen wie politischen Problemen ihrer Aneignung im Rahmen einer kommerziellen *heritage industry*.[10] Nur

---

[7] Holtorf, Cornelius: Introduction. In: The Archaeology of Time Travel. Experiencing the Past in the 21st Century. Hrsg. von Bodil Petersson u. Cornelius Holtorf. Oxford 2017. S. 1–22, 1. Holtorf argumentiert dafür, Zeitreisen nicht als etwas fiktiv-imaginäres zu verstehen. Möglich wird dies durch sein Verständnis von postmoderner Realität als prinzipiell virtuell. Gegenwart, Vergangenheit und Zukunft gehören dieser Sicht zufolge keinen unterschiedlichen „Realitäten" an (ebd., S. 9): „According to this view, past and future are not physical realities distinct in time from our own but themes that contribute to shaping specific human experiences and social practices in the present."

[8] Hartog, François: Régimes d'historicité. Présentisme et expériences du temps. Paris 2003 (La librairie du XXIe siècle); Assmann, Aleida: Ist die Zeit aus den Fugen? Aufstieg und Fall des Zeitregimes der Moderne. München 2013; Landwehr, Achim: Die anwesende Abwesenheit der Vergangenheit. Essays zur Geschichtstheorie. Frankfurt am Main 2016; Esposito, Fernando: Zeitenwandel. Transformationen geschichtlicher Zeitlichkeit nach dem Boom. Göttingen 2017 (Nach dem Boom).

[9] Groebner, Valentin: Retroland. Geschichtstourismus und die Sehnsucht nach dem Authentischen. Frankfurt am Main 2018.

[10] Light, Duncan: Progress in Dark Tourism and Thanatourism Research. An Uneasy Relationship with Heritage Tourism. In: Tourism Management 61 (2017). S. 275–301; Samida, Stefanie:

selten steht dabei allerdings die genuin physische Komponente des touristischen Reisens im Fokus.[11] Dabei stellt Reisen, genauso wie die hier beleuchteten Formen des historischen Reenactments, eine zutiefst körperlich-sinnliche Praxis dar. Beide Arten der Freizeitgestaltung zielen auf die Generierung von Differenz zum Alltag. Sie tun dies durch eine physische Bewegung im Raum, durch eine leibliche Interaktion mit anderen Menschen und Objekten, durch die Stimulation von Gefühlen und die Wahrnehmung von Atmosphären. Ort dieser Differenzerfahrung ist – auch bei den oft belächelten „Pauschaltourist*innen" – in erster Linie der eigene Körper.[12]

Ausgehend von diesen Feststellungen wenden sich die folgenden Überlegungen dem Grundwort des Kompositums „Zeitreise" zu und gehen einer möglichen Überlappung zweier Forschungsfelder, der Tourismusforschung und den Reenactment Studies, nach. Während erstere bereits seit den 1970er Jahren etabliert ist, befinden sich letztere erst im Entstehen. Dennoch überschneidet sich ihr Interesse an vielen Punkten: Wie die Einleitung des Bandes deutlich macht, geht es auch beim Reenactment um Fragen der Authentizität, der Simulation, der Medialisierung, des Rituals und des Performativen. Es stellt sich nun die Frage, welche Rolle Theorien aus der Tourismusforschung in der Erforschung des historischen Reenactments bereits spielen und wo sie unser Verständnis der öffentlichen Nachstellung vergangener Ereignisse weiter bereichern können. Es geht dabei um mehr als die Einordnung von Reenactments als touristische Events. Wie ich in diesem Ausblick zeigen möchte, können einerseits jene theoretischen Werkzeuge, die die Tourismusforschung entwickelt hat, um sich Fragen des Performativen und der Authentizität anzunähern, auch in Studien zum Reenactment fruchtbar gemacht werden.[13] Andererseits unterstreicht eine

---

Schlachtfelder als touristische Destinationen. Zum Konzept des Thanatourismus aus kulturwissenschaftlicher Sicht. In: Zeitschrift für Tourismuswissenschaft 10 (2018). S. 267–290.

11 Eine positive Ausnahme stellt dar: Reynolds, Daniel P.: Postcards from Auschwitz. Holocaust tourism and the meaning of remembrance. New York 2018.

12 Karlheinz Wöhler situiert die Suche nach Alltagsferne sogar ausschließlich dort: „Pauschaltouristen fokussieren weder im Raum noch bei den Einheimischen Differenz, sondern in ihren performativen Handlungen empfinden sie eine Differenz zu sich und zu ihrem bisherigen Leben. Die Möglichkeit, anders zu sein, hat also ihren Ort – es ist der Körper/Leib und nicht ein Ort in den Räumen des Tourismus." Wöhler, Karlheinz: Touristsein als temporäres Sein in alltagsabgewandten Räumen. In: Auf den Spuren der Touristen. Perspektiven auf ein bedeutsames Handlungsfeld. Hrsg. von Burkhart Lauterbach. Würzburg 2010 (Kulturtransfer. Alltagskulturelle Beiträge 6). S. 175–198, 192.

13 In diesem Text nehme ich Bezug auf einzelne Fallstudien dieses Bandes. Mein Anliegen ist aber weder eine zusammenfassende Synthese aller Beiträge noch eine Kritik ihrer spezifischen

tourismustheoretische Perspektive das Potenzial jener Ansätze, die historische Reenactments über Fragen des individuellen Erlebens hinaus aus einem performativen Blickwinkel betrachten.[14] Denn neben den Darsteller*innen gehören viele weitere Faktoren zum Phänomen Reenactment, darunter das Publikum, die materielle Umgebung sowie die logistische Infrastruktur.

Destination Reenactment: Die Tourismusindustrie

Als populäre Freizeitbeschäftigung steht Reenactment in einer engen, teils symbiotischen Verbindung mit dem Tourismus. Ein kursorischer Blick in regionale und überregionale Veranstaltungskalender zeigt: Von der Schlachtennachstellung, die zahlreiche internationale Gäste anzieht, bis hin zum mittelalterlichen Schaukampf mit eher regionaler Reichweite sind theatrale Geschichtsinszenierungen Teil des touristischen Wirtschaftssektors. Insbesondere Großevents wie die Nachstellung der Schlachten bei Tannenberg in Polen, des amerikanischen Bürgerkriegs in Gettysburg oder der napoleonischen Kriege ziehen von Jubiläum zu Jubiläum mehr Gäste an und sind damit – zumindest ließ sich das bis zum Ausbruch der globalen Covid-19-Pandemie beobachten – von zunehmender Bedeutung für den Fremdenverkehr. Als wichtige Elemente des Stadt- oder Regionsmarketings wird der Erfolg der einzelnen Events nicht zuletzt daran bemessen, wie sie sich in der Zahl der Tagestourist*innen und Übernachtungsgäste niederschlagen.

Von ökonomischer Relevanz sind dabei nicht nur die Zuschauer*innen, sondern auch die Reenactor*innen selbst, die teils lange Anreisen in Kauf nehmen. Ausmaß und Radius ihrer Reiseaktivität hängt von den individuellen Geld- und Zeitressourcen ebenso ab wie von der Gruppenzugehörigkeit und deren jeweiligen Spezialisierung. Auch die Familienfreundlichkeit eines konkreten Events kann ausschlaggebend für die Reisemotivation sein.[15] Selbst wenn die Reenactor*innen sich im Versuch, eine Zeitreise zu unternehmen, oft bewusst dem Zugriff der Tourismusindustrie entziehen und zusammen mit anderen unter möglichst

---

Zugänge. Vielmehr soll eine bislang in der deutschen Forschung wenig prominente Perspektive skizziert werden.

14 Samida, Stefanie: Per Pedes in die Germania magna oder Zurück in die Vergangenheit? Kulturwissenschaftliche Annäherung an eine performative Praktik. In: Doing History. Performative Praktiken in der Geschichtskultur. Hrsg. von Sarah Willner, Georg Koch u. Stefanie Samida. Münster 2016 (Edition Historische Kulturwissenschaften 1). S. 45–62.
15 Zur Bedeutung dieses Aspekts beim *Revolutionary War*-Reenactment in den USA siehe den Beitrag von Juliane Tomann in diesem Band.

historisch korrekten Bedingungen biwakieren, ist ihr Tun doch unvermeidlich in touristische Infrastrukturen eingebettet. In einigen Fällen sind die Veranstaltungen auch explizit mit der örtlichen Tourismusindustrie verquickt. So ist der Verband *Jahrfeier Völkerschlacht b. Leipzig 1813 e. V.*, der die jährlichen Leipziger Gefechtsdarstellungen veranstaltet, zugleich Mitglied im *Tourismusverein Leipziger Neuseenland e. V.*[16] Große Schlachtennachstellungen umfassen also bei Weitem nicht nur die Kampfinszenierung selbst, sondern ebenso die komplexen Logistiken, in die sie eingebettet sind.[17]

Für Fragen des Reenactments sind darüber hinaus Living History-Angebote und touristische Führungen von Interesse, die dezidiert theatrale Elemente einbinden. Letztere sind nicht nur in Kostümführungen zu finden, bei denen Stadtführer*innen in „historischem Gewand" auftreten.[18] Vielmehr sind punktuelle Nachstellungen von typischen Praktiken, die Integration kleiner Schauspielszenen oder das Rezitieren berühmter literarischer Werke in vielen Führungen anzutreffen. Schauspielerische Elemente sollen die verbalen Ausführungen der Guides bereichern und das Gehörte emotional nachvollziehbar machen. In besonderer Weise lassen sich solche Reenactments in thematischen Führungen – auf den Spuren historischer Persönlichkeiten oder literarischer Werke – nachvollziehen.[19] Doch auch jenseits der Nachstellung literarischer Szenen oder der Rezitation künstlerischer Werke an originalen Schauplätzen gehört die Animation physisch-haptischer Aneignungen des Raumes zum Grundrepertoire von Guides.[20] „Evocation" (Wachrufen, Heraufbeschwören) nennt Jonathan Wynn dieses

---

[16] Verband Jahrfeier Völkerschlacht b. Leipzig 1813 e.V.: Impressum. www.leipzig1813.com/verband/impressum (6.11.2020).

[17] In diesem Sinne beschreibt auch Ulrike Jureit in ihrem Beitrag in diesem Band das Reenactment in Großgörschen als „logistische Herausforderung".

[18] Treffpunkt Leipzig: Rundgang mit Nachtwächter Bremme. www.treffpunktleipzig.de/nachtwaechter/rundgang-mit-nachtwaechter-bremme-oeffentlich/details.html (6.11.2020). Zu historischen Stadtführungen, darunter Kostümführungen, vgl. Hochbruck, Geschichtstheater (wie Anm. 4), S. 78–81; Hanke, Barbara u. Nicola Aly: Stadtführungen in historischer Gewandung. In: Geschichtskultur – Public History – Angewandte Geschichte. Hrsg. von Felix Hinz u. Andreas Körber. Göttingen 2020, S. 184–196.

[19] Raphaela Knipp hat in diesem Sinne Literaturtourismus als eine „Form der Vergegenwärtigung des Gelesenen am ‚authentischen' Schauplatz und damit eine Art ‚wiederholte Lektüre'" beschrieben. Knipp, Raphaela: Nacherlebte Fiktion. Literarische Ortsbegehungen als Reenactments textueller Verfahren. In: Reenactments. Medienpraktiken zwischen Wiederholung und kreativer Aneignung. Hrsg. von Anja Dreschke, Ilham Huynh, Raphaela Knipp u. David Sittler. Bielefeld 2016 (Locating media 8). S. 213–236, 219.

[20] Zur performativen Authentisierung von Geschichte in „Communism Tours" vgl. Stach, Sabine: Tracing the Communist Past. Towards a Performative Approach to Memory in Tourism. In: History and Memory 33 (2021). S. 73–101.

Verfahren in seiner soziologischen Studie über die New Yorker Tour Guide-Szene.[21] Für ihn können Reenactments demnach strategisch zum Teil des *story telling* gemacht werden, „to physically involve [...] people" and „to bring added sensation."[22]

Tourismus und Vergangenheit

Die Idee, sich mittels räumlichen Reisens zugleich durch die Zeit zu bewegen, ist so alt wie der moderne Tourismus selbst. Mehr noch: Die Suche nach der Vormoderne kann sogar als *die* entscheidende Antriebskraft des Tourismus verstanden werden. Dies jedenfalls legt die umfangreiche Kritik nahe, die den Tourismus seit seiner Entfaltung als Massenphänomen im 19. Jahrhundert begleitet hat, und auf der Annahme einer prinzipiell eskapistischen Motivation jeden touristischen Reisens beruht. Pointiert wie kein anderer hat Hans Magnus Enzensberger diese Position in seinen berühmten Überlegungen zur Dialektik des Tourismus vertreten.[23] Ihm zufolge ist der Tourismus, entstanden als Reaktion auf die industrielle Revolution, ein generell zum Scheitern verurteilter Fluchtversuch. Den Traumbildern der Werbung folgend streben die Tourist*innen nach unberührten, zivilisationsfernen Destinationen. Die Tragik besteht für Enzensberger in der prinzipiellen Vergeblichkeit dieses Strebens, denn der Tourismus – genauer: die Tourismusindustrie – beruhe genau auf jenen Errungenschaften der Moderne, denen die Reisenden entfliehen wollen.[24]

Ein solches Fluchtmotiv bestimmt die theoretische Auseinandersetzung mit dem Tourismus bis heute und hat zahlreiche Studien inspiriert, die zeigen, wie die Suche nach vormoderner Rückständigkeit in den Raum projiziert und mit Praktiken der Exotisierung und Orientalisierung vermengt wurde (und wird).[25]

---

21 Wynn, Jonathan R.: The Tour Guide. Walking and Talking New York, Chicago 2011 (Fieldwork encounters and discoveries). S. 95 f.
22 Wynn, Tour Guide (wie Anm. 21), S. 96 f.
23 Enzensberger, Hans Magnus: Vergebliche Brandung der Ferne. Eine Theorie des Tourismus. In: Merkur 12 (1958). S. 701–720.
24 Enzensberger, Vergebliche Brandung (wie Anm. 23).
25 Dies wurde etwa mit Blick auf Ostmitteleuropa untersucht. Vgl. exemplarisch Mick, Christoph: Reisen nach „Halb-Asien". Galizien als binnenexotisches Reiseziel. In: Zwischen Exotik und Vertrautem. Zum Tourismus in der Habsburgermonarchie und ihren Nachfolgestaaten. Hrsg. von Peter Stachel u. Martina Thomsen. Bielefeld 2014 (Histoire 35). S. 95–112. Zum Zusammenhang zwischen Sehnsucht, Nostalgie und Tourismus siehe Hoenig, Bianca u. Hannah Wadle: Einleitung. Touristische Sehnsuchtsorte in Mittel- und Osteuropa. In: Eden für jeden? Touristische

Eskapismus stellt auch in der Forschung zum historischen Reenactment ein starkes Motiv dar. Diesen Befunden zufolge lockt das gemeinschaftliche Wiederaufführen vergangener Ereignisse oder Praktiken mit einer temporären Auszeit vom beschleunigten, komplexen Leben in der Spätmoderne. Das vermeintlich einfache, naturnahe Dasein wird dabei weniger – wie im globalen Tourismus – in fremden Kulturen bzw. peripheren Regionen als in fremden Zeiten gesucht. Dass diese nicht unbedingt weit zurückliegen müssen und selbst touristische Freizeitpraktiken betreffen können, lässt sich am Auensee bei Leipzig beobachten, wo jährlich hunderte Liebhaber*innen des DDR-Campings mit ihren originalen Wohnwagen, Autos und Zelten zum nostalgischen „DDR-Kult-Treffen" zusammenkommen.[26] Vermeintlich klarere Hierarchien, simplere Technik und eindeutige Zusammenhänge lassen die Welt der eigenen Jugend oder der Vorfahr*innen als Gegenteil der aktuellen Wirklichkeit erscheinen.[27] Wie sehr die Flucht an solche Sehnsuchtsorte simplifizierter Sozialbeziehungen und klarer Machtstrukturen auch zur Reproduktion überkommener Geschlechterrollen beiträgt, ist ein Problem, dem erst jüngst zunehmende Aufmerksamkeit zuteil wird.[28]

Historisches Reenactment allein mit Blick auf individuelle Selbsterfahrung zu erörtern, wäre aber zu kurz gegriffen. Den Organisator*innen und Darsteller*innen geht es in der Regel auch darum, sich selbst und andere zu bilden und auf diese Weise an der Vermittlung bestimmter Vergangenheitsbilder mitzuwirken. Auch hier liegen Reenactment und Tourismus nicht so weit voneinander entfernt, wie man zunächst meinen könnte. Zumindest dann nicht, wenn man sich den beiden hier relevanten Arten zuwendet: *historisches* Reenactment und *Geschichts*tourismus.[29] Denn beide Formen der Vergangenheitsaneignung – mit Thorsten Logge und Andreas Körber ließe sich von zwei unterschiedlichen „Geschichtssorten"[30] sprechen – beruhen auf der Vorstellung, der Vergangenheit in

---

Sehnsuchtsorte in Mittel- und Osteuropa von 1945 bis zur Gegenwart. Hrsg. von Bianca Hoenig u. Hannah Wadle. Göttingen 2018 (Kultur- und Sozialgeschichte Osteuropas 12). S. 11–14.
26 DDR-Kult-Treffen in Leipzig am Auensee. www.ddr-kult-treffen.de/ (10.12.2020).
27 Fenske, Abenteuer Geschichte (wie Anm. 3). S. 81f.; Samida, Stefanie: Reenactors in archäologischen Freilichtmuseen. Motive und didaktische Konzepte. In: Archäologische Informationen 35 (2012). S. 209–218; Hunt, Stephen J.: Acting the part. „Living History" as a serious leisure pursuit. In: Leisure Studies 23 (2004). S. 387–403.
28 Siehe dazu den Beitrag von Juliane Tomann in diesem Band.
29 Siehe dazu Stach, Sabine: Geschichtstourismus. Version: 1.0. docupedia.de/zg/Stach_geschichtstourismus_v1_de_2020 (6.11.2020).
30 Logge, Thorsten: Geschichtssorten als Gegenstand einer forschungsorientierten Public History. In: Public History Weekly 6 (2018) 24. dx.doi.org/10.1515/phw-2018–12328 (27.2.2021). Als eine solche spezifische Geschichtssorte definieren Andreas Körber u. a. in ihrem Beitrag in diesem Band das historische Reenactment.

besonderer Weise nahekommen zu können. Der Erkenntnisprozess wird anders als im Schulunterricht oder in der Lektüre von Fachliteratur nicht zuerst in kognitiven Prozessen verortet, sondern im sinnlichen und emotionalen Erleben an einem bestimmten Ort. Diese korporale Aneignung ist in beiden Fällen durch eine besondere, doppelte Medialität gekennzeichnet: Einerseits beruht das Erleben auf medialen Vorbildern, andererseits zielt es auf die Erzeugung neuer Bilder.[31]

Die Analogie zwischen Tourismus und Reenactments scheint auch ein Blick auf ihre jeweiligen Vorläufer bzw. Frühformen zu bestätigen. Betrachtet man beide Phänomene nicht nur als Ausdruck eines spätmodernen Geschichtsbooms, sondern als historisch gewachsene Formen der Geschichtspopularisierung, lässt sich auch hier eine parallele, teils gar verwobene Entwicklung erkennen.[32] So waren die in diesem Band von Steffi de Jong als Reenactments betrachteten pantomimischen Nachstellungen berühmter Kunstwerke, die sogenannten Attitüden, nicht nur Bestandteil der adligen Unterhaltungskultur am Ende des 18. Jahrhunderts. Vielmehr dienten die Darstellungen „lebendiger Kunstgeschichte" teils auch als zusammenfassende Re-Inszenierung der wichtigsten Kunstwerke, die junge Adlige auf ihrer *Grand Tour,* einer Vorform des späteren Geschichtstourismus, gesehen hatten.[33] Was hier noch im privaten Raum und für ein erlesenes Publikum stattfand, erfuhr – genau wie der Tourismus – im 19. und 20. Jahrhundert eine schrittweise soziale Öffnung. Aus der bürgerlichen Festkultur entwickelte sich das öffentliche politische Fest, historische Festspiele richteten sich zunehmend an ein Massenpublikum. Mit den *Pageants*, also historischen Festumzügen, die Ende des 19. Jahrhunderts in Großbritannien populär wurden, scheint darüber hinaus ein wichtiger Schritt in der Geschichte des Reenactments gerade dort zu verorten, wo auch der moderne Massentourismus seinen Ausgang

---

31 Otto, Ulf: Re: Enactment. Geschichtstheater in Zeiten der Geschichtslosigkeit. In: Theater als Zeitmaschine. Zur performativen Praxis des Reenactments. Theater- und kulturwissenschaftliche Perspektiven. Hrsg. von Jens Roselt u. Ulf Otto. Bielefeld 2012 (Theater 45). S. 229–254, S. 236; Groebner, Retroland (wie Anm. 9), S. 30; Groebner, Valentin: Endlich einmal alles richtig. Was macht der Tourismus mit der Vergangenheit? In: Die Zukunft des Reisens. Hrsg. von Thomas Steinfeld. Frankfurt am Main 2012. S. 125–143, 138.
32 Groebner, Retroland (wie Anm. 9), S. 38–47, 178–183.
33 Siehe den Beitrag von Steffi de Jong in diesem Band sowie Schwarz, Angela u. Daniela Mysliwietz-Fleiß: Von der Reise zur touristischen Praxis. Geschichte als touristisches Reiseziel im 19. und 20. Jahrhundert – eine Einführung. In: Reisen in die Vergangenheit. Geschichtstourismus im 19. und 20. Jahrhundert. Hrsg. von Angela Schwarz u. Daniela Mysliwietz-Fleiß. Wien 2019 (TransKult. Studien zur transnationalen Kulturgeschichte 1). S. 15–24, 18.

nahm.³⁴ In welcher Beziehung die Entwicklung des Tourismus und des historischen Reenactment im Einzelnen stehen, ist eine bislang noch offene Frage.

In jedem Fall sind die Orte des angestrebten Geschichtserlebens damals wie heute alltagsferne Räume, die in der Freizeit und nur für eine begrenzte Zeit aufgesucht werden. Anders als im Reenactment handelt es sich im Tourismus dabei mehrheitlich um unbekanntes Terrain, dessen Besuch eine physische Ortsveränderung voraussetzt.³⁵ Ein weiterer Unterschied ist auf thematischer Ebene zu suchen: Während im historischen Reenactment konkrete vergangene Ereignisse oder wenigstens Zeiten in Szene gesetzt werden, sind Geschichtstourist*innen meist nicht an einer einzigen Begebenheit oder Epoche interessiert, sondern an den verschiedenen Vergangenheitsschichten am Zielort.³⁶ Ihr emotionales Eintauchen in historische Welten ist daher zufälliger, der Grad der Immersion ein anderer.

Und dennoch ähneln Geschichtstourist*innen Reenactor*innen in ihrem Wunsch nach einer „unmittelbaren", körperbasierten Wahrnehmung geschichtsträchtiger Orte. Fragen des *embodiment* sind in den Forschungen zum Nexus zwischen Vergangenheit und Tourismus bislang allerdings kaum beleuchtet worden.³⁷ Der Grund hierfür liegt wohl nicht zuletzt in der unterschiedlichen Teilhabe am schöpferischen Prozess der Geschichtsinszenierung: Während Reenactor*innen die Auseinandersetzung mit Geschichte bewusst zu ihrem Hobby gemacht haben und in der Nachstellung aktiver Teil einer auf ihre Wirkung bedachten Inszenierung sind, werden Tourist*innen nur selten selbst als Darsteller*innen einbezogen. Auch wird ihr Geschichtserlebnis wohl nur in Ausnahmefällen auf einer ähnlich akribischen Wissensaneignung basieren, wie sie Reenactor*innen in Vorbereitung auf ein nachgestelltes Ereignis betreiben. Dennoch sollten – und dafür sensibilisiert das Nachdenken über die Schnittstellen

---

34 Hier erfand Thomas Cook 1869 die Pauschalreise. Siehe auch Berghoff, Hartmut: „All for your delight". Die Entstehung des modernen Tourismus und der Aufstieg der Konsumgesellschaft in Großbritannien. In: Geschichte des Konsums. Hrsg. von Rolf Walter. Wiesbaden 2004 (Vierteljahrschrift für Sozial- und Wirtschaftsgeschichte 175). S. 199–216; Hachtmann, Rüdiger: Tourismus-Geschichte. Göttingen 2007 (UTB). S. 66–73.
35 Dies kann bei der Teilnahme an einem Reenactment zutreffen, muss aber nicht. Auf die Reiseaktivitäten der Reenactor*innen wurden oben hingewiesen.
36 Groebner, Retroland (wie Anm. 9), S. 27–30.
37 Zum Konzept der Verkörperung vgl. Fischer-Lichte, Erika: Theatralität als kulturelles Modell. In: Theatralität als Modell in den Kulturwissenschaften. Hrsg. von Erika Fischer-Lichte, Christian Horn, Sandra Umathum u. Matthias Warstat. Tübingen 2004 (Theatralität 6). S. 7–26. Vanessa Agnew wirbt mit Blick auf den *dark tourism* für eine körperbezogene Perspektive. Agnew, Vanessa: Dark Tourism. In: The Routledge Handbook of Reenactment Studies. Key Terms in the Field. Hrsg. von Vanessa Agnew, Jonathan Lamb u. Juliane Tomann. London 2020. S. 44–48.

von Reenactment und Tourismus – weder Geschichtstourist*innen noch die Gäste einer Schlachtennachstellung als eine passive Masse missverstanden werden, die im Gegensatz zu den „aktiven" Reenactor*innen lediglich Sightseeing betreibe. Als Publikum sind Tourist*innen zwar nicht unbedingt Teil der Inszenierung, wohl aber Teil einer gemeinsamen Aufführung.[38] Der „experience of reenacting" stellt die Performance-Theoretikerin Rebecca Schneider folgerichtig die „experience of participating in reenactment" an die Seite, die auch die Zuschauer*innen einschließt.[39]

Tourismus und Performanz

Lange galt der Tourismus als Phänomen, das vor allem über das Visuelle zu definieren ist. Der Begriff des Sightseeing ebenso wie John Urrys stark rezipierte Theorie des *tourist gaze*, also des touristischen *Blicks*, verweisen auf die hohe Bedeutung, die der Zirkulation von Bildern im Tourismus zukommt.[40] Dennoch zeigt bereits die frühe Tourismustheorie, wie wichtig theatrale Motive und performative Elemente auch für die Konzeptionalisierung touristischen Reisens waren. Dean MacCannells vielzitierter Aufsatz *Staged Authenticity* von 1973 trägt die Bühnenmetapher bereits im Titel.[41] Darin beruft er sich auf Kernthesen zur sozialen Interaktion, die der amerikanische Soziologe Erving Goffmann Ende der 1950er Jahre in seiner Studie *The presentation of self in everyday life* – die deutsche Übersetzung trägt den Titel *Wir alle spielen Theater*[42] – entwickelt hatte. Wie Goffmann unterscheidet MacCannell zwischen „Vorderbühnen", auf denen Menschen bestimmte soziale Rollen ausführen, und „Hinterbühnen", auf denen diese abgelegt, aber auch einstudiert werden können. Übertragen auf den Tourismus differenziert MacCannell zwischen einer ganzen Abfolge solcher Bühnen, wobei Tourist*innen grundsätzlich danach strebten, Blicke hinter die Kulissen zu

---

38 Samida, Per Pedes (wie Anm. 14).
39 Schneider, Rebecca: Performing Remains. Art and War in Times of Theatrical Reenactment. New York 2011, S. 9.
40 Urry, John: The Tourist Gaze. Leisure and Travel in Contemporary Society. London 1994; Pagenstecher, Cord: Der bundesdeutsche Tourismus. Ansätze zu einer Visual History: Urlaubsprospekte, Reiseführer, Fotoalben 1950–1990. Hamburg 2003 (Studien zur Zeitgeschichte 34). S. 25–29; Groebner, Retroland (wie Anm. 9), S. 11.
41 MacCannell, Dean: Staged Authenticity. Arrangements of Social Space in Tourist Settings. In: American Journal of Sociology 19 (1973). S. 589–603.
42 Goffmann, Erving: The presentation of self in everyday life. New York 1959; dt. Ausgabe: Wir alle spielen Theater. Die Selbstdarstellung im Alltag. München 1969.

erhaschen, um einen ungefilterten, authentischen Eindruck vom Leben der Einheimischen zu erhalten.

Während hier noch Inszenierungen *für* Tourist*innen im Fokus stehen, sind in der Folge zunehmend die Performances der Reisenden selbst zum Gegenstand der Betrachtung geworden. Maßgeblichen Anteil daran hat die Ethnologie, die sich weniger für die Motivationen der Tourist*innen als für deren Praktiken vor Ort sowie ihre Interaktion mit der lokalen Kultur interessiert. Tourismus wird in dieser Perspektive als prinzipiell inszeniert verstanden, als Bühne, auf der sowohl Einheimische als auch Tourist*innen bestimmte Rollen spielen.[43] Darüber hinaus wird er basierend auf den Ansätzen von Victor Turner und Arnold von Gennep als Ritual untersucht, das wie das Pilgern auf einen temporären Übergang in eine außeralltägliche Welt ziele. Touristische Praktiken eröffnen dieser Sicht zufolge – und genau, wie es auch mit Blick auf Reenactments beschrieben worden ist – spezifische „liminale" Räume, in denen neue Formen der Vergemeinschaftung und mit ihnen eine zeitweise Überwindung moderner Rollenfragmentierung möglich sei.[44]

Mit der Beschreibung touristischen Erlebens und Verhaltens hat sich das Augenmerk von der Klassifikation unterschiedlicher Typen von Tourist*innen hin zu konkreten Praktiken verschoben. Diese sind, so hat etwa Tim Edensor betont, ebenso abhängig von der Materialität und der symbolischen Bedeutung eines bereisten Raumes wie vom disziplinierenden Blick verschiedener Akteur*innen untereinander.[45] Umgekehrt – und hier entfaltet der performative Ansatz erst seine volle Erklärungskraft – entstehen touristische Räume einer solchen Lesart zufolge erst in der touristischen Performance selbst. Weder der in Reiseführern schriftlich fixierte Kanon noch die Einrichtung eines Museums generieren demnach eine Sehenswürdigkeit, sondern erst der Akt des Besuchs, in dem sich die Gäste materielle Objekte oder immaterielle Praktiken deutend aneignen.[46] David Overend stellt diesen Zusammenhang mit Blick auf die Bedeutung von Guided Tours wie folgt heraus: „The very act of passing through, of touring, is part of the

---

[43] Adler, Judith: Travel as Performed Art. In: American Journal of Sociology 94 (1989). S. 1366–1391; Edensor, Tim: Staging Tourism. Tourists as Performers. In: Annals of Tourism Research 27 (2000). S 322–344.
[44] Graburn, Nelson H. H.: The anthropology of tourism. In: Annals of Tourism Research 10 (1983). S. 9–33; Edensor, Staging Tourism (wie Anm. 43), S. 325.
[45] Edensor, Staging Tourism (wie Anm. 43), S. 327. Zu sozialen Aspekten des „gazing" vgl. Urry, John u. Jonas Larsen: The tourist gaze 3.0. Los Angeles 2011 (Theory, culture & society).
[46] Bruner, Edward M.: Culture on tour. Ethnographies of Travel. Chicago 2004. S. 12–18.

relational processes which continually construct the site."⁴⁷ Zugleich weist er auf die durchaus komplexen Machtstrukturen zwischen Einheimischen, Vermittler*innen und Tourist*innen hin, innerhalb derer sich die Entstehung von „sites" abspiele.⁴⁸ Eine herausgehobene Rolle komme demnach den lokalen Tour Guides als „Regisseur*innen" zu, die die Bewegung der Tourist*innen choreographieren.⁴⁹

Fragen der Performanz sind in der Tourismusforschung also nicht weniger relevant als in der Betrachtung von Reenactments. Bedeutung entsteht, hier wie dort, in Körperpraktiken und zwischen den Beteiligten.⁵⁰ Wenn nun aber das touristische „Tun" entscheidend für die Erschaffung eines touristischen Raumes ist, sind auch die touristischen Besucher*innen von Reenactmentveranstaltungen – genauso wie die Darsteller*innen – mehr als bloße Staffage. Sie können vielmehr als Ko-Produzent*innen von Wissen betrachtet werden, die ebenfalls Rollen spielen. Diese Rollen sind zweifellos sehr unterschiedlich: Während Reenactor*innen sich als Darsteller*innen exponieren, bleibt der Platz der Zuschauer*innen auf der anderen Seite – im Publikum. Dass beide Seiten dennoch nicht ohne die jeweils andere gedacht werden können, wenn es um die performative Hervorbringung von Wissen in dieser populärkulturellen Praxis geht, hat Stefanie Samida betont. In ihren Überlegungen zur Living History, die sie entlang eines 2013 nachgestellten Germanienfeldzugs eines römischen Kaisers entwickelt, interpretiert sie eine Opferzeremonie zum Auftakt der Nachstellung, an der die „Römer" zusammen mit den zivilen Begleitpersonen des Reenactments teilgenommen hatten:

> Die Bedeutung des Geschehens [...] entsteht erst im Zuge der Aufführung, verstanden als ‚leibliche Ko-Präsenz' von Darstellern und Zuschauern. Das, was die Akteure machen und wie sie es tun, hat Auswirkungen auf das Publikum und umgekehrt; ohne das wechselseitige Reagieren aller an der Aufführung beteiligten Akteure hätte sich dieses Erlebnis nicht ereignet und wäre die Bedeutung des Geschehens, hier einen entscheidenden Moment vor einem Kriegszug miterleben zu dürfen, wohl nicht entstanden.⁵¹

Von grundlegender Bedeutung ist hier die Unterscheidung von „Inszenierung" und „Aufführung", die Samida im Rückgriff auf Erika Fischer-Lichtes Konzeption

---

47 Overend, David: Performing Sites. Illusion and Authenticity in the Spatial Stories of the Guided Tour. In: Scandinavian Journal of Hospitality and Tourism 12 (2012). S. 44–54, 51.
48 Overend, Performing Sites (wie Anm. 47), S. 45; Bruner, Culture on tour (wie Anm. 46), S. 164.
49 Overend, Performing Sites (wie Anm. 47); Edensor, Staging Tourism (wie Anm. 43), S. 326. Vgl. auch Stach, Tracing the Communist Past (wie Anm. 20).
50 Siehe dazu u. a. Fischer-Lichte, Theatralität (wie Anm. 37).
51 Samida, Per Pedes (wie Anm. 14), S. 52.

von Theatralität vornimmt. „Inszenierung" beschreibt demnach einen absichtsvollen, schöpferischen Prozess, der im Hinblick auf die Wahrnehmung des Publikums stattfindet.[52] „Aufführung" geht über die kreative Hervorbringung hinaus und umfasst den Vorgang der Darstellung im Ganzen, für die sich Darsteller*innen und Zuschauer*innen zu einer bestimmten Zeit und an einem bestimmten Ort treffen.[53] Betrachtet man historisches Reenactment also im Sinne einer Aufführung ist die Präsenz von Publikum keine Randnotiz, sondern konstituierendes Merkmal der geschichtskulturellen Praxis als solcher.[54] Die Anwesenheit von (nicht-kostümierten) Zuschauer*innen fungiert zum einen als ständige Erinnerung an das „Jetzt", zum anderen ist sie integraler Bestandteil einer gemeinsamen Zeiterfahrung, wie auch Rebecca Schneiders Verständnis von Reenactment als „an activity that nets us all (reenacted, reenactor, original, copy, event, re-event, bypassed, and passer-by) in a knotty and porous relationship to time"[55] nahelegt.

Besonders bedeutsam erscheint die Ko-Präsenz unterschiedlicher Beteiligter in jenen Teilen historischer Reenactments, die dem inszenierten (Kriegs-)Spiel jeweils vor- und nachgeschaltet sind. Bei der feierlichen Eröffnung von Großevents und anderen darin eingebundenen Gedenkakten stehen Reenactor*innen und Besucher*innen Seite an Seite. Doch auch während und am Rande des Kampfgeschehens findet Interaktion statt, wie ein Fragment aus Juliane Tomanns Beitrag in diesem Band zeigt. Zu Wort kommt darin eine Reenactorin, die einen für sie außerordentlich wichtigen Moment schildert: „When we come off the field and all of a sudden you see a woman's eyes get wide and she'll realize some of these are women"[56]. Die hier angedeutete Sinngebung des eigenen Tuns verweist deutlich über den Bühnenrand hinaus: Erst das gegenseitige Erkennen, der Augenblick, in dem die Spielende *sieht*, dass sie *gesehen worden* ist, führt zur Vollendung der Performance. Die Beziehung zum Publikum geht hier offensichtlich über eine simple Distribution von Geschichtswissen hinaus. Die punktuelle Verbundenheit zwischen beiden Frauen – die eine auf dem „Schlachtfeld",

---

52 Samida, Per Pedes (wie Anm. 14), S. 52. Samida verweist u.a. auf Fischer-Lichte, Erika: Performativität. Eine Einführung. Bielefeld 2012 (Edition Kulturwissenschaft). S. 56.
53 Fischer-Lichte, Theatralität (wie Anm. 37), S. 11; sowie Fischer-Lichte, Erika: Theatralität und Inszenierung. In: Inszenierung von Authentizität. Hrsg. von Erika Fischer-Lichte. Tübingen 2007 (Theatralität 1). S. 9–28, 18.
54 Berit Pleitner unterscheidet Living History und Reenactment danach, ob Publikum involviert ist oder nicht. Diese Unterscheidung wird hier nicht übernommen. Pleitner, Berit: Erlebnis- und erfahrungsorientierte Zugänge zur Geschichte. Living History und Reenactment. In: Geschichte und Öffentlichkeit. Orte – Medien – Institutionen. Hrsg. von Sabine Horn u. Michael Sauer. Göttingen 2009 (UTB). S. 40–51.
55 Schneider, Performing Remains (wie Anm. 39), S. 9f.
56 Siehe den Beitrag von Juliane Tomann in diesem Band.

die andere im Publikum – gehört vielmehr zu einem Gesamtsetting, das auch jenseits der auf einem Skript basierenden Gefechtssimulation in performativer Hinsicht betrachtet werden kann.

Dass die Beziehung zwischen Reenactor*innen und Publikum keineswegs irrelevant ist, lässt sich darüber hinaus anhand der zahlreichen Abgrenzungen zwischen beiden Gruppen nachvollziehen, die räumlich und zeitlich in die meisten Veranstaltungen eingelassen sind. Wie unterscheiden sich publikumsoffene Teile der Veranstaltungen von jenen, die den Reenactor*innen vorbehalten sind? Wie verändert der Ausschluss von externem Publikum den Charakter einer Aufführung? Neben den Orten der Gefechtsinszenierung gibt es in der Regel abgeschlossene Bereiche, in denen die Darsteller*innen aus nah und fern untergebracht sind, in denen sie gemeinsam essen, sich ankleiden, ihre Erfahrungen und Strategien austauschen. Zu diesen Hinterbühnen im Sinne MacCannells haben Tagesbesucher*innen keinen Zutritt ebenso wie bestimmte Programmpunkte nur Insidern vorbehalten sind. Kamila Baraniecka-Olszewska schildert ein solches Exklusiv-Format in ihrem Beitrag: In einem inoffiziellen, nächtlichen Teil der *Łabiszyner Begegnungen mit der Geschichte* erhielten die Teilnehmer*innen die Möglichkeit, sich in einem „echten" Wettbewerb mit anderen Reenactor*innen zu messen und den Umgang mit Aufklärungs- und Kommunikationstechnik auf unbekanntem Gelände zu erproben. Baraniecka-Olszewska zufolge hätten viele der Teilnehmenden gerade dieses Erlebnis im internen Teil als besonders authentisch empfunden.[57]

Authentizität und Distinktion

Damit ist jener Berührungspunkt benannt, in dem Forschungen zum Tourismus und zum Reenactment wohl am stärksten überlappen – der Frage nach Authentizität. Welch herausgehobene Bedeutung ihr in der touristischen Erwartung zukommt, haben Tourismustheoretiker*innen seit den 1970er Jahren betont. Was sie unter Authentizität verstanden, war dabei freilich nicht immer dasselbe: Gingen MacCannell wie auch Daniel J. Boorstin in ihren Überlegungen noch von einem objektiven Authentizitätsbegriff aus,[58] so setzte sich in den 1980er Jahren ein konstruktivistischer Ansatz durch, demzufolge Authentizität nur als Projektion

---

[57] Siehe den Beitrag von Baraniecka-Olszewska in diesem Band. Vgl. auch Schneider, Performing Remains (wie Anm. 39), S. 13.
[58] Boorstin, Daniel J.: The Image. A Guide to Pseudo-Events in America. New York 1964; MacCannell, Staged Authenticity (wie Anm. 41).

bestimmter Erwartungen und Bilder konzeptionell greifbar sei.⁵⁹ Postmoderne Ansätze gehen schließlich noch einen Schritt weiter und negieren im Anschluss an Umberto Eco und Jean Baudrillard prinzipiell die Möglichkeit, zwischen Original und Kopie zu unterscheiden.⁶⁰

In der Erforschung populärkultureller Geschichtspräsentationen ist heute eine Unterscheidung zweier grundsätzlich verschiedener Zuschreibungsfelder für das Authentische üblich, die sich sowohl im Tourismus- als auch im Reenactment-Diskurs wiederfindet: So kann das „Echte" entweder auf ein (originales) Objekt oder aber auf die Gefühlswelt des Subjekts bezogen werden. Eva Ulrike Pirker und Rüdiger Mark sprechen in diesem Sinne von „Zeugnismodus" einerseits und vom „Erlebensmodus" andererseits.⁶¹ Sowohl Forschungen zum historischen Reenactment als auch zum Tourismus haben gezeigt, dass beide Modi nicht restlos voneinander trennbar sind, sondern im Streben nach „authentischen Gefühlen" und unmittelbaren Begegnungen ineinanderfließen.⁶² Was im Reenactment mit „magic moment" oder „period rush" bezeichnet wird,⁶³ weist Überschneidungen mit dem auf, was Tourismusforscher*innen als „existenzielle Authentizität" bezeichnen.⁶⁴ Was er unter letzterer versteht, illustriert Ning Wang am Beispiel einer Rumba-Aufführung in Kuba, an der sich spontan Tourist*innen beteiligt hatten. Interessanterweise tut er dies in Abgrenzung zum historischen Reenactment:

---

59 Cohen, Erik: Authenticity and commoditization in tourism. In: Annals of Tourism Research 15 (1988). S. 371–386; Bruner, Edward: Abraham Lincoln as Authentic Reproduction. A Critique of Postmodernism. In: American Anthropologist 96 (1994). S. 397–415.
60 Feifer, Maxine: Going Places. The Ways of the Tourist from Imperial Rome to the Present Day. London 1985. Ein guter Überblick über die Debatte zur Authentizität im Tourismus ist zu finden in Wang, Ning: Rethinking Authenticity in Tourism Experience. In: Annals of Tourism Research 26 (1999). S. 358–365; sowie Reisinger, Yvette u. Carol J. Steiner: Reconceptualizing Object Authenticity. In: Annals of Tourism Research 33 (2006). S. 65–86.
61 Pirker, Eva Ulrike u. Mark Rüdiger: Authentizitätsfiktionen in populären Geschichtskulturen. Annäherungen. In: Echte Geschichte: Authentizitätsfiktionen in populären Geschichtskulturen. Hrsg. von Eva Ulrike Pirker. Bielefeld 2010 (Historische Lebenswelten in populären Wissenskulturen 3). S. 11–30, 17.
62 Selwyn, Tom: Introduction. In: The Tourist Image. Myth and Mythmaking in Tourism. Hrsg. von Tom Selwyn. Chichester 1996. S. 1–32.
63 Handler, Richard u. William Saxton: Dyssimulation. Reflexivity, Narrative, and the Quest for Authenticity in „Living History". In: Cultural Anthropology 3 (1988). S. 242–260, 256; Dunning, Tom: Civil War Re-Enactments. Performance as a Cultural Practice. In: Australasian Journal of American Studies 21 (2002). S. 63–73, 64; Otto, Re: Enactment (wie Anm. 31), S. 234, 237–245.
64 Wang, Rethinking Authenticity (wie Anm. 60); Steiner, Carol J. u. Yvette Reisinger: Understanding Existential Authenticity. In: Annals of Tourism Research 33 (2006). S. 299–318.

> Here, if rumba is treated only as a toured object (spectacle), then it involves objective authenticity in MacCannell's sense; that is, its authenticity lies in the fact of whether it is a *reenactment* of the traditional rumba. However, once it is turned into a kind of tourist *activity*, it constitutes an alternative source of authenticity (i.e., existential authenticity) which has nothing to do with the issues of whether this dance is the exact re-enactment of the traditional dance.[65]

Als körperlich-sinnliches Tun der Tourist*innen könne das Tanzen die Reisenden, so Wang, ganz unabhängig von der Kenntnis bestimmter Tanzschritte in einen Zustand temporärer Übereinstimmung mit sich selbst führen. Erst die Überführung der Tanzperformance in eine touristische Praxis kann demnach authentisches Erleben generieren. Da er das Anliegen eines Reenactments dabei allerdings ausschließlich im Zeugnismodus verortet, bleibt die Frage, inwiefern auch die kubanischen Tänzer*innen ein authentisches Gefühl verspüren, bei Wang außen vor. Gesteht man jedoch auch ihnen zu, dass die Aufführung eines traditionellen Tanzes vor Publikum eine für sie mit Sinn verbundene kulturelle Praxis ist, wird die Abgrenzung zwischen Tourist*innen und Reenactor*innen einmal mehr diffus.

Was Wang außerdem übersieht, ist die Tatsache, dass auch das, was er „existenzielle Authentizität" nennt, nicht einfach aktiviert werden kann, sondern – wie die objektbezogene Authentizität – erst in sozialen Prozessen hervorgebracht wird.[66] Kjell Olsen hat in seiner Replik deshalb den Vorschlag gemacht, die Tourist*innenrolle weniger starr als allumfassenden Rahmen sämtlicher Tätigkeiten im Urlaub anzusehen. Verstanden als soziale Zuschreibung könne sie von Reisenden vielmehr punktuell verlassen werden, um sich als Gast oder als Mitwirkende*r zu fühlen. Zunehmend verkaufe die Tourismusindustrie solche Gelegenheiten, sich von der Rolle als bloße Konsument*innen zu distanzieren.[67] Die im Streben nach Authentizität erkauften Rollenvariationen bleiben laut Olsen nicht ohne Folgen für die in der Tourismusindustrie (re)produzierten Machtverhältnisse: In dem Moment, in dem sie freiwillig den Rahmen einer vorhersehbaren, touristischen Dienstleistung verlassen, geben die Tourist*innen ihre privilegierte Position als zahlende Kund*innen und damit eine gewisse Sicherheit

---

65 Wang, Rethinking Authenticity (wie Anm. 60), S. 359.
66 Olsen, Kjell: Authenticity as a Concept in Tourism Research. The Social Organization of the Experience of Authenticity. In: Tourist Studies 2 (2002). S. 159–182, 164.
67 So darf etwa auf dem Bauernhof im Stall mitgeholfen werden, in einer privaten Stadttour zeigen Guides ihren „Gästen" anstelle der üblichen Attraktionen ihre ganz persönlichen Lieblingsorte. Olsen, Authenticity (wie Anm. 66), S. 169. Siehe auch Bryon, Jeroen: Tour Guides as Storytellers. From Selling to Sharing. In: Scandinavian Journal of Hospitality and Tourism 12 (2012). S. 27–43, 38–40.

auf. Umgekehrt können sich die lokalen Anbieter*innen dabei vom bloßen Objekt des „touristischen Blicks" emanzipieren.[68]

Hier gerät der scheinbar fundamentalste Unterschied zwischen Tourist*innen und Reenactor*innen in den Blick: Während die Suche nach Authentizität für erstere oftmals auf der habituellen Abgrenzung von anderen Tourist*innen beruht,[69] scheint sie sich im Falle des Hobbys gerade aus der Zugehörigkeit zur Gemeinschaft der Reenactor*innen zu ergeben. Doch wie weit trägt diese Unterscheidung? „Die Zeitreise des Reenactors orientiert sich […] nicht am Pauschaltouristen, sondern eher am Traveller mit dem *Lonely Planet* im Gepäck", hat der Theaterwissenschaftler Ulf Otto über die Selbsterfahrung im Reenactment geschrieben.[70] Sein eher beiläufiger Vergleich überträgt den Distinktionsmechanismus des Tourismus auf das Geschichtstheater und deutet an, wie nahe sich Reenactor*innen und Reisende im individuellen Streben nach „magischen Momenten" sein können.

Impulse: Die Betrachtung von Reenactments durch die Linse der Tourismusforschung

Wozu dient nun dieser Exkurs in die Tourismusforschung? In welcher Beziehung steht der tourismustheoretische Diskurs zu den in diesem Band diskutierten Fragen der performativen Aneignung und Repräsentation von Vergangenheit? Abschließend möchte ich zwei Perspektiven der Erforschung des historischen Reenactments benennen, in denen die hier in aller Kürze skizzierten tourismusspezifischen Ansätze zu Performanz und Authentizität stärker als bisher genutzt werden könnten, um neues Licht auf dieses populärkulturelle Phänomen zu werfen.

Erstens hilft die Betrachtung von Reenactments als dezidiert touristische Events, den Blick für die Unterschiede zwischen Inszenierung und Aufführung zu schärfen. Während sich das Interesse an körperlich-sinnlichen Praktiken und Fragen der Immersion in den meisten Studien zu Recht auf den Moment der konkreten Gefechtssituation sowie ihrer monatelangen Vor- und Nachbereitung seitens der Reenactor*innen konzentriert, lässt sich auch die übergreifende Veranstaltung unter performativen Gesichtspunkten analysieren. Welche Rolle spielt die Anwesenheit von Gästen? Welche Rituale lassen sich seitens des Publikums

---

68 Olsen, Authenticity (wie Anm. 66), S. 176.
69 Wöhler, Touristsein (wie Anm. 12), S. 184.
70 Otto, Re: Enactment (wie Anm. 31), S. 241.

beobachten und wie interagieren sie mit jenen, die als Darsteller*innen angereist sind? Und welche Bedeutung kommt bei all dem der räumlichen Umgebung und den logistischen Strukturen eines Großereignisses zu, die ebenfalls Sinn produzieren? Wie beeinflussen sie die korporale Aneignung „materieller Erfahrungsräume"[71], wie sie im Reenactment angestrebt wird?

Zweitens kann die mit einigen Jahren Vorsprung geführte Debatte über touristische Sehnsüchte und Praktiken die Reenactmentforschung darin bestärken, das Bild derer, die sich auf Zeitreise begeben wollen, weiter auszudifferenzieren.[72] Auch wenn die Strukturen, in die Reenactor*innen in einer oft eng vernetzten und über Jahre gewachsenen Szene eingebunden sind, zweifelsohne auf einer völlig anderen Ebene anzusiedeln sind als die der globalen Tourismusindustrie, stellt sich die Frage nach der Bedeutung von individuellen Rollenwechseln für beide Freizeitpraktiken. Versteht man nämlich sowohl das Tourist*in-Sein, als auch das Reenactor*in-Sein als flexible Rollen, die je nach Kontext eingenommen oder abgelegt werden können und sich an einigen Punkten überlappen, rückt auch die Verkörperung einer historischen Rolle in neues Licht. Eine solche Sichtweise führt „Rollen" im Reenactment weit über eine theatrale Bedeutung des Begriffs hinaus und bringt sie – das jedenfalls legt der tourismustheoretische Impuls nahe – in einen neuen Zusammenhang zur Frage der Authentizität. Mit teils unterschiedlicher Terminologie kreisen sowohl Geschichtstourismus als auch historisches Reenactment um das subjektive Streben danach, Gegenwart und Vergangenheit, aber auch Rolle und Selbst in Einklang zu bringen. Im Falle des Tourismus spricht einiges dafür, dass dieses Gefühl einer „existenziellen Authentizität" viel mit Distinktion zu tun hat – von anderen Tourist*innen bzw. der eigenen Rolle als (Massen-)Tourist*in.[73] Übertragen auf das Reenactment ließe sich auch hier nach den darin eingelassenen „feinen Unterschieden"[74] und ihrer Bedeutung für Fragen der Authentisierung fragen.

Distinktion und Abgrenzung bestimmen einerseits das Verhältnis zwischen Reenactor*innen-Community und Publikum. Andererseits sind sie auf

---

71 Otto, Re: Enactment (wie Anm. 31), S. 236.
72 Dies heißt nicht, dass nicht sehr differenzierte Studien zur Szene vorliegen. Dazu zählt z. B. Kalshoven, Petra T.: Crafting „the Indian". Knowledge, Desire, and Play in Indianist Reenactment. New York 2012.
73 Tatsächlich ließe sich die ganze Tourismusgeschichte als Geschichte der Abgrenzung, der feinen Unterschiede und der Distinktion schreiben: Kaum weitete sich die Praxis im 19. Jahrhundert auf das Bürgertum aus, suchte sich der Adel neue Orte der Selbstrepräsentation im Urlaub.
74 Bourdieu, Pierre: Die feinen Unterschiede. Kritik der gesellschaftlichen Urteilskraft. Frankfurt am Main 2003.

unterschiedlichen Ebenen in die Szene selbst eingelassen. So basiert der Status innerhalb einer Gruppe auf Expertise, Alter, Erfahrung und Geschlecht und bildet sich in unterschiedlichen Hierarchie- und Machtverhältnissen ab. Dass es letztlich sowohl in der Abgrenzung nach innen als auch nach außen um eine bestimmte Form kulturellen Kapitals geht, verdeutlicht Stephen Gapps, wenn er von einer „specific currency of authenticity" spricht.[75] Interessant ist hierbei sein Verweis darauf, dass „Insider" und „Outsider" je unterschiedliche Authentizitätserwartungen in Bezug auf Objekte hätten: Während die Zuschauer*innen Kostüme und Objekte in erster Linie nach ihrer historischen Anmutung, ihrer „pastness", bewerten würden, stehe Patina, ja materielle Originalität für Reenactor*innen keineswegs an erster Stelle. Im Gegenteil: „The reproduction, with its fresh markings of manufacture, is a more accurate representation of how an object from the past would have appeared to people in the past."[76] Zukünftige Analysen könnten nicht nur weiter zu diesen unterschiedlichen Zuschreibungen des „Echten" forschen, sondern darüber hinaus die Frage stellen, inwiefern diese Differenzen gezielt zu einer Ressource für Distinktion und damit zusätzlichen Authentizitätsquellen gemacht werden. Denn offensichtlich kann selbst innerhalb ein- und derselben Veranstaltung ein System verschiedener Öffentlichkeiten – MacCannell spräche wohl von einer Abfolge von Bühnen – aufgebaut werden, das der Generierung zusätzlichen Authentizitätskapitals durch Exklusivität dient.

Diese Anmerkungen über das Reenactment als Zeit-Reise sind als Gedankenspiel im Anschluss an die in diesem Band präsentierten unterschiedlichen disziplinären Perspektiven zu verstehen. Welche weiteren Reflexionsebenen öffnen sich, wenn wir nicht das Wort „Zeit", sondern das der „Reise" in den Mittelpunkt rücken und durch die Linse tourismustheoretischer Ansätze auf diese Form der performativen Geschichtsaneignung blicken? Ein solcher Perspektivwechsel ist nicht als Alternative zu den bislang erprobten und hier vorgestellten Zugängen bzw. Konzepten der Geschichtswissenschaft und -didaktik, der Anthropologie, der Game Studies oder der Gender Studies gemeint. Wie ich zeigen

---

75 Gapps, Stephen: Practices of Authenticity. In: The Routledge Handbook of Reenactment Studies. Key Terms in the Field. Hrsg. von Vanessa Agnew, Jonathan Lamb u. Juliane Tomann. London 2020. S. 183–186, 184; Siehe auch die Beschreibungen Kalshovens über den hohen Anspruch der „Indianists" und ihre Selbstverortung mit Blick auf professionelle Ethnolog*innen. Kalshoven, Petra T.: Epistemologies of Rehearsal. Crow Indianist Reflections on Reenactment as Research Practice. In: Reenactments. Medienpraktiken zwischen Wiederholung und kreativer Aneignung. Hrsg. von Anja Dreschke, Ilham Huynh, Raphaela Knipp u. David Sittler. Bielefeld 2016 (Locating media 8). S. 193–213.
76 Gapps, Practices (wie Anm. 75), S. 186.

wollte, kann er aber dazu beitragen, einige Aspekte des geschichtskulturellen Phänomens auszuleuchten, die bisher nur wenig im Blick der sich gerade erst ausdifferenzierenden Forschung waren. Dazu zählt allen voran das Publikum, über das bislang kaum belastbare Daten existieren.[77] Wer besucht Reenactment-Veranstaltungen eigentlich und mit welcher Motivation? Wie nehmen die Zuschauer*innen die Inszenierungen wahr? Und welche Rückwirkungen hat ihr Erleben auf kollektive Vorstellungen und ihr individuelles Geschichtsbewusstsein?

Solche Fragen für ihre jeweiligen Publika zu beantworten stellt selbst etablierte Studienfelder wie die Museum und Heritage Studies vor große Herausforderungen. Eine Rezeptionsforschung, die über die Erhebung von Besucher*innenzahlen, demographische Daten und Motivationsmuster hinaus Fragen des historischen Bewusstseins operationalisiert, ist nach wie vor ein Forschungsdesiderat. Dass auch die noch junge Forschung zum Reenactment ihren Fokus erst einmal stark auf die Seite der Darsteller*innen gelegt hat, überrascht daher nicht. Es bekräftigt aber die Notwendigkeit einer Perspektiverweiterung. Um diese vorzunehmen, scheint ein fächerübergreifender Methoden- und Theoriekoffer unerlässlich. Auch die Tourismusforschung kann hierfür einige Werkzeuge beisteuern.

Literaturverzeichnis

Adler, Judith: Travel as Performed Art. In: American Journal of Sociology 94 (1989). S. 1366–1391.
Agnew, Vanessa: Dark Tourism. In: The Routledge Handbook of Reenactment Studies. Key Terms in the Field. Hrsg. von Vanessa Agnew, Jonathan Lamb u. Juliane Tomann. London 2020. S. 44–48.
Anderson, Jay: Time Machines. The World of Living History, Nashville 1984.
Assmann, Aleida: Ist die Zeit aus den Fugen? Aufstieg und Fall des Zeitregimes der Moderne. München 2013.
Berghoff, Hartmut: „All for your delight". Die Entstehung des modernen Tourismus und der Aufstieg der Konsumgesellschaft in Großbritannien. In: Geschichte des Konsums. Hrsg. von Rolf Walter. Wiesbaden 2004 (Vierteljahrschrift für Sozial- und Wirtschaftsgeschichte 175). S. 199–216.
Boorstin, Daniel J.: The Image. A Guide to Pseudo-Events in America. New York 1964.

---

[77] Eine Ausnahme bildet: Jackson, Anthony u. Jenny Kidd (Hrsg.): Performing heritage. Research, practice and innovation in museum theatre and live interpretation. Manchester 2010. Die hier versammelten Studien belegen, wie fruchtbar die Kopplung von musealer Rezeptionsforschung mit performativen Ansätzen ist.

Bourdieu, Pierre: Die feinen Unterschiede. Kritik der gesellschaftlichen Urteilskraft. Frankfurt am Main 2003.
Bruner, Edward M.: Culture on tour. Ethnographies of Travel. Chicago 2004.
Bruner, Edward: Abraham Lincoln as Authentic Reproduction. A Critique of Postmodernism. In: American Anthropologist 96 (1994). S. 397–415.
Bryon, Jeroen: Tour Guides as Storytellers. From Selling to Sharing. In: Scandinavian Journal of Hospitality and Tourism 12 (2012). S. 27–43.
Cohen, Erik: Authenticity and commoditization in tourism. In: Annals of Tourism Research 15 (1988). S. 371–386.
Dunning, Tom: Civil War Re-Enactments. Performance as a Cultural Practice. In: Australasian Journal of American Studies 21 (2002). S. 63–73.
Edensor, Tim: Staging Tourism. Tourists as Performers. In: Annals of Tourism Research 27 (2000). S 322–344.
Enzensberger, Hans Magnus: Vergebliche Brandung der Ferne. Eine Theorie des Tourismus. In: Merkur 12 (1958). S. 701–720.
Esposito, Fernando: Zeitenwandel. Transformationen geschichtlicher Zeitlichkeit nach dem Boom. Göttingen 2017 (Nach dem Boom).
Feifer, Maxine: Going Places. The Ways of the Tourist from Imperial Rome to the Present Day. London 1985.
Fenske, Michaela: Abenteuer Geschichte. Zeitreisen in der Spätmoderne. Reisefieber Richtung Vergangenheit. In: History Sells! Angewandte Geschichte als Wissenschaft und Markt. Hrsg. von Wolfgang Hardtwig u. Alexander Schug. Stuttgart 2009. S. 79–90.
Fischer-Lichte, Erika: Performativität. Eine Einführung. Bielefeld 2012 (Edition Kulturwissenschaft).
Fischer-Lichte, Erika: Theatralität und Inszenierung. In: Inszenierung von Authentizität. Hrsg. von Erika Fischer-Lichte. Tübingen 2007 (Theatralität 1). S. 9–28.
Fischer-Lichte, Erika: Theatralität als kulturelles Modell. In: Theatralität als Modell in den Kulturwissenschaften. Hrsg. von Erika Fischer-Lichte, Christian Horn, Sandra Umathum u. Matthias Warstat. Tübingen 2004 (Theatralität 6). S. 7–26.
Gapps, Stephen: Practices of Authenticity. In: The Routledge Handbook of Reenactment Studies. Key Terms in the Field. Hrsg. von Vanessa Agnew, Jonathan Lamb u. Juliane Tomann. London 2020. S. 183–186.
Goffmann, Erving: Wir alle spielen Theater. Die Selbstdarstellung im Alltag. München 1969.
Goffmann, Erving: The presentation of self in everyday life. New York 1959.
Gordon, Alan: Time Travel. Tourism and the Rise of Living History Museums in Mid-Twentieth Century Canada. Vancouver 2016.
Graburn, Nelson H. H.: The anthropology of tourism. In: Annals of Tourism Research 10 (1983). S. 9–33.
Groebner, Valentin: Retroland. Geschichtstourismus und die Sehnsucht nach dem Authentischen. Frankfurt am Main 2018.
Groebner, Valentin: Endlich einmal alles richtig. Was macht der Tourismus mit der Vergangenheit? In: Die Zukunft des Reisens. Hrsg. von Thomas Steinfeld. Frankfurt am Main 2012. S. 125–143.
Hachtmann, Rüdiger: Tourismus-Geschichte. Göttingen 2007 (UTB).
Handler, Richard u. William Saxton: Dyssimulation. Reflexivity, Narrative, and the Quest for Authenticity in „Living History". In: Cultural Anthropology 3 (1988). S. 242–260.

Hanke, Barbara u. Nicola Aly: Stadtführungen in historischer Gewandung. In: Geschichtskultur – Public History – Angewandte Geschichte. Geschichte in der Gesellschaft: Medien, Praxen, Funktionen. Hrsg. von Felix Hinz u. Andreas Körber. Göttingen 2020, S. 184–196.

Hartog, François: Régimes d'historicité. Présentisme et expériences du temps. Paris 2003 (La librairie du XXIe siècle).

Hochbruck, Wolfgang: Geschichtstheater. Formen der „Living History". Eine Typologie. Bielefeld 2013 (Historische Lebenswelten in populären Wissenskulturen 10).

Hoenig, Bianca u. Hannah Wadle: Einleitung. Touristische Sehnsuchtsorte in Mittel- und Osteuropa. In: Eden für jeden? Touristische Sehnsuchtsorte in Mittel- und Osteuropa von 1945 bis zur Gegenwart. Hrsg. von Bianca Hoenig u. Hannah Wadle. Göttingen 2018 (Kultur- und Sozialgeschichte Osteuropas 12). S. 11–14.

Holtorf, Cornelius: Introduction. In: The Archaeology of Time Travel. Experiencing the Past in the 21st Century. Hrsg. von Bodil Petersson u. Cornelius Holtorf. Oxford 2017. S. 1–22.

Hunt, Stephen J.: Acting the part. „Living History" as a serious leisure pursuit. In: Leisure Studies 23 (2004). S. 387–403.

Jackson, Anthony u. Jenny Kidd (Hrsg.): Performing heritage. Research, practice and innovation in museum theatre and live interpretation. Manchester 2010.

Jureit, Ulrike: Magie des Authentischen. Das Nachleben von Krieg und Gewalt im Reenactment. Göttingen 2020 (Wert der Vergangenheit).

Kalshoven, Petra T.: Epistemologies of Rehearsal. Crow Indianist Reflections on Reenactment as Research Practice. In: Reenactments. Medienpraktiken zwischen Wiederholung und kreativer Aneignung. Hrsg. von Anja Dreschke, Ilham Huynh, Raphaela Knipp u. David Sittler. Bielefeld 2016 (Locating media 8). S. 193–213.

Kalshoven, Petra T.: Crafting „the Indian". Knowledge, Desire, and Play in Indianist Reenactment. New York 2012.

Knipp, Raphaela: Nacherlebte Fiktion. Literarische Ortsbegehungen als Reenactments textueller Verfahren. In: Reenactments. Medienpraktiken zwischen Wiederholung und kreativer Aneignung. Hrsg. von Anja Dreschke, Ilham Huynh, Raphaela Knipp u. David Sittler. Bielefeld 2016 (Locating media 8). S. 213–236.

Landwehr, Achim: Die anwesende Abwesenheit der Vergangenheit. Essays zur Geschichtstheorie. Frankfurt am Main 2016.

Light, Duncan: Progress in Dark Tourism and Thanatourism Research. An Uneasy Relationship with Heritage Tourism. In: Tourism Management 61 (2017). S. 275–301.

Logge, Thorsten: Geschichtssorten als Gegenstand einer forschungsorientierten Public History. In: Public History Weekly 6 (2018) 24. dx.doi.org/10.1515/phw-2018–12328 (27.2.2021).

Lowenthal, David: The Past is a Foreign Country – Revisited. Cambridge 2015.

Lowenthal, David: The Past is a Foreign Country. Cambridge 1985.

MacCannell, Dean: Staged Authenticity. Arrangements of Social Space in Tourist Settings. In: American Journal of Sociology 19 (1973). S. 589–603.

Mick, Christoph: Reisen nach „Halb-Asien". Galizien als binnenexotisches Reiseziel. In: Zwischen Exotik und Vertrautem. Zum Tourismus in der Habsburgermonarchie und ihren Nachfolgestaaten. Hrsg. von Peter Stachel u. Martina Thomsen. Bielefeld 2014 (Histoire 35). S. 95–112.

Olsen, Kjell: Authenticity as a Concept in Tourism Research. The Social Organization of the Experience of Authenticity. In: Tourist Studies 2 (2002). S. 159–182.

Otto, Ulf: Re: Enactment. Geschichtstheater in Zeiten der Geschichtslosigkeit. In: Theater als Zeitmaschine. Zur performativen Praxis des Reenactments. Theater- und kulturwissenschaftliche Perspektiven. Hrsg. von Jens Roselt u. Ulf Otto. Bielefeld 2012 (Theater 45). S. 229–254.

Overend, David: Performing Sites. Illusion and Authenticity in the Spatial Stories of the Guided Tour. In: Scandinavian Journal of Hospitality and Tourism 12 (2012). S. 44–54.

Pagenstecher, Cord: Der bundesdeutsche Tourismus. Ansätze zu einer Visual History: Urlaubsprospekte, Reiseführer, Fotoalben 1950–1990. Hamburg 2003 (Studien zur Zeitgeschichte 34).

Petersson, Bodil u. Cornelius Holtorf (Hrsg.): The Archaeology of Time Travel. Experiencing the Past in the 21st Century. Oxford 2017.

Pirker, Eva Ulrike u. Mark Rüdiger: Authentizitätsfiktionen in populären Geschichtskulturen. Annäherungen. In: Echte Geschichte: Authentizitätsfiktionen in populären Geschichtskulturen. Hrsg. von Eva Ulrike Pirker. Bielefeld 2010 (Historische Lebenswelten in populären Wissenskulturen 3). S. 11–30.

Pleitner, Berit: Erlebnis- und erfahrungsorientierte Zugänge zur Geschichte. Living History und Reenactment. In: Geschichte und Öffentlichkeit. Orte – Medien – Institutionen. Hrsg. von Sabine Horn u. Michael Sauer. Göttingen 2009 (UTB). S. 40–51.

Reisinger, Yvette u. Carol J. Steiner: Reconceptualizing Object Authenticity. In: Annals of Tourism Research 33 (2006). S. 65–86.

Reynolds, Daniel P.: Postcards from Auschwitz. Holocaust tourism and the meaning of remembrance. New York 2018.

Samida, Stefanie: Schlachtfelder als touristische Destinationen. Zum Konzept des Thanatourismus aus kulturwissenschaftlicher Sicht. In: Zeitschrift für Tourismuswissenschaft 10 (2018). S. 267–290.

Samida, Stefanie: Per Pedes in die Germania magna oder Zurück in die Vergangenheit? Kulturwissenschaftliche Annäherung an eine performative Praktik. In: Doing History. Performative Praktiken in der Geschichtskultur. Hrsg. von Sarah Willner, Georg Koch u. Stefanie Samida. Münster 2016 (Edition Historische Kulturwissenschaften 1). S. 45–62.

Samida, Stefanie: Reenactors in archäologischen Freilichtmuseen. Motive und didaktische Konzepte. In: Archäologische Informationen 35 (2012). S. 209–218.

Schneider, Rebecca: Performing Remains. Art and War in Times of Theatrical Reenactment. New York 2011.

Schwarz, Angela u. Daniela Mysliwietz-Fleiß: Von der Reise zur touristischen Praxis. Geschichte als touristisches Reiseziel im 19. und 20. Jahrhundert – eine Einführung. In: Reisen in die Vergangenheit. Geschichtstourismus im 19. und 20. Jahrhundert. Hrsg. von Angela Schwarz u. Daniela Mysliwietz-Fleiß. Wien 2019 (TransKult. Studien zur transnationalen Kulturgeschichte 1). S. 15–24.

Selwyn, Tom: Introduction. In: The Tourist Image. Myth and Mythmaking in Tourism. Hrsg. von Tom Selwyn. Chichester 1996. S. 1–32.

Stach, Sabine: Tracing the Communist Past. Towards a Performative Approach to Memory in Tourism. In: History and Memory 33 (2021). S. 73–101.

Stach, Sabine: Geschichtstourismus. Version: 1.0. http://docupedia.de/zg/Stach_geschichtstourismus_v1_de_2020 (6.11.2020).

Steiner, Carol J. u. Yvette Reisinger: Understanding Existential Authenticity. In: Annals of Tourism Research 33 (2006). S. 299–318.

Urry, John u. Jonas Larsen: The tourist gaze 3.0. Los Angeles 2011 (Theory, culture & society).
Urry, John: The Tourist Gaze. Leisure and Travel in Contemporary Society. London 1994.
Wang, Ning: Rethinking Authenticity in Tourism Experience. In: Annals of Tourism Research 26 (1999). S. 358–365.
Wöhler, Karlheinz: Touristsein als temporäres Sein in alltagsabgewandten Räumen. In: Auf den Spuren der Touristen. Perspektiven auf ein bedeutsames Handlungsfeld. Hrsg. von Burkhart Lauterbach. Würzburg 2010 (Kulturtransfer. Alltagskulturelle Beiträge 6). S. 175–198.
Wynn, Jonathan R.: The Tour Guide. Walking and Talking New York, Chicago 2011 (Fieldwork encounters and discoveries).

Biografien

Kamila Baraniecka-Olszewska arbeitet am Institut für Archäologie und Ethnologie der Polnischen Akademie der Wissenschaften. Sie studierte Ethnologie und Lateinamerikastudien. Ihre Forschung beschäftigt sich mit Religionsanthropologie und Performance Studies; ihr spezifisches Forschungsinteresse gilt religiösen Ausdrucksweisen. Im Jahr 2011 wurde sie mit einer Arbeit über polnische Passionsspiele an der Universität Warschau promoviert. Sie publizierte Artikel zur Religiosität in der Gegenwart sowie zu historischem Reenactment; zu ihren aktuellen Buchpublikationen zählen: The Crucified: Contemporary Passion Plays in Poland (2017) und World War II Historical Reenactment in Poland: The Practice of Authenticity (in Vorbereitung).

Steffi de Jong ist wissenschaftliche Mitarbeiterin am Historischen Institut der Universität zu Köln. Ihre Forschungsschwerpunkte liegen in den Museum Studies, den Memory Studies, den Sound Studies, der Public History und der Geschichte des Reenactments. Zurzeit arbeitet sie als Stipendiatin der Gerda Henkel Stiftung an dem Projekt „Performter Historismus. Praktiken des Re-Enactments im 19. Jahrhundert." Sie war Mitarbeiterin des internationalen Forschungsprojekts *Exhibiting Europe,* hat an der Humboldt Universität Berlin und an der Maastricht University gearbeitet und promovierte 2012 an der Norwegian University of Science and Technology in Trondheim. Ihre Monografie „The Witness as Object. Video Testimony in Memorial Museums" erschien 2018 bei Berghahn Books.

Ulrike Jureit ist Historikerin und arbeitet an der Hamburger Stiftung zur Förderung von Wissenschaft und Kultur. Ihre Forschungsschwerpunkte sind die Kultur- und Sozialgeschichte des 19. und 20. Jahrhunderts. Neueste Veröffentlichungen: Magie des Authentischen. Das Nachleben von Krieg und Gewalt im Reenactment. Göttingen 2020; Alles nur Theater? Zur Produktion kultureller Bedeutungen durch Kontextwechsel. In: Thorsten Logge, Eva Schöck-Quinteros u. Nils Steffen (Hrsg.): Geschichte im Rampenlicht. Inszenierungen historischer Quellen im Theater (=Medien der Geschichte 3). Berlin 2020. S. 63–75; Ordering space: intersections of space, racism, and extermination. In: The Journal of Holocaust Research 33 (2019), Heft 1. S. 64–82.

Torsten Kathke ist Historiker und lehrt als wissenschaftlicher Mitarbeiter am Obama Institute for Transnational American Studies der Johannes Gutenberg-Universität Mainz. In seiner derzeitigen Forschung beschäftigt er sich mit der Rolle populärer Gegenwartsdiagnosen in den USA und der Bundesrepublik Deutschland der 1970er und 1980er Jahre sowie mit den Wechselwirkungen von Geschichte und Populärkultur. Letzte Publikationen: Im Banne des „Zukunftsschocks": Zukunftsvorstellungen in populären Sachbüchern der 1970er-Jahre. In: 2000 Revisited. Visionen der Welt von morgen im Gestern und Heute (=Karlsruher Studien Technik und Kultur 11). Hrsg. von Paulina Dobroć u. Andie Rothenhäusler. Karlsruhe 2020. S. 141–158; A Star Trek About Being Star Trek: History, Liberalism, and Discovery's Cold War Roots. In: Fighting for the Future. Essays on Star Trek: Discovery. Hrsg. von Sabrina Mittermeier u. Mareike Spychala. Liverpool 2020. S. 41–60.

Andreas Körber ist seit 2004 Professor für Erziehungswissenschaft unter besonderer Berücksichtigung der Didaktik der Geschichte und der Politik an der Universität Hamburg; zuvor war er nach dem Ersten Staatsexamen 1993 wissenschaftlicher Mitarbeiter im Arbeitsbereich

Geschichtsdidaktik und nach dem Referendariat und dem Zweiten Staatsexamen sowie der geschichtswissenschaftlichen Promotion (beides 1999) Gymnasiallehrer. Seine Arbeitsgebiete umfassen die Theorie und Empirie von Geschichtsbewusstsein sowie von Kompetenzen historischen Denkens; interkulturelles und inklusives Geschichtslernen und Geschichtskultur. Letzte Veröffentlichung: mit Felix Hinz (Hrsg.): Geschichtskultur – Public History – Angewandte Geschichte. Geschichte lernen in der Gesellschaft: Medien, Praxen, Funktionen. Göttingen 2020 (UTB).

Koautor*innen:
Anna Bleer ist Masterstudentin im Fach Geschichte an der Universität Hamburg.
Annika Kopisch ist Referendarin des Lehramts für Sonderpädagogik mit dem Unterrichtsfach Geschichte in Hamburg.
Dennis Ledderer, M. Ed., studiert an der Universität Hamburg.
Otto Sehlmann ist Masterstudent des Lehramts an Gymnasien mit dem Unterrichtsfach Geschichte an der Universität Hamburg.

Nico Nolden ist wissenschaftlicher Mitarbeiter für Public History an der Leibniz Universität Hannover. Neben Inszenierungen von Geschichte in digitalen Spielen und der Erinnerungskultur um Spiele-Communities erforscht er die Verkörperung in historischen Darstellungen bei Augmented und Virtual Reality. Er ist Mitbegründer des Arbeitskreises Geschichtswissenschaft und Digitale Spiele (AKGWDS). Publikationen: Geschichte und Erinnerung in Computerspielen. Erinnerungskulturelle Wissenssysteme, Berlin 2020; Social Practices of History in Digital Possibility Spaces. Historicity, Mediality, Performativity, Authenticity. In: Martin Lorber, Felix Zimmermann (Hrsg.): History in Games. Contingencies of an Authentic Past (=Bild und Bit. Studien zur digitalen Medienkultur 12). Bielefeld 2020. S. 73–91.

Sabine Stach ist wissenschaftliche Mitarbeiterin am Leibniz-Institut für Geschichte und Kultur des östlichen Europa (GWZO). Die Kulturwissenschaftlerin promovierte 2015 mit einer Arbeit über politische Märtyrerdiskurse im Staats- und Postsozialismus und war danach am Deutschen Historischen Institut in Warschau tätig. In ihrer aktuellen Forschung beschäftigt sie sich am Beispiel von Stadtführungen mit touristischen Modi der raumbezogenen, interaktiven Hervorbringung von Geschichte. Neueste Veröffentlichungen: Geschichtstourismus, Version: 1.0. In: Docupedia-Zeitgeschichte, 10.7.2020, DOI: dx.doi.org/10.14765/zzf.dok-1799; Tracing the Communist Past. Towards a Performative Approach to Memory in Tourism, in: History and Memory 33 (2021) Heft 1. S. 73–101.

Juliane Tomann leitet den Arbeitsbereich „History in the Public Sphere" des Imre Kertész Kollegs an der Friedrich-Schiller-Universität Jena. Dort unterrichtet sie im Bereich Public History und forscht zu Reenactments als performative Praktiken der Geschichtskultur in den USA, Deutschland und Polen. Sie studierte Kulturwissenschaften in Frankfurt (Oder) und Breslau und wurde 2015 mit einer Arbeit über „Geschichtskultur im Strukturwandel" im oberschlesischen Katowice an der Freien Universität Berlin promoviert. Neueste Veröffentlichungen: Living History, Version: 1.0. In: Docupedia Zeitgeschichte, 18.5.2020, DOI: dx.doi.org/10.14765/zzf.dok-1755; zusammen mit Vanessa Agnew & Jonathan Lamb: The Routledge Handbook of Reenactment Studies. Key Terms in the Field. Routledge 2020.

Mirko Uhlig ist Kulturanthropologe und lehrt als Juniorprofessor am Institut für Film-, Theater-, Medien- und Kulturwissenschaft der Johannes Gutenberg-Universität Mainz. Seine Forschungsschwerpunkte sind Religionsethnologie, Medikalkultur, Reenactments, Verschwörungserzählungen, Rituale und Bräuche. Letzte Publikationen: Ritual. In: Kulturtheoretisch argumentieren. Ein Arbeitsbuch. Hrsg. von Timo Heimerdinger u. Markus Tauschek. Münster 2020 (UTB). S. 433–456; mit Deborah Wolf: Flacherde und Neue Weltordnung. Zur Inszenierung von Populismus und Verschwörungstheorien im Medium Film. In: Schweizerisches Archiv für Volkskunde 116 (2020); Heimat und Reenactment. Ethnografische Fallbeispiele zur Anverwandlung von Welt. In: Heimat verhandeln? Kunst- und kulturwissenschaftliche Annäherungen. Hrsg. von Amalia Barboza, Barbara Krug-Richter u. Sigrid Ruby. Köln 2020. S. 273–288.

www.ingramcontent.com/pod-product-compliance
Lightning Source LLC
Chambersburg PA
CBHW020228170426
43201CB00007B/361